HITE 7.0 软件开发与应用工程师

使用.NET 技术开发 Web 应用程序

(第 2 版)

张家界航空工业职业技术学院
广西科技职业学院
武昌首义学院　　　　　　编著
武汉厚溥数字科技有限公司

清华大学出版社
北　京

内容简介

本书是一本全面介绍如何使用.NET 6 来构建 Web 应用的教材。本书从搭建第一个 ASP.NET Core 项目开始，帮助开发者逐步了解和掌握 ASP.NET Core MVC、数据传递、视图与模型、中间件与过滤器、Entity Framework Core、Web API 开发、身份认证与授权、发布与部署等重要知识点，并最终完成一个功能完整的综合项目——设备管理系统。

本书可作为高等院校计算机相关专业的教材，也可作为 Web 程序开发人员提升专业技能的参考资料。

图书在版编目(CIP)数据

使用.NET 技术开发 Web 应用程序 / 张家界航空工业

职业技术学院等编著. -- 2 版. -- 北京 ：清华大学出版社，

2025.7. -- (HITE 7.0 软件开发与应用工程师).

ISBN 978-7-302-69526-4

Ⅰ . TP393.092.2

中国国家版本馆 CIP 数据核字第 2025MS9683 号

责任编辑：刘金喜

封面设计：王　晨

版式设计：思创景点

责任校对：成凤进

责任印制：沈　露

出版发行：清华大学出版社

网　　　址：https://www.tup.com.cn，https://www.wqxuetang.com

地　　　址：北京清华大学学研大厦 A 座　　　邮　　编：100084

社 总 机：010-83470000　　　邮　　购：010-62786544

投稿与读者服务：010-62776969, c-service@tup.tsinghua.edu.cn

质 量 反 馈：010-62772015, zhiliang@tup.tsinghua.edu.cn

印 装 者：三河市人民印务有限公司

经　　　销：全国新华书店

开　　本：185mm×260mm　　印　　张：18　　字　　数：438 千字

版　　次：2019 年 4 月第 1 版　　2025 年 8 月第 2 版　　印　　次：2025 年 8 月第 1 次印刷

定　　价：68.00 元

产品编号：108429-01

编 委 会

前 言

随着互联网的迅猛发展，Web 应用已经成为现代软件开发的核心组成部分之一。在现今数字化和信息化时代，Web 开发者不仅需要掌握传统的前端技术，还需要具备强大的后端开发能力，以实现功能丰富、性能高效、易于扩展的 Web 应用。而.NET 6 作为微软推出的最新版本的跨平台开发框架，凭借其高效、灵活和强大的特性，已经成为构建现代Web 应用的理想选择。

本书的编写旨在为广大开发者提供一本系统、全面、实用的学习资料，帮助他们深入理解和掌握.NET 6 中的 Web 开发技术。通过本书的学习，读者可以从零开始，逐步掌握构建 ASP.NET Core Web 应用所需的核心技术和最佳实践，并最终能够独立完成复杂的Web 项目的开发。

本书全面覆盖了.NET 6 Web 应用开发的各个方面，内容按照学习的难度和实际应用场景编排，详细讲解如何使用.NET 6 和 ASP.NET Core 构建高效、可扩展的 Web 应用。

本书具体内容如下。

单元一　初识 ASP.NET Core：介绍.NET 6 和 ASP.NET Core 的基础概念，为后续学习打下坚实的基础。

单元二　第一个 ASP.NET Core MVC 应用：带领读者从实践入手，构建第一个简单的ASP.NET Core MVC 应用，理解 MVC 模式的核心理念。

单元三　页面之间的数据传递：介绍如何在 Web 页面之间传递数据。

单元四　视图与模型：讲解如何通过视图和模型实现数据绑定与显示，提升 Web 应用的用户体验及交互性。

单元五　中间件与过滤器：深入讲解中间件和过滤器的概念与应用，帮助读者掌握请求处理的高级技巧。

单元六　Entity Framework Core：通过详细的实例讲解如何使用 Entity Framework Core进行数据访问和数据库操作。

单元七　ASP.NET Core Web API：介绍如何开发 RESTful API，实现前后端分离架构，并提供高效的 API 服务。

单元八　ASP.NET Core 角色与授权：深入讲解如何实现基于角色和权限的用户认证与授权管理，确保 Web 应用的安全性。

单元九　ASP.NET Core 发布与部署：介绍应用的部署流程。

单元十　综合项目——设备管理系统：通过一个完整的项目案例，带领读者整合所学知识实现一个设备管理系统。

本书的编写注重实践与理论结合，每一单元都以实例为主线，结合实际开发中常见的场景，逐步讲解关键技术和工具的应用。通过代码示例、图解与步骤说明，帮助读者清晰地理解每个技术点的实现原理与应用方式。在单元末尾，我们还提供了单元自测和上机实战，帮助读者巩固知识并加深理解。

本书适用于希望掌握.NET 6 Web 开发的开发者，尤其适合以下几类读者。

(1) 初学者：对 Web 开发有一定兴趣，并希望通过学习 ASP.NET Core 快速入门。

(2) 有经验的开发者：已经掌握一些 Web 开发技术，想进一步提高自己在.NET 环境下开发 Web 应用的能力。

(3) 求职者与转行者：希望转向.NET Web 开发方向，提升职场竞争力。

(4) 团队与企业开发者：希望在团队或企业级应用中引入.NET 6，通过学习本书的内容来提升项目开发效率和质量。

本书由一支经验丰富的.NET 开发团队编写，每一位作者都有着多年的 Web 开发经验，并在多个企业级项目中实践过.NET 技术。为了确保本书内容的准确性与实用性，我们在编写过程中采用了精心设计的内容组织结构，并通过真实的案例进行详细解析。在每一单元的编写中，团队成员通力合作，确保内容从技术讲解到实际应用的全面覆盖，力求让每位读者都能够轻松理解并掌握。

由于编者水平有限，书中难免存在欠妥和疏漏之处，敬请广大读者批评指正。

本书 PPT 教学课件和案例源文件可通过扫描下方二维码，将链接地址推送到邮箱进行下载。

教学资源

服务邮箱：476371891@qq.com

编　者

2025 年 1 月

目 录

初识ASP.NET Core

课程目标

项目目标

❖ 搭建 ASP.NET Core 的开发环境

❖ 搭建第一个 ASP.NET Core 项目

❖ 理解 ASP.NET Core 项目各个文件夹的意思

技能目标

❖ 了解 ASP.NET Core 的基本概念

❖ 熟悉安装和配置 ASP.NET Core 环境

❖ 掌握构建 ASP.NET Core 项目的应用方法

素养目标

❖ 培养创业创新的意识

❖ 培养敏锐的观察力和思考能力

❖ 具有持续学习和提升的能力

> ### 简介
>
> ASP.NET Core 是 Microsoft 开发的一个跨平台的开源 Web 应用程序框架。它是 ASP.NET 的下一代版本，主要提高了 Web 应用程序的性能和可扩展性，其支持在 Windows、Linux 和 MacOS 等多个平台上运行。ASP.NET Core 是基于.NET Core 运行时环境构建的，可以与多种编程语言(如 C#、F#和 VB.NET)一起使用。ASP.NET Core 具有轻量级、高性能、模块化和可测试性等特点，它的出现体现了科技创新的重要性，并为企业创新及提高生产力和市场竞争力提供了强大的支持。同时，ASP.NET Core 的开源和跨平台特点符合社会主义市场经济的原则，帮助开发者探索具有高性能、高安全性和健康可持续的 Web 应用程序的开发之路。本单元主要阐述了从.NET Framework 到.NET Core 的发展历程，以及如何使用 ASP.NET Core 构建 Web 应用。

任务 1.1　ASP.NET MVC 介绍

1.1.1　任务描述

如果想要开发 ASP.NET Core Web 应用，需先搭建好开发环境。ASP.NET Core 是一个开源的、高性能、跨平台的框架，它支持多种平台环境，目前比较常用的有 Windows 或 MacOS 系统，以及日渐受欢迎的 Docker 和 Linux 系统。本次任务，我们主要了解从.NET Framework 到.NET Core 的发展历程、ASP.NET Core 是什么，以及如何在 Windows 系统上安装和配置.NET Core 的开发环境。

1.1.2　知识学习

1. .NET Framework 发展史

.NET Framework 的发展历程可以说是一段充满挑战与机遇的传奇故事。它告诉我们，只有不断学习、勇于探索和团队协作，才能在技术的快速发展中立足。.NET Framework 是 Microsoft 公司开发并于 2000 年发布的一个全面的应用程序平台，旨在帮助开发人员构建基于 Windows 平台的应用程序。随着技术的不断发展和演变，Microsoft 公司在 2006 年发布了.NET Framework 3.5，该版本在当时受到了广泛的关注和使用。

从 2000 年开始，经过多年的苦心经营，Microsoft 已经在 Windows 平台中构建了一个完整的支持多种设备的.NET 系统。

微软是全球较大的计算机软件供应商之一，为了占据开发市场，在 2002 年，Microsoft 发布了.NET Framework 1.0，这是一个全新的开发框架，它将 Windows 操作系统与 Web 应用程序的开发融合在一起。.NET Framework 1.0 包括了一个运行时环境(Common Language Runtime，CLR)和一组类库，这些类库提供了许多常用的功能，如文件操作、网络通信、XML 处理等。另外，.NET

Framework 1.0 也支持多语言开发。为了吸引更多的开发者涌入平台,微软在 2002 年宣布推出了一个特性强大且与.NET 平台无缝集成的编程语言,即 C# 1.0 正式版。使用.NET 支持的编程语言,开发者就可以通过.NET 平台提供的工具服务和框架支持便捷地开发应用程序。

2003 年,Microsoft 发布了.NET Framework 1.1,该版本增加了许多新的类库及功能,同时也修复了一些漏洞和问题。

2005 年,Microsoft 发布了.NET Framework 2.0,该版本也增加了许多新的类库及功能,如 Windows Presentation Foundation(WPF)、Windows Communication Foundation(WCF)和 Windows Workflow Foundation(WF)。.NET Framework 2.0 也包括了对 LINQ(Language Integrated Query)的支持,其是一种强大的数据查询语言。

2007 年,Microsoft 发布了.NET Framework 3.0,该版本没有增加新的 CLR 版本,而是增加了一些新的类库及功能,如 Windows CardSpace、WPF 和 WCF。

2008 年,Microsoft 发布了.NET Framework 3.5,该版本增加了许多新的类库及功能,如 LINQ to SQL、ADO.NET Entity Framework 和 ASP.NET AJAX。

2010 年,Microsoft 发布了.NET Framework 4.0,该版本增加了许多新的类库及功能,如 Parallel Extensions、Dynamic Language Runtime(DLR)和 Code Contracts。.NET Framework 4.0 也支持多框架开发,这允许开发人员在同一个应用程序中使用不同版本的.NET Framework。

2012 年,Microsoft 发布了.NET Framework 4.5,该版本增加了许多新的类库及功能,如 Async/Await、HttpClient 和 WebSocket。.NET Framework 4.5 也支持 Windows 8 和 Windows Server 2012。

此外,.NET Framework 为开发者提供了新的编程接口(Application Programming Interface,API)和开发工具。这些创新使得程序设计人员可以同时开发 Windows 应用程序、组件和 Web 服务(Web Service)。.NET Framework 还引入了面向对象的反射编程接口,进一步提升了开发效率和灵活性。

.NET Framework 是以一种采用系统虚拟机运行的编程平台,以公共语言运行时为基础,支持多种语言(C#、VB.NET、C++、J#等)的开发。

随着时代的发展及框架版本的不断升级,.NET Framework 变得越来越强大,但也在其他方面变得越来越"臃肿",由于自身的这些束缚和限制,它想要做一些快速的迭代和更新,就变成了一件艰难的事情,就像一条宽阔的大河挡在了 Microsoft 发展的道路上。因此,.NET 的用户数较 Java 大幅度减少,其已经到了不得不做出改变的时候,于是在 2016 年 6 月 27 日,.NET Core 1.0 项目正式发布,彻底改变了 Windows Only 的场景,开始拥抱开源和跨平台。.NET Core 的开发目标是跨平台的.NET 平台,因此.NET Core 包含了.NET Framework 的类库,但与.NET Framework 打包式安装方法不同的是,.NET Core 采用包化(Packages)的管理方式,应用程序只需要获取需要的组件即可,同时各包亦有独立的版本线(Version Line),不再硬性要求应用程序跟随主线版本。随后 Microsoft 推出了.NET 5/6/7 版本,其中.NET 6 是.NET 统一计划的关键里程碑。这一统一计划通过统一的 SDK、基本库和运行时(Runtime),将跨平台、桌面、物联网(IoT)和云应用整合到一个统一的开发环境中,极大地提高了开发效率和平台兼容性。

2021 年 11 月 8 日发布的.NET 6,是.NET 团队和社区历经一年多努力所取得的成果。其中 C#10 和 F#6 提供了语言的改进功能,使代码变得简单、易用,其性能有了巨大的提升。.NET 6 首次发布了对本地化 Apple Silicon(Arm64)的支持,并且改进了 Windows Arm64 的相关性能。.NET 6

构建了一个新的动态配置文件导向优化(PGO)系统，该系统提供了仅在运行时才可能实现的深度优化功能。云诊断已改进与 dotnet monitor 和 Open Telemetry 的集成。Web Assembly 的支持更强大，性能也得到了提升。新增的 API 不仅支持 HTTP/3 协议，能够显著提升网络传输效率，还强化了对 JSON 数据的处理能力，同时借助新的内存操作机制，开发人员可以直接操作内存，有效提升数据处理速度和资源利用率。许多开发人员已积极将应用程序升级到 .NET 6，在生产环境中，这些升级后的应用程序在性能、响应速度等方面都取得了显著的优化和提升。

2022 年 2 月 17 日，Microsoft 发布了 .NET 7.0.0-preview.1，目前最新版是 .NET 7.0.0-rc1。Microsoft 在开源的道路上一直秉持着坚决且认真的态度。自.NET Core 3.0 的核心组件完善以后，.NET Core 的项目虽然已基本完成，但依然保持着快速更新迭代的节奏。从 Microsoft 近几年的迭代规划来看，以后每年都会推出一个大版本，其中部分版本将被指定为长期支持(LTS)版本。.NET Core 的发展历程如图 1-1 所示。

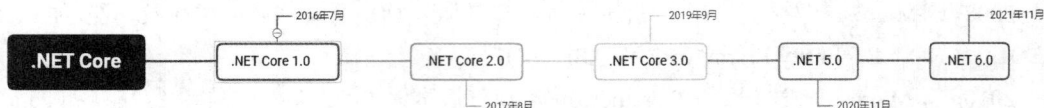

图 1-1 .NET Core 的发展历程

如今，.NET Core 已经取得了巨大的进步和发展，告别了之前臃肿的体态，完成了华丽的蜕变，从一个闭源的、单一的.NET Framework 框架，变成了一个积极开源并大力拓展生态社区的、跨平台的、轻量级的.NET Core 便捷框架。

2. ASP.NET Core 概述

ASP.NET Core 是基于.NET Core 的一个 Web 应用程序框架，它提供了一系列的工具和组件，可以帮助开发人员快速构建高性能、可扩展、安全的 Web 应用程序。与传统的 ASP.NET 框架相比，ASP.NET Core 更加轻量级、灵活和跨平台，可以在 Windows、Linux 和 MacOS 上运行，并且支持多种 Web 服务器，包括 Kestrel、IIS、Apache 和 Nginx 等。此外，ASP.NET Core 还提供了一系列的中间件，可以用来处理 HTTP 请求和响应、认证和授权、日志记录和异常处理等方面的问题。

ASP.NET Core 是一种跨平台、高性能、开源的 Web 开发框架，具有图 1-2 所示的亮点和优势。

图 1-2 ASP.NET Core 的亮点和优势

具体介绍如下。

- 跨平台：ASP.NET Core 可以在 Windows、Linux 和 MacOS 等多个操作系统上运行，开发者可以根据自己的需求选择适合的操作系统进行开发和部署。
- MVC 与 Web API 统一的编程模型：ASP.NET Core 将 MVC(模型-视图-控制器)与 Web API 统一在同一个编程模型中，简化了开发流程，开发者可以通过相同的控制器来处理 Web 应用和 API 请求，减少了重复的代码和配置。
- 依赖注入：ASP.NET Core 内置了依赖注入(DI)功能，简化了对象之间的依赖关系管理，提高了代码的灵活性和可维护性，便于开发者实现解耦。
- 可测试性：通过内置的依赖注入和模块化结构，ASP.NET Core 使得开发的应用更加容易进行单元测试和集成测试，提升了系统的可测试性。
- 开源：ASP.NET Core 是开源的，源代码托管在 GitHub 上，开发者可以自由查看、修改和贡献代码。这增加了开发者的透明度和灵活性。
- 模块化：ASP.NET Core 采用模块化设计，通过 NuGet 包管理，可以按需选择和添加必要的组件，减少了内存占用并提升了应用性能。模块化结构使得项目更易于维护和扩展。

在 2021 年的 Stack Overflow 开发者年度调查报告中，ASP.NET Core 被评为最受欢迎的开发框架之一。

2021 年最受欢迎的 Web 框架排名，如图 1-3 所示。

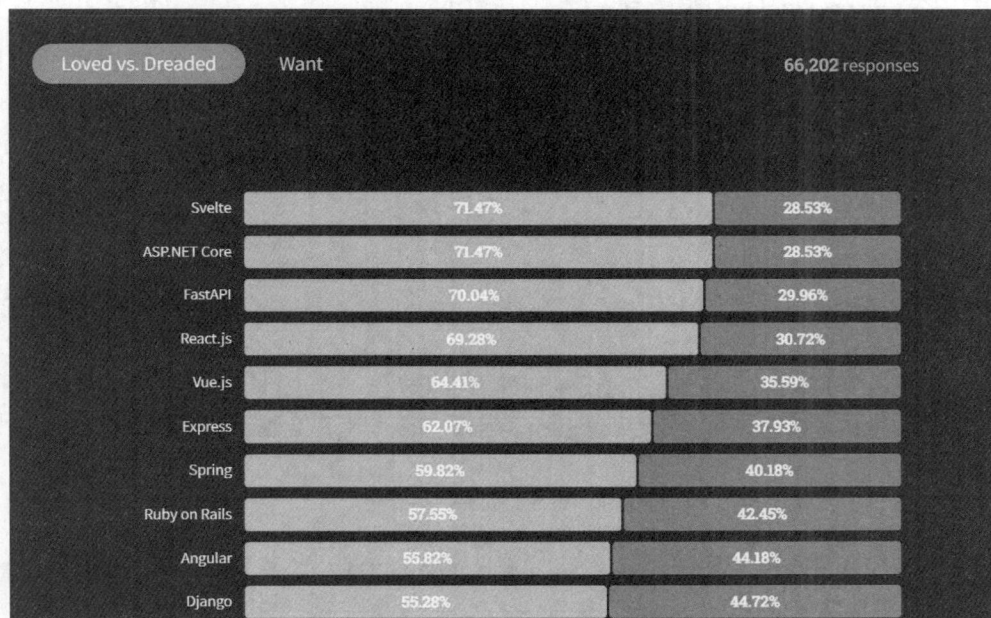

图 1-3　2021 年最受欢迎的 Web 框架排名

此外，Stack Overflow 上有众多使用 ASP.NET Core 进行编程的问答及讨论，这些资源为 ASP.NET Core 初学者和更加高级的开发人员提供了丰富的信息与经验分享。

1.1.3 任务实施

1. 环境下载

我们已经了解了 ASP.NET Core 的含义及作用，现在可以开始准备开发第一个项目了。若想开发 ASP.NET Core Web 应用，需先搭建好开发环境。在之前的内容中，我们提到了 ASP.NET Core 是一个开源的、高性能、跨平台的框架，所以它支持多种平台环境，目前比较常用的有 Windows 或 MacOS 系统，以及日渐受欢迎的 Docker 和 Linux 系统。在这里，我们主要讲解如何在 Windows 系统上进行环境安装，后续部署项目时，再对 Linux 的部署操作进行说明。若支持跨平台，则每一个平台都要搭建一个可以运行 ASP.NET Core 项目的环境，我们称之为运行时(Runtime)，以帮助我们能够在各个平台上顺利运行。如果要开发项目，还需要安装 ASP.NET Core SDK 组件，它包含了运行时及其他的基础库和构建 ASP.NET Core 应用程序的命令行界面(Command Line Interface，CLI)。SDK 可以安装到 Windows、Mac、Linux 等平台上。如果使用的是 Visual Studio 2019/2022 版本，则可以不用安装。本书采用最新的开发工具 Visual Studio 2022，可以在浏览器中搜索"下载 Visual Studio 2022"进行获取，也可以直接从官方网站下载，地址为：https://dotnet.microsoft.com/zh-cn/download，进入官网之后，界面如图 1-4 所示，我们可以根据自己的操作系统选择所需的安装包和版本。

图 1-4 Visual Studio 下载界面

Visual Studio 2022 常见的版本有社区版(Community)、专业版(Professional)和企业版(Enterprise)，具体功能如下。

- Visual Studio 2022 Community：适用于个人开发者及小规模团队，提供基本的开发工具和功能，免费使用。
- Visual Studio 2022 Professional：适用于中小型团队及专业开发者，提供更多的开发工具和功能，包括代码分析、测试工具等。
- Visual Studio 2022 Enterprise：适用于大型企业及团队，提供高级的开发工具和功能，包括团队协作、应用程序生命周期管理等。

我们可根据自身需求选择版本，个人可以使用社区版。

2. 环境安装

安装包下载完成之后，直接双击 VisualStudioSetup.exe 开始安装，稍等片刻会出现图 1-5 所示的功能选择界面，这里选择 ASP.NET 和 Web 开发、.NET 桌面开发即可，Visual Studio 可以通过仅选择所需的组件来节省安装时间和磁盘空间，并且始终可以根据需要随时以增量方式添加更多组件。

安装过程大约需要 30 到 40 分钟，具体时间取决于计算机的配置及网络状况。安装完后，我们就可以开始一个示例项目了。

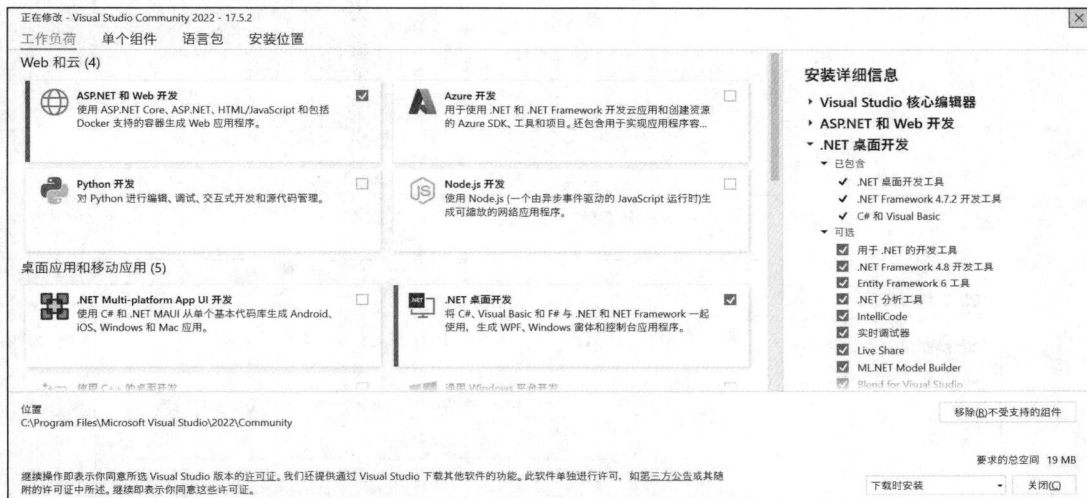

图 1-5　Visual Studio 2022 功能选择

任务 1.2　构建 ASP.NET Core 应用

1.2.1　任务描述

一般，学习新语言或新框架都是从 Hello World 示例项目开始，下面我们一起来开始构建第一个 ASP.NET Core 项目。

1.2.2　任务实施

打开安装好的 Visual Studio 2022，在起始页的对话框中单击【创建新项目】，如果已创建过项目，左侧【打开最近使用的内容】会显示相应的项目列表，操作如图 1-6 所示。

在弹出的【创建新项目】对话框的搜索框中，输入"Asp Net Web"关键字搜索，或者直接通过如图 1-7 所示的下拉框进行筛选。

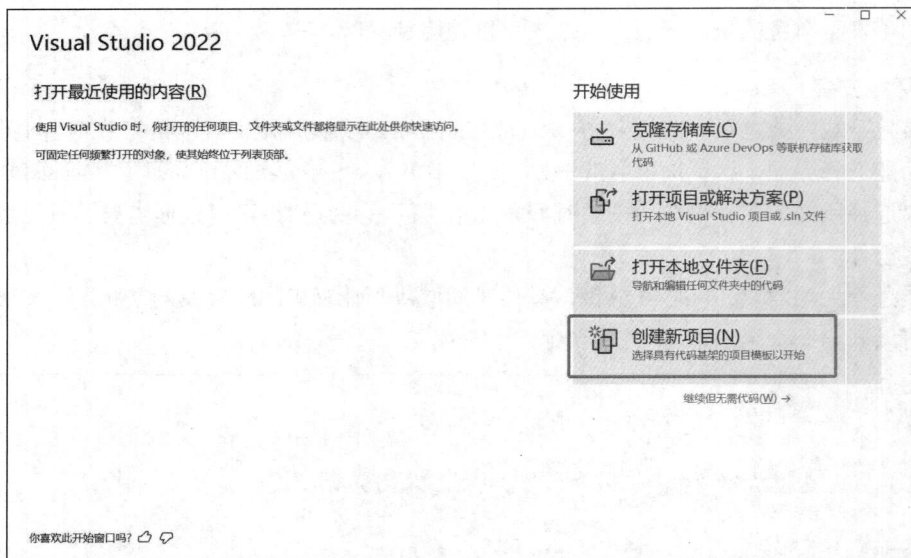

图 1-6　创建新项目

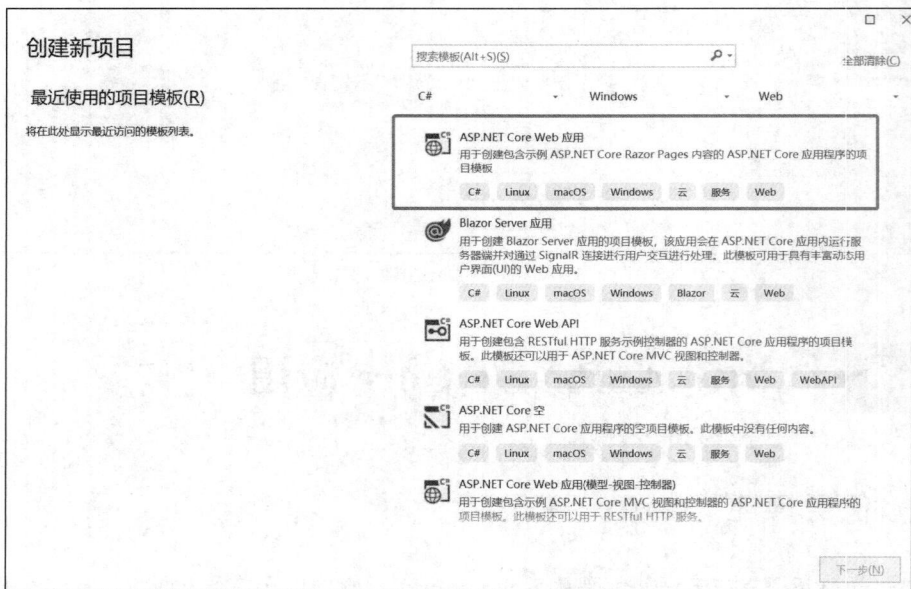

图 1-7　.Net Core 模板搜索与选择

　　单击【下一步】按钮，弹出【配置新项目】对话框，输入【项目名称】并选择文件存放的【位置】，我们可以自定义【解决方案名称】，默认与项目名称一致，也可以不一致，如果选择或填写错误，也可以单击【上一步】按钮，界面如图 1-8 所示。

　　单击【下一步】按钮，弹出【其他信息】的输入和选择对话框，由上至下，分别是框架、身份验证类型、配置 HTTPS 和启用 Docker。

- 框架：选择框架和版本，默认是.NET 6.0(长期支持)。
- 身份验证类型：集成了微软提供的认证方案，包括 Windows 认证、匿名认证等，基于 Identity 类库的实现，可以取消选择。

- 配置 HTTPS：为项目支持 HTTPS 访问做准备，可以取消选择。
- 启用 Docker：为项目配置 Docker 容器化，生成镜像做准备，可以暂时取消选择。

其他信息配置界面如图 1-9 所示。

单击【创建】按钮，默认初始化项目正式完成。单击菜单栏中的【调试】按钮，选择【开始执行不调试】，即可看到默认生成的 Web 页面，如图 1-10 所示。

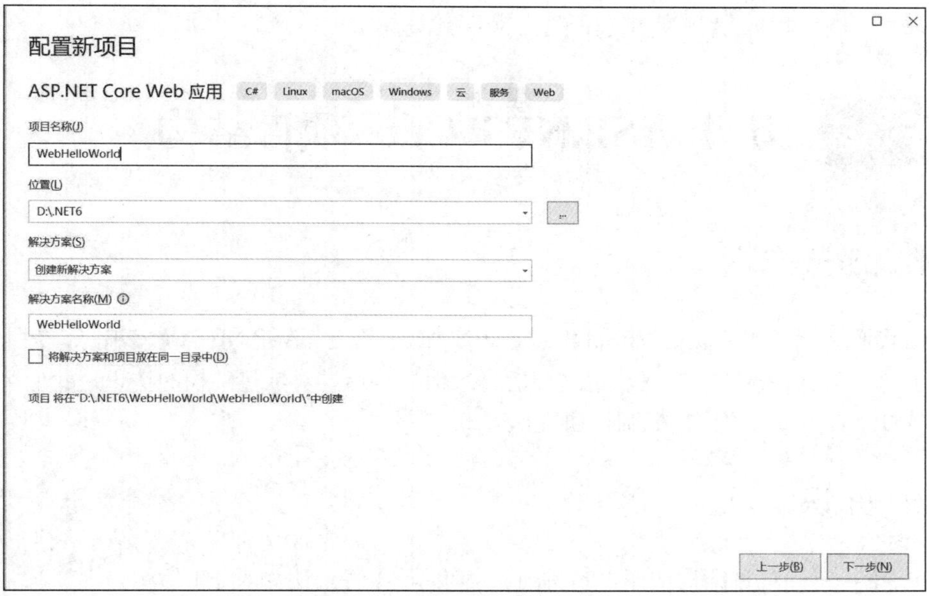

图 1-8　配置项目

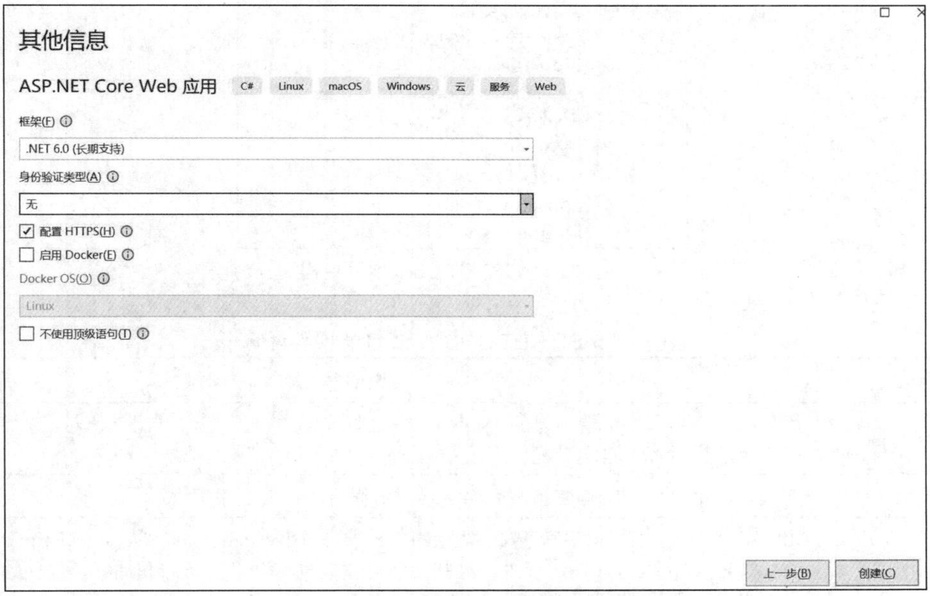

图 1-9　其他信息配置界面

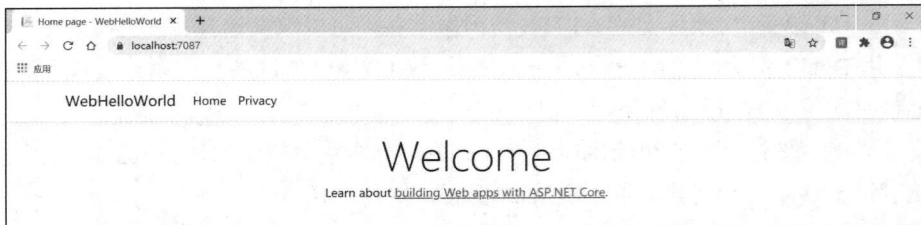

图 1-10　Web 页面运行效果

任务 1.3　认识 ASP.NET Core 项目结构

1.3.1　任务描述

前面我们掌握了如何使用 Visual Studio 2022 来创建一个 ASP.NET Core 项目，接下来我们一起来了解一下 ASP.NET Core 项目文件的目录信息。通过对项目结构的认识，我们可以进一步理解 ASP.NET Core 的运行机制和项目框架。

1.3.2　知识学习

ASP.NET Core 项目结构如图 1-11 所示，其目录/文件说明如表 1-1 所示。

图 1-11　ASP.NET Core 项目结构

表 1-1　ASP.NET Core Web 目录/文件说明

目录/文件	说明
appsettings.json	用于存储应用程序配置信息的 JSON 格式文件。该文件通常包含一组键值对，它们用于为应用程序提供各种自定义配置选项
Program.cs	初始化应用程序的所有信息，启动网站应用程序，定义程序配置
wwwroot	用于存储 Web 应用程序和 Web 站点的各种静态资源(如图像、CSS、JavaScript、HTML 文件等)的默认位置。在运行时，这些文件可以被浏览器直接访问和加载，以便为用户提供更丰富、更优秀的 Web 内容
Properties	存放一些.json 文件，用于配置 ASP.NET Core 项目
Pages	用于存储 Razor Pages 的默认目录。Razor Pages 是一种基于类似 MVC 模式组织代码的 Web 应用程序模型，通常用于轻量级的 Web 应用程序和 Web 页面的构建

1. Program.cs 文件

在.NET 6 中，虽然依然支持使用 startup.cs 文件来配置应用程序的服务和中间件，但默认情况下不再创建该文件。相反，ASP.NET Core 在.NET Generic Host 中提供了更简单、灵活的方式来配置应用程序的服务和中间件。在.NET 6 中，使用新的通用主机模式，可以通过 Program 类中的 Main()方法来进行应用程序的启动和配置。具体来说，我们可以在 Program 类中调用 CreateHostBuilder()函数来创建主机实例，并在主机实例上调用 ConfigureServices()和 Configure() 方法来配置应用程序的服务和中间件。

Program.cs 文件中的代码如下所示。

```
var builder = WebApplication.CreateBuilder(args);
// 添加服务
builder.Services.AddRazorPages();
var app = builder.Build();
// 中间件配置
if (!app.Environment.IsDevelopment())
{
    app.UseExceptionHandler("/Error");
}
app.UseStaticFiles();
app.UseRouting();
app.UseAuthorization();
app.MapRazorPages();
app.Run();
```

总之，在.NET 6 中，主机程序从 Program.cs 开始，我们可以使用 CreateHostBuilder()方法来创建主机实例，并在应用程序上下文中直接配置服务和中间件，而不需要显式创建和配置 startup.cs 文件。

2. 依赖项

在.NET 6 中，依赖项(Dependency)是指程序开发中用到的其他的程序集或库。例如，若我们在编写一个 ASP.NET Core Web 应用程序并需要使用 EF Core ORM 来进行数据库操作时，则需要将 Microsoft.EntityFrameworkCore NuGet 包添加为依赖项，以便从代码中引用和调用 EF Core 相关的类及方法。

依赖项管理是现代软件开发过程中不可或缺的一部分。使用各种第三方库和框架可以显著提高代码复用性与开发速度，同时也很容易出现版本冲突、组件更新等问题。因此，在.NET 6 中，可以使用以下几种方法来有效地管理依赖项。

- NuGet 包管理器：NuGet 是.NET 生态系统中最常用的包管理器，它可以让我们方便地添加、移除和更新相关的组件。在 Visual Studio 中，可以使用 NuGet 包管理器 UI(NuGet Package Manager UI)或包管理器控制台(Package Manager Console)来搜索、安装和更新 NuGet 包。

- .NET SDK 项目文件：.NET SDK 项目文件是.NET 6 新的项目文件格式之一，它使用 XML/MSBuild 语法，并将项目、目录和项目的基本信息全部集成在同一个文件中。通过编写.csproj 文件，我们可以清楚地定义项目中所有的依赖项和构建选项。

- .NET 工具：.NET 工具是指轻量级的 CLI(Command Line Interface)扩展，它们可以用于完成各种开发相关的任务。例如，可以使用 dotnet add package 命令添加 NuGet 包，使用 dotnet build 命令来构建代码，使用 dotnet test 命令进行单元测试等。

总之，依赖项在.NET 6 的开发中具有重要作用，通过优秀的依赖项管理方式可以提高应用程序的代码质量、可维护性和可扩展性，推动整个开发过程工作效率的提升。

3. Properties 目录

Properties 目录用于存放程序集信息、运行配置、内部资源等文件。该目录在创建时，会默认创建一个 launchSettings.json 文件，该文件包含了一些程序启动时的信息。代码如下：

```
{
  "iisSettings": {
    "windowsAuthentication": false,
    "anonymousAuthentication": true,
    "iisExpress": {
      "applicationUrl": "http://localhost:45697",
      "sslPort": 0
    }
  },
  "profiles": {
    "WebHelloWorld": {
      "commandName": "Project",
      "dotnetRunMessages": true,
      "launchBrowser": true,
      "applicationUrl": "http://localhost:7087",
      "environmentVariables": {
        "ASPNETCORE_ENVIRONMENT": "Development"
      }
    },
    "IIS Express": {
      "commandName": "IISExpress",
      "launchBrowser": true,
      "environmentVariables": {
        "ASPNETCORE_ENVIRONMENT": "Development"
      }
    }
  }
}
```

在.NET 6 中，Properties 文件夹主要用于指定应用程序的属性和设置相关信息。

具体来说，Properties 文件夹常包括以下文件。

- launchSettings.json：它定义应用程序在运行时的启动配置信息，如 Web 应用程序的 URL 地址、环境变量等。
- assemblyinfo.cs：它存储有关应用程序的元数据信息，包括版本号、版权信息等。
- resources.resx：它是一个资源管理器，用于存储所有应用程序所使用的字符串及其他资源，便于国际化和本地化。

另外，还可以通过添加自己的 Settings.settings 文件以实现自定义设置。此外，Properties 文件夹还可以扩展到其他自定义配置文件，以保存应用程序所需的所有属性信息。

总之，Properties 文件夹在 ASP.NET Core 实现中提供了一种集中管理应用程序所需信息的方式，并帮助开发人员更好地进行应用程序的管理及代码的维护。

素养园地

科技之光，照亮未来之路

　　党的二十大报告明确提出，教育、科技和人才是社会主义现代化建设的基础性支撑，必须深入实施科教兴国战略、人才强国战略、创新驱动发展战略。这一战略方针为我国的科技发展和创新提供了坚实的政策保障。正是在这种战略引领下，许多企业开始在自主创新和前沿技术领域取得突破，其中，深圳微芯生物科技有限公司便是一个典型代表。

　　微芯生物依托生命科学和新药研发领域的最新进展，搭建了"基于化学基因组学的集成式药物发现与早期评价平台"。这一平台不仅整合了分子医学、计算机辅助药物设计和高通量筛选等技术，还有效降低了新药研发中的风险，推动原创新药的诞生。通过这一平台，微芯生物为全球药物研发带来了新的突破，并展示了中国企业在全球创新药物领域的竞争力。

　　通过微芯生物的实践，我们更加深刻地认识到，只有通过不断的创新和探索，才能实现科技进步并推动社会发展。树立正确的科技发展观，培养创新意识，对于推动科技进步及满足人类健康需求具有深远的意义。

单元小结

- ASP.NET Core 是一个开源的、高性能、跨平台的 Web 应用程序框架，它是 ASP.NET 的下一代版本。该框架可以在 Windows、MacOS 和 Linux 等操作系统上运行。
- ASP.NET Core Web 应用采用 Program.cs 文件来加载配置和启动代码。
- 搭建 ASP.NET Core 开发环境。
- ASP.NET Core 具有轻量级、高性能、模块化和可测试性等特点。它的出现体现了科技创新的重要性，为企业创新及提高生产力和市场竞争提供了强大的支持。
- 学习 ASP.NET Core Web 项目各个文件的意义，可以帮助我们培养系统思维、协作精神、适应性和可持续发展的理念。

单元自测

■ **选择题**

1. 下列不是 ASP.NET Core 的特征的是(　　　)。

　　A. 可以运行在 Windows、Linux 和 MacOS 操作系统上

　　B. 它是一种跨平台开发框架

　　C. 它仅能使用 C#语言进行编程

　　D. 采用了与前身 ASP.NET 完全不同的架构

2. 下列中是 ASP.NET Core Web 应用程序使用到的页面类型的是(　　)。

A. dll pages   B. css pages   C. razor pages   D. jquery pages

3. 在 ASP.NET Core 项目的文件夹中,下列中包含了项目的静态资源文件的文件夹是(　　)。

A. views   B. controllers   C. models   D. wwwroot

4. 下列中是 ASP.NET Core Web 应用的启动文件的是(　　)。

A. Web.Config   B. Globle.axax   C. Startup.cs   D. Program.cs

5. 在 ASP.NET Core 项目的文件夹中, 下列中包含了项目的视图页面的文件夹是(　　)。

A. Models   B. Properties   C. Pages   D. Services

■ 问答题

1. 什么是 ASP.NET Core?

2. ASP.NET Core 的主要特点有哪些?

3. .NET Core 与 ASP.NET Core 的区别是什么?

------------------------------- 上机实战 -------------------------------

■ 上机目标

掌握.NET Core 开发环境的安装和配置。

■ 上机练习

练习:搭建.NET Core 开发环境。

【问题描述】

通过官网下载 Visual Studio 2022 的任意一个版本,并安装 ASP.NET 和 Web 开发、.NET 桌面开发所需要的组件。

【问题分析】

(1) 通过官网下载 Visual Studio 2022 的任意一个版本。

(2) 安装 ASP.NET 和 Web 开发、.NET 桌面开发所需要的组件。

【参考步骤】

请参考本单元【任务1.1　安装和配置环境】~【1.1.3　任务实施】内容中的步骤完成练习。

第一个ASP.NET Core MVC应用

课程目标

项目目标
❖ 搭建任务管理系统基本架构
❖ 完成任务管理系统登录页面
❖ 任务管理系统登录功能实现

技能目标
❖ 理解 MVC 的开发模式
❖ 掌握基于模型-控制器-视图的程序编写
❖ 掌握 Razor 视图语法
❖ 熟练掌握开发环境的使用

素养目标
❖ 培养高效的沟通技巧和协作能力
❖ 养成精益求精的职业态度和做事风格
❖ 具备程序员的基本素养

简介

通过前面的介绍，我们已经知道 ASP.NET Core 的作用，以及如何创建一个 ASP.NET Core Web 应用。微软在 ASP.NET Core 的基础上开发了 ASP.NET Core MVC 和 ASP.NET Core Web API 两个框架。本单元我们将主要讲述如何使用 MVC 开发模式开发 ASP.NET Core MVC 项目，深入了解其开发模式和原理，提高程序的可扩展性和可维护性，保证项目后期的扩展和更新。在深入了解的过程中，我们应养成分工明确、爱岗敬业、勇于进取的职业精神。

任务 2.1 TaskMaster 任务管理系统

2.1.1 任务描述

在传统的开发模式中，应用程序常常被耦合在一起，这使得代码难以维护和扩展。MVC 模式通过将用户界面、数据处理和用户交互逻辑分离，提供了一种更具组织性和可维护性的设计思想，同时也使得小团队的开发工作更加容易协同操作。本次任务我们将认识什么是 MVC 及 MVC 的相关知识，并创建第一个 ASP.NET Core MVC 项目——任务管理系统，实现简单的登录功能。

2.1.2 知识学习

1. MVC 模式

在 20 世纪 80 年代，MVC 模式最初由 Xerox PARC 实验室的 Trygve Reenskaug 提出，旨在解决 Smalltalk 应用程序的设计问题，后来被广泛应用于各种编程语言和框架中，成为一种经典的软件架构模式。如图 2-1 所示，MVC 将一个应用程序分为 Model(模型，即应用程序的数据和业务逻辑)、View(视图，即用户界面)和 Controller(控制器，即处理用户交互逻辑) 3 个相互协作的部分。

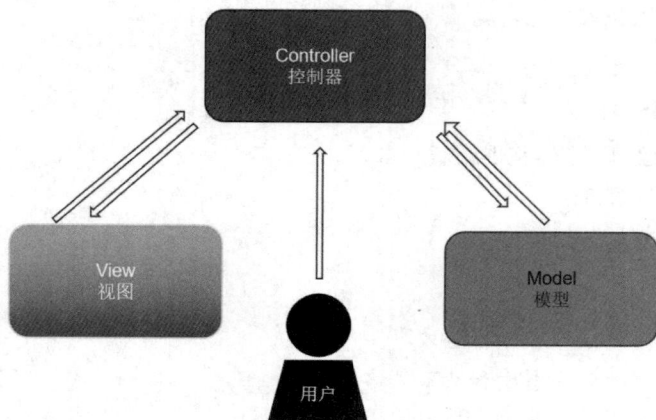

图 2-1   MVC 架构

在 MVC 模式应用程序的 3 个组件中，Model 负责表示应用程序中的数据和业务逻辑，View 负责显示应用程序的用户界面，而 Controller 则负责协调 Model 和 View 之间的交互，并处理用户的输入事件。这 3 个组件通过特定的规则进行通信，以实现应用程序的运行和交互。其中，Model 和 View 是相互独立的，它们没有直接的联系，而是通过 Controller 进行交互。这种结构使得代码易于维护和修改，同时也提高了开发效率和代码的可复用性。

从 ASP.NET MVC 到 ASP.NET Core MVC，最大的改进在于其跨平台性能的增强和开发体验的提高。

2. ASP.NET Core MVC

ASP.NET Core MVC 是 Microsoft 推出的基于.NET Core 的一种 Web 应用程序开发框架，是 ASP.NET MVC 框架的后续版本。在 ASP.NET Core MVC 中，控制器由 Controller 类实现，视图一般是扩展名为 cshtml 的文件，模型则是只有属性的普通 C#类，控制器类一般直接或间接继承自 Controller 类，控制器的名字一般以 Controller 结尾，并且放到 Controllers 文件夹下，模型则放到 Models 文件夹下，视图文件则放在 Views 文件夹下。按照这些规则存放对文件管理非常方便，这就像是一个约定好的规则。

该框架的主要目的是增强开发人员的工作效率和开发体验，并且在性能、安全性、可靠性和跨平台方面都有所改进。相对于早期版本的基于.NET Framework 的 ASP.NET MVC，ASP.NET Core MVC 平台不一定需要使用 IIS 来运行，可自由选择与 Kestrel 或其他支持 ASP.NET Core 应用程序的 Web 服务器集成使用，其可以在多种操作系统上运行，具有跨平台的能力。

ASP.NET Core MVC 框架还提供了许多其他功能，如数据绑定、表单验证、区域路由、安全认证、缓存等，使得开发人员能够更加轻松地构建高质量的 Web 应用程序。同时，ASP.NET Core 还支持依赖注入等面向对象编程的最佳实践，允许开发人员写出更加优雅和可测试的代码。

3. ASP.NET Core MVC 模式的特性

随着软件项目复杂度的增加及软件项目分工的细化，前后端分离已经成了主流的开发模式，ASP.NET Core MVC 既支持基于视图的 MVC 模式开发，也支持 Web API 和 Razor Pages 开发。在 ASP.NET Core MVC 开发模式下，后端人员也需要写一部分前端代码。

作为一种技术框架，ASP.NET Core MVC 具有以下优点。

(1) 分离关注点：MVC 模式将应用程序分为 Model、View 和 Controller，它们之间相互独立。Model 明确了应用程序的数据和业务逻辑，View 管理用户界面，而 Controller 负责协调 Model 和 View 之间的交互。这使得代码的逻辑更加清晰，方便维护和修改。

(2) 可扩展性良好：由于 ASP.NET Core 的模块化设计，应用程序中每个部分都可以进行自我管理并封装在其自己的 DLL 中。这种分层架构基于接口解耦，能够使开发人员轻松地添加新的功能或改进现有功能，而不需要对整个应用程序进行大规模修改。

(3) 可定制性强：ASP.NET Core MVC 提供了丰富的插件和组件，开发人员可以针对特定需求进行自定义开发，并完整地支持依赖注入(DI)，让代码更加灵活和可定制。

(4) 高度灵活性：ASP.NET Core MVC 引入了特性路由(Attribute Routing)机制，使得我们能够更加灵活地定义请求与响应之间的关系，并能使用 RESTful 风格的 API 进行开发。

(5) 支持多种客户端技术：ASP.NET Core MVC 可以轻松集成其他不同的客户端技术，如

Angular、React 等，实现前后端分离的设计模式，开发人员可以使用任何其他前端工具栈来构建动态 Web 应用程序。

在具备以上优点的情形下，ASP.NET Core MVC 同时具有如下一些缺点。

(1) 较为复杂：相对于 ASP.NET Web Forms 模式而言，MVC 模式的应用程序结构较为复杂，需要掌握更多的概念和技术，处理客户端和服务端之间的通信也更加复杂，因此入门较为困难。

(2) 学习曲线陡峭：ASP.NET Core MVC 模式是一种全新的开发模式，在学习过程中需要掌握其核心思想、概念及与生态系统相关联的各种组件和工具，并且往往需要在多个领域(如数据库、Web 服务、HTML 网页等)中有深入的了解才能够进行开发。

(3) 开发效率相对较低：在许多偏向快速上线的项目中，使用 ASP.NET Core MVC 虽然可行但开发效率可能没有其他框架高，这主要是由于应用程序的分层和拆分导致的额外复杂性所决定的。

(4) 代码量相对较大：相对其他框架而言，使用 ASP.NET Core MVC 编写应用程序的代码量有可能会比较庞大，随着功能增加和应用程序规模扩大，代码量会进一步增加。

总体而言，ASP.NET Core MVC 是一款优秀的 Web 框架，尤其适合分工合作。

2.1.3 任务实施

1. 项目实现

打开【Visual Studio 2022】对话框，单击【创建新项目】选项，选择【ASP.NET Core Web 应用(模型-视图-控制器)】选项，如图 2-2 所示。

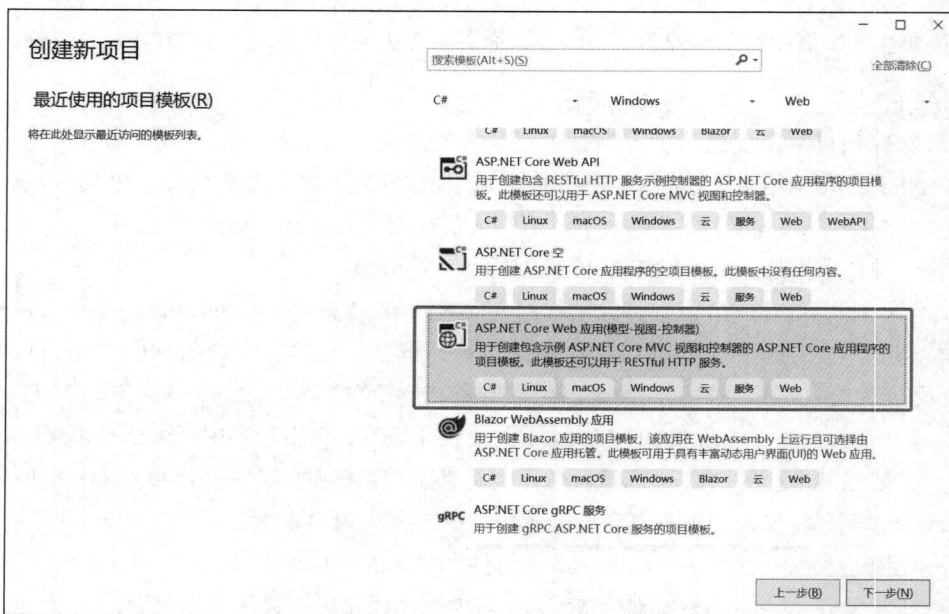

图 2-2 创建 MVC 项目

选择模板之后，单击【下一步】按钮，输入【项目名称】和【解决方案名称】，如图 2-3 所示。默认情况下，解决方案名称会与项目名称一致，可以选择修改，也可以保持默认。

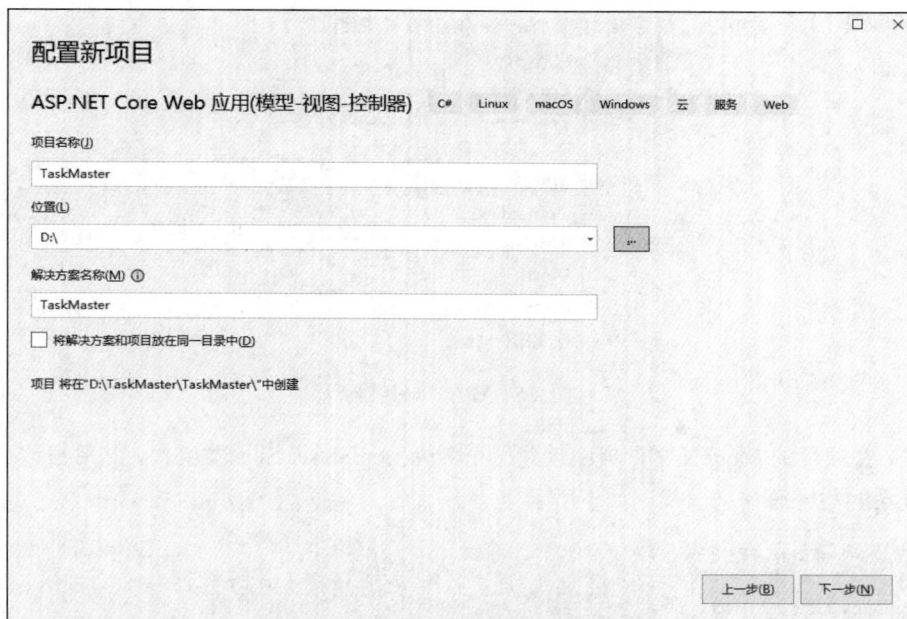

图 2-3　设置项目名称和解决方案名称

确定项目名称和解决方案名称后，单击【下一步】按钮，选择框架为【.NET 6.0】，【配置
HTTPS】可根据需求选择，如图 2-4 所示，然后单击【创建】按钮。

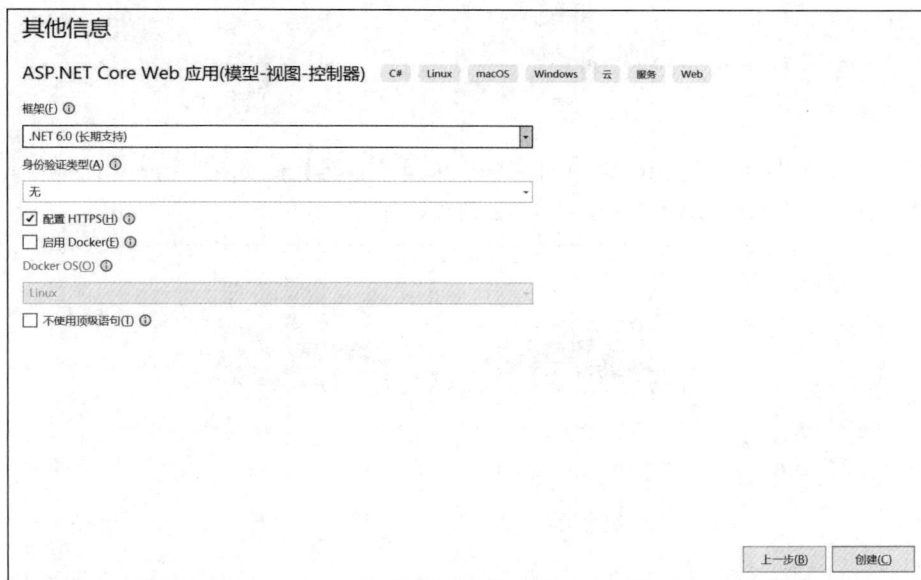

图 2-4　项目配置

创建完成之后，可在工具右侧看到如图 2-5 所示的项目结构。

在上述文件结构中，编辑器会自动创建好 Controllers、Models 和 Views 等文件夹。现在，
我们需要实现 TaskMaster 任务管理系统的登录页面。

图 2-5　MVC 项目结构

首先，在项目的 Models 文件夹中创建一个名为 LoginUser.cs 的类文件，然后在该类中存放用户的登录名与密码信息，代码如下所示。

```
namespace TaskMaster.Models
{
    public class LoginUser
    {
        /// <summary>
        /// 用户名
        /// </summary>
        public string UserName { get; set; }
        /// <summary>
        /// 密码
        /// </summary>
        public string LoginPwd { get; set; }
    }
}
```

其次，在项目结构的 Controller 文件夹中，选择【右键】→【添加】→【控制器】选项，在弹出的对话框中，选择【MVC 控制器-空】选项，如图 2-6 所示。

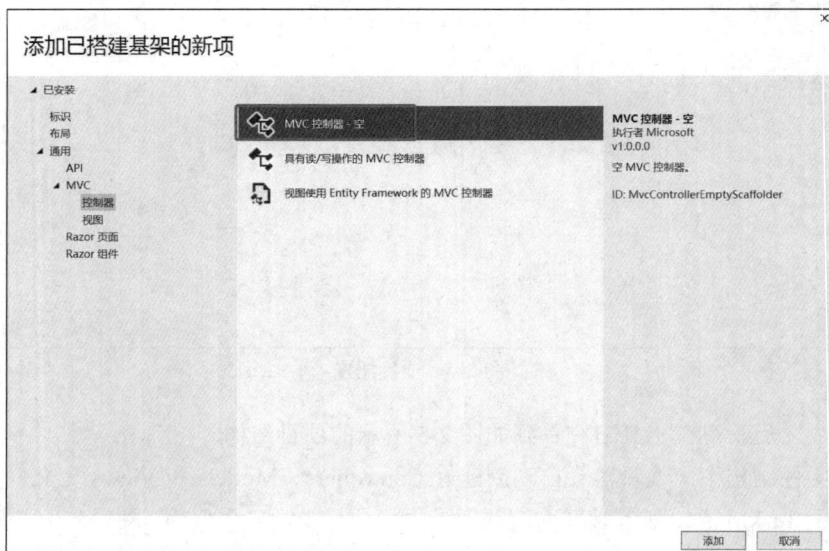

图 2-6　添加控制器

单击【添加】按钮，在弹出的对话框中更改控制器的名称，如图 2-7 所示。需要注意的是，MVC 中的控制器名称只需要修改前半部分，后半部分保持以 Controller 结尾，遵循"约定大于配置"的原则，修改后单击【添加】按钮。

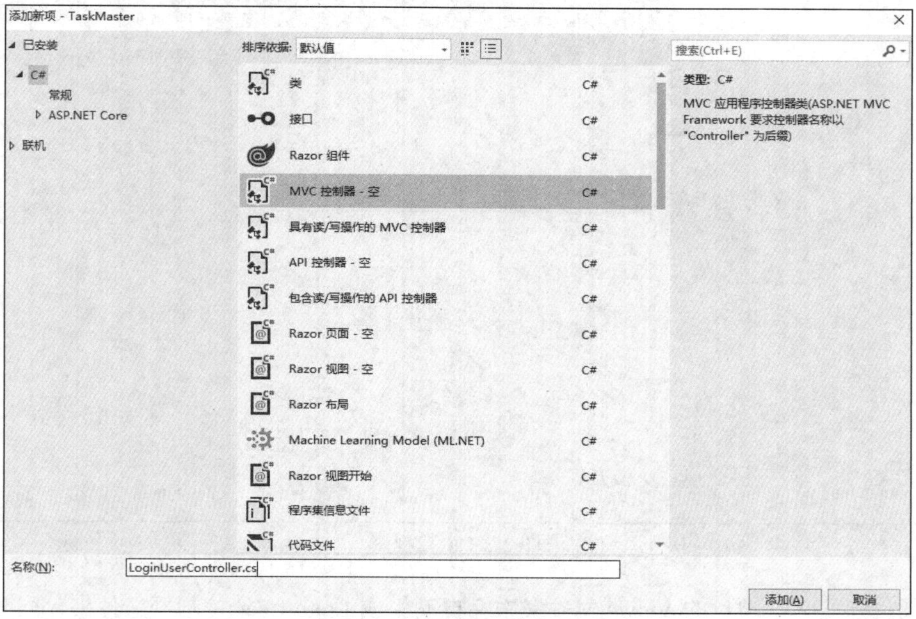

图 2-7　修改控制器名称

在新添加控制器中编写代码，如下所示。

```
using Microsoft.AspNetCore.Mvc;
using TaskMaster.Models;
namespace TaskMaster.Controllers
{
    public class LoginUserController : Controller
    {
        [HttpGet]
        public IActionResult Index()
        {
            return View();
        }
        [HttpPost]
        public IActionResult Index(LoginUser user)
        {
            if (user.UserName.Equals("admin") && user.LoginPwd.Equals("pwd123"))
            {
                return Content("登录成功"); //跳转到登录成功页面
            }
            return View();
        }
    }
}
```

完成控制器代码之后，接下来我们开始编写视图。将鼠标光标聚焦在 Index 方法上，选择【右键】→【添加视图(D)】选项，在弹出的新对话框中，选中【Razor 视图-空】选项，单击【添加】按钮，如图 2-8 所示。

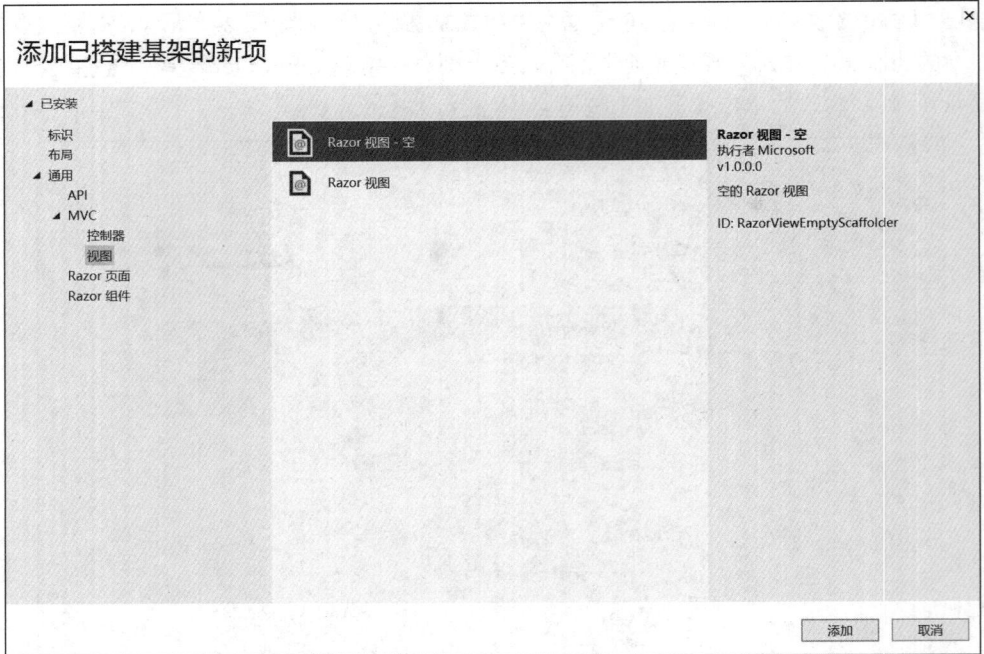

图 2-8　创建视图

　　视图创建好后，项目的 Views 文件夹中会自动生成 LoginUser 控制器文件夹，同时在该文件夹下还会自动创建一个 Index.cshtml 文件，该文件就是登录页面对应的视图文件。编写视图文件代码如下。

```
@model TaskMaster.Models.LoginUser;
<h2>登录</h2>
<form asp-action="Index" method="post" class="form-horizontal" role="form">
    <div asp-validation-summary="All" class="text-danger"></div>
    <div class="form-group">
        <label asp-for="UserName" class="col-md-2 control-label">
            用户名
        </label>
        <div class="col-md-5">
            <input asp-for="UserName" class="form-control" />
            <span asp-validation-for="UserName" class="text-danger"></span>
        </div>
    </div>
    <div class="form-group">
        <label asp-for="LoginPwd" class="col-md-2 control-label">
            密码
        </label>
        <div class="col-md-5">
            <input asp-for="LoginPwd" type="password" class="form-control" />
            <span asp-validation-for="LoginPwd" class="text-danger"></span>
        </div>
    </div>
    <div class="form-group">
        <div class="col-md-offset-2 col-md-5">
            <input type="submit" class="btn btn-primary" value="登录" />
        </div>
    </div>
</form>
```

完成上述代码之后，可以直接单击菜单栏中的【调试】按钮，选择【开始执行不调试】选项运行查看结果。此时浏览器会打开 https://localhost:7068/这类网址，如果我们需要访问刚刚自定义的视图，则需要在浏览器中直接访问 LoginUser 视图中的 Index 方法，写法为/LoginUser/Index，即将地址改成 https://localhost:7068/LoginUser/Index 进行访问，显示结果如图 2-9 所示。

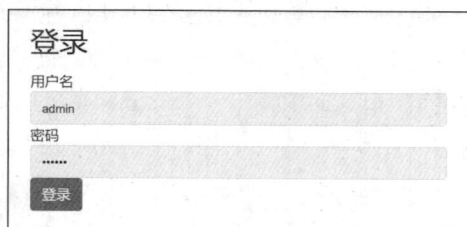

图 2-9　登录运行效果

2. MVC：约定大于配置

在上述登录功能实现的过程中，我们发现了一些特殊的地方。例如，在添加控制器类时后缀保持 Controller 不变，而且都放在 Web 文件夹下的 Controllers 文件夹中，控制器类继承 Controller 基类；视图文件必须放在名称为 Views 的文件夹中，并且在该文件夹下按照控制器名称进行组织；以下画线开头命名的视图一般作为布局视图，放在 shared 文件夹下面，这些我们称为"约定大于配置"。ASP.NET Core MVC 中的"约定大于配置"是一种设计哲学，旨在减少开发人员的代码量。简而言之，"约定大于配置"是指使用默认设置和惯例(约定)来降低需要进行显式配置的数量。通过利用这些默认约定，我们不需要在应用程序中显式地指定每个功能和组件如何工作，这样可以简化任务并使代码更加易于阅读和维护。如果我们需要修改或扩展默认约定，大多数情况下可以通过调整它们的行为方式来满足特定需求。然而，即便如此，我们仍然可以从众多默认值中获得诸多帮助。

3. 热重载

在上述运行效果中，使用过之前开发工具的开发者应该都知道，如果中途修改了服务器代码，则需要重启服务器再查看代码，而在 Visual Studio 2022 中新添加了热重载的功能，其是一种开发工具的功能，允许在不停止应用程序的情况下对代码更改进行实时查看。启用热重载后，可以在编辑器中进行代码更改，然后将更改内容立即反映到正在运行的应用程序中，无须重新启动应用程序。这为开发人员带来了极大的便利，并提高了开发效率。

ASP.NET Core 是一个支持热重载的框架，其原理是将应用程序加载到 ASP.NET Core 管道的进程运行时中，然后通过监视本地文件系统(如项目的源文件)来检测任何更改。如果更改了代码，它会编译并重新加载"运行时"代码，以便我们能够立即看到更改的结果。使用 ASP.NET Core 热重载功能进行开发可省大量时间，尤其是在需要频繁更改代码或 UI 设计的开发过程中。这项功能非常适合进行快速迭代和测试。但需要注意的是，在生产环境中我们应该禁用此特性，因为在这种模式下运行应用程序可能会导致性能下降和其他问题。

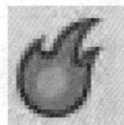

在 Visual Studio 2022 中，热重载的用法很简单，只需要单击 Visual Studio 工具栏中的热重载图标(如图 2-10 所示)，修改的代码即可生效。

图 2-10　热重载图标

4. Razor 视图语法

在上述代码中，@model TaskMaster.Models.LoginUser;表明该视图文件是接收 LoginUser 类数据的强类型视图，控制器传递过来的对象在 cshtml 视图中可以用 Model 属性来获取。cshtml 文件中大部分是普通的前端代码，其中以@开头的为标准的 C#表达式，代表把 C#表达式的内容传输到表达式所在的位置。在上述代码中以@开头的语法格式我们称为 Razor 语法。

Razor 语法中的"@"符号是 Razor 视图中一个非常重要的符号，它被定义为 Razor 服务器代码块的开始符号。如果我们希望在页面中输出一个变量，则可以使用如下代码；如果要输出"@"符号，则可以使用"@@"符号。

```
<span>@userName</span>
<span>@sex </span>
```

在 Razor 视图中，我们可以采用"@{code}"来定义一段代码块，如下所示。

```
@{
int a=5;
    int b=10;
int sum=a+b;
@sum;
}
```

Razor 支持代码混写，如下所示。

```
@if(value%2==2){
<p>这个数是偶数</p>
}
```

同时，Razor 还支持 c#和 html 的注释，如//单行注释、/*多行注释*/及<!-- htmlcode-->，在 Razor 中也可以使用"@*多行注释*@"这种写法来进行注释。另外，在 Razor 中还有许多常用的指令，可以在后续的学习中逐步熟悉。

素养园地

分工合作，实事求是，精益求精

党的二十大报告明确提出了大会主题："高举中国特色社会主义伟大旗帜，全面贯彻新时代中国特色社会主义思想，弘扬伟大建党精神，自信自强、守正创新，踔厉奋发、勇毅前行，为全面建设社会主义现代化国家、全面推进中华民族伟大复兴而团结奋斗。"这句话深刻体现了中国特色社会主义道路的核心精神。正如报告所强调的，旗帜决定方向，党的信仰和理论方向将引领我们朝着全面建设社会主义现代化国家的目标前进。

在这一伟大目标指引下，全国各地积极践行新时代中国特色社会主义思想，推动社会经济各领域的蓬勃发展。例如，江西省宜春市万载县通过采取间作套种、林下种植等农业模式，因地制宜地发展迷迭香、百合、香薷、艾草等中草药种植。这不仅为农民带来了可观的收入，也为实现乡村振兴战略贡献了力量。

在这一过程中，万载县的农民与企业通过密切合作，解决了技术、成本、产品质量等一系列问题，展现了"实事求是"和"精益求精"的精神。通过团队合作，他们不断改进生产技术，提高了产品质量和市场竞争力，进一步推动了地方经济的高质量发展。

　　这一实践充分体现了党的二十大报告提出的合作共赢、实事求是的精神。只有通过分工合作、互相支持、发挥个人优势，团队才能克服困难，共同实现目标。正如新时代中国特色社会主义思想所强调的，只有坚持不懈、不断创新，才能在实践中取得更大成就，最终推动社会和谐进步。

单元小结

- MVC 是一种常见的 Web 应用程序开发模式，其将应用程序分为 Model、View 和 Controller 3 个部分。
- 创建 ASP.NET Core MVC 项目。
- Razor 语法设计简洁，易于编写，它允许开发人员直接在 HTML 中编写服务器端代码，无须使用特殊的标记语言，使代码更加清晰和易于维护。
- MVC 的分工合作模式彰显了分工协作、分工明确的实事求是、精益求精的工作态度和工作作风。

单元自测

■ 选择题

1. ASP.NET Core MVC 中视图文件通常存放在(　　)目录下。
   A. wwwroot
   B. Controllers
   C. Views
   D. Models
2. ASP.NET Core MVC 中的 Action 是(　　)。
   A. 控制器内响应请求的方法
   B. 模型类的工厂方法
   C. 普通方法
   D. 视图呈现方法
3. 在 Razor 视图中，以下用于标记代码块的字符是(　　)。
   A. #
   B. $
   C. @
   D. %
4. 在 Razor 视图中定义循环结构的语句是(　　)。
   A. @(for…)
   B. <%foreach…%>
   C. <do..while>
   D. <%=for(…)%>
5. 在 ASP.NET Core MVC 中，以下可以在视图中接收强类型数据的类型是(　　)。
   A. ViewData
   B. ViewBag
   C. Model
   D. TempData

上机实战

■ 上机目标

● 掌握 ASP.NET Core MVC 项目的创建。
● 掌握 Razor 视图的基本语法。

■ 上机练习

练习：创建一个 ASP.NET Core MVC 项目，实现如图 2-11 所示的【添加课程】界面，输入课程信息后，单击【添加课程】按钮，返回所添加的课程信息，如图 2-12 所示。

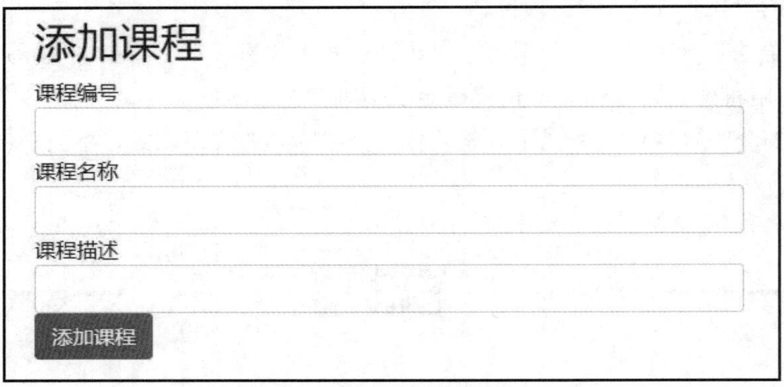

图 2-11　添加课程界面

图 2-12　添加结果界面

【问题描述】

我们正在开发一个在线学习平台，该平台需要一个课程管理功能来管理课程资源。请创建一个名称为 CourseManagement 的 ASP.NET Core MVC 项目，添加课程信息的 Model 类 Course.cs (包含课程编号 CourseNo、课程名称 CourseName、课程描述 Description 属性)和控制器 CourseController，实现如图 2-11 所示的视图界面，在界面中输入课程信息后，单击【添加课程】按钮，返回所添加的课程信息界面，如图 2-12 所示。

【问题分析】

(1) 创建一个 ASP.NET Core MVC 项目，名称为 CourseManagement。

(2) 在项目下的 Models 文件夹中，添加一个 Course.cs 类，并在类中声明 CourseNo、CourseName、Description 属性。

(3) 在项目下的 Controllers 文件夹中，添加一个 CourseController.cs 控制器类，并实现功能：

在界面(见图 2-11)中输入课程编号、课程名称后，单击【添加课程】按钮，返回所添加的课程信息(见图 2-12)。

【参考步骤】

(1) 打开【Visual Studio 2022】界面，单击【创建新项目】按钮，选择【ASP.NET Core Web 应用(模型-视图-控制器)】选项，设置项目名称为 CourseManagement。

(2) 在 CourseManagement 项目下的 Models 文件夹中，添加一个 Course.cs 的类文件，并在类中声明 CourseNo、CourseName、Description 属性，代码如下所示。

```
namespace CourseManagement.Models
{
    public class Course
    {
        /// <summary>
        /// 课程编号
        /// </summary>
        public string CourseNo { get; set; }

        /// <summary>
        /// 课程名称
        /// </summary>
        public string CourseName { get; set; }

        /// <summary>
        /// 课程描述
        /// </summary>
        public string Description { get; set; }
    }
}
```

(3) 在 Controllers 文件夹中，添加一个 CourseController.cs 的控制器类，代码如下所示。

```
namespace CourseManagement.Controllers
{
    public class CourseController : Controller
    {
        [HttpGet]
        public IActionResult Create()
        {
            return View();
        }
        [HttpPost]
        public IActionResult Create(Course course)
        {
            if (!string.IsNullOrEmpty(course.CourseNo)&&!string.IsNullOrEmpty(course.CourseName))
            {
                return Content("课程编号：" + course.CourseNo+"\n 课程名称："+course.Course Name+"\n 课程
                        描述："+course.Description);
            }
            return View();
        }
    }
}
```

(4) 将光标聚焦在 CourseController.cs 中的 Create 方法上，右击，选择【添加视图(D)】，在弹出的对话框中选中【Razor 视图-空】选项，单击【添加】按钮。

(5) 在 Views 文件夹中会自动生成 Course 文件夹，在该文件夹下的 Create.cshtml 文件中，实现如图 2-11 所示的界面，代码如下所示。

```
@model CourseManagement.Models.Course
<h2>添加课程</h2>
<form asp-action="Create" method="post" class="form-horizontal" role="form">
    <div class="form-group">
        <label asp-for="CourseNo" class="col-md-2 control-label">
            课程编号
        </label>
        <div class="col-md-5">
            <input asp-for="CourseNo" class="form-control" />
            <span asp-validation-for="CourseNo" class="text-danger"></span>
        </div>
    </div>
    <div class="form-group">
        <label asp-for="CourseName" class="col-md-2 control-label">
            课程名称
        </label>
        <div class="col-md-5">
            <input asp-for="CourseName" class="form-control" />
            <span asp-validation-for="CourseName" class="text-danger"></span>
        </div>
    </div>
    <div class="form-group">
        <label asp-for="Description" class="col-md-2 control-label">
            课程描述
        </label>
        <div class="col-md-5">
            <input asp-for="Description" class="form-control" />
        </div>
    </div>
    <div class="form-group">
        <div class="col-md-offset-2 col-md-5">
            <input type="submit" class="btn btn-primary" value="添加课程" />
        </div>
    </div>
</form>
```

页面之间的数据传递

课程目标

项目目标

❖ 使用 ViewData 等方式传值

❖ 根据不同使用场景，熟练使用不同的页面传值方式

❖ 实现任务管理系统列表页

技能目标

❖ 理解强类型视图的概念

❖ 熟练掌握不同页面传值的方法

❖ 将页面传值方法活学活用到任务管理系统中

素养目标

❖ 培养多个角度分析问题的能力

❖ 养成实事求是、脚踏实地、辩证看待问题的职业素养

❖ 养成不断学习、不断提升的工作作风

> **简介**
>
> ASP.NET Core MVC 提供了多种在控制器和视图之间传递数据的方式,根据不同的场景选择不同的传值方式,可以提高应用程序的效率和可读性。例如,当需要向视图传递少量的数据(如页面标题、简单状态信息等)时,可以使用 ViewBag 和 ViewData 来传递数据;当需要在视图中呈现一个单一模型(Model)对象或需要进行表单提交的操作时,使用 Model 进行传值是最佳选择,同时可以采用 ViewModel 模式,将多个业务实体组合起来,实现层次分离。另外,当需要在多个请求之间传递数据时,如重定向到另一个操作方法并携带数据,或者在执行操作后需要显示确认消息的情况下,TempData 是一种有效的选择。本单元将详细阐述这些传值方式的用法,帮助读者从实际角度分析问题,提升思辨能力和全局视野。

任务 3.1 强类型视图的使用

3.1.1 任务描述

在 IT 领域中,"强类型"是一个重要概念,它在多种编程语言中扮演着关键角色。强类型意味着在程序的执行期间,变量的类型是固定的,不能被改变。使用强类型可以帮助开发人员防止数据混淆和错误,从而提高代码的可读性和可靠性。下面让我们通过一个简单的例子来说明这一点。

假设一个小型企业中有一个员工管理系统,该系统中有一个"查看员工"页面,用于查看员工详情。为了使这个过程尽可能地简单和直观,我们希望能够直接在页面上显示员工的各种信息,如员工号、员工姓名、员工部门。在没有强类型的情况下,我们可能会使用一些弱类型的语言(如 JavaScript)将各种数据混淆在一起,然后一次性传递给视图。但这可能会在处理数据时犯错误,或者把数据传递给错误的函数,从而导致数据丢失或显示不正确。

然而,使用强类型可以帮助我们解决上述问题。

强类型视图(Strongly Typed Views)是一种在 ASP.NET Core MVC 中使用的视图,它允许我们将模型直接传递给视图,并在视图中使用强类型语法来访问模型数据。本任务的目标是学会如何创建模型类、在控制器中准备数据模型,并将这些数据模型作为参数传递给视图。

3.1.2 任务实施

在强类型语言 C#中定义一个"用户"类,并将所有相关的数据作为该类的属性。我们可以在视图中使用该类的实例,而不是直接使用原始数据。这样,编译器会在编译期间检查所有数据类型是否正确,从而减少了在运行时出现错误的可能性。

在 ASP.NET Core MVC 中,使用强类型视图可以让视图和模型之间产生更紧密的联系。在上一单元中,我们其实已经使用了强类型视图,本单元我们将深入了解使用强类型视图进行传值。在强类型视图中,我们可以为每一个视图指定相应的模型,以便在控制器中进行数据传递和视图呈现。

首先，新建一个 ASP.NET Core MVC 项目，项目名称为 Chapter03。在 Models 文件夹下，创建一个视图模型类 EmployeeViewModel.cs，用于为视图提供数据，代码如下所示。

```
public class EmployeeViewModel
{
    public int Id { get; set; }
    public string Name { get; set; }
    public string Department { get; set; }
}
```

其次，添加控制器 EmployeeController。在控制器中实例化该模型，通过 View 方法把它传递到视图中，代码如下所示。

```
public class EmployeeController: Controller
{
    public IActionResult Index()
    {
        EmployeeViewModel employee = new EmployeeViewModel() { Id = 1, Name="张三", Department ="销售部" };
        return View(employee);
    }
}
```

最后，创建强类型视图。在视图中，我们可以使用以下语法来声明强类型视图。

```
@model EmployeeViewModel
```

这行代码指示 Razor 视图引擎将名为 EmployeeViewModel 的对象绑定到当前视图。在视图中，我们可以直接使用该命名空间来访问所有公用属性和方法，代码如下所示。

```
@model EmployeeViewModel
<h2>员工信息：</h2>
<div>
    <p>@Model.Id</p>
    <p>@Model.Name</p>
    <p>@Model.Department</p>
</div>
```

通过上述代码，我们可以在视图中使用模型的 3 个属性显示员工信息。注意，这里代码中的@model 就是指向该模型的实例。

我们还可以通过强类型视图进行表单提交和验证。

在强类型视图中添加表单的基本步骤与普通视图一样，我们可以在视图中添加<form asp-action="..." method="post">元素和表单控件。不同之处在于，我们把表单控件与模型中特定的属性关联起来，可以实现自动生成绑定，代码如下所示。

```
@model EmployeeViewModel
<form asp-action="Create" asp-controller="Employee" method="post">
    <div>
        <label asp-for="Name">姓名：</label>
        <input asp-for="Name">
        <span asp-validation-for="Name"></span>
    </div>
```

```
    <div>
        <label asp-for="Department">部门：</label>
        <input asp-for="Department">
        <span asp-validation-for="Department"></span>
    </div>
    <button type="submit">添加新员工</button>
</form>
```

在上述代码中,我们在每个 input 和 label 元素上都通过 asp-for 属性绑定了相应的模型属性。当从表单提交数据时,MVC 框架根据绑定关系将表单数据赋给模型(只有参数类型与泛型视图匹配的请求才能访问该视图,否则会引发编译时错误提示)。

此处展示的验证标签辅助器,如 asp-validation-for="Name"可以自动验证表单输入值。当模型验证失败时,错误消息会被添加到 Model State 中,我们可以通过 Model State 将这些错误消息显示在视图中。关于标签辅助器,将会在后续单元中详细讲解。

在 ASP.NET Core MVC 中,强类型视图可以帮助我们更好地管理和处理数据模型,并且可以提高开发效率。它使数据绑定更加简洁明确,减少了代码量,提高了可读性,同时避免了因意外数据导致的程序运行缺陷,也为后期的交互维护工作带来了极大的便利,能够快速解决问题。

任务 3.2　TempData 的使用

3.2.1　任务描述

通过前面的学习和了解,我们已经深入理解了强类型视图。在 ASP.NET Core MVC 应用程序中,常存在需要在多个请求间共享数据的场景。例如,当处理表单操作时,若出现错误,则需要返回到操作页面并显示错误消息。这需要在重定向期间将错误消息传递给下一次请求,但是通常情况下 Redirect 方法不会包含任何数据,这就需要使用 TempData 来解决该问题。本任务要求我们通过实践学习,掌握 TempData 的用法,学会在不同控制器之间传递临时数据。

3.2.2　知识学习

1. 为什么使用 TempData

TempData 广泛用于 ASP.NET MVC 和 ASP.NET Core MVC 的 Web 应用程序中,主要用于在控制器的不同动作方法之间传递临时数据或消息。以下是一些可以使用 TempData 的常见场景。

(1) 页面重定向后,需要将消息传递给下一个操作。例如,在用户成功登录时,我们可能需要将欢迎消息或其他信息传递到另一个操作以显示消息。

(2) 在要使用多个视图或布局文件的情况下,由于MVC 的工作原理,有时难以在不同的视图之间共享数据,而 TempData 可以起到中转的作用,允许在控制器和视图之间传递数据。

(3) 发送临时令牌(token)。在某些情况下,我们需要在一个页面(如支付、批准等)上完成一个任务,然后在下一页上确定是否成功完成或回滚任务。此时可以使用 TempData 来提供简单的临时令牌或状态标志来支持这种流程。

（4）执行刷新(refresh)前先保存表单数据。当用户单击【刷新】按钮时，会返回前一个 HTTP POST 请求，将导致所有的表单输入都丢失。在这种情况下，我们可以使用 TempData 来为提交操作存储表单数据，并在重定向后使用 TempData 将表单数据发送回用户。

2. TempData 的特点

在 ASP.NET Core MVC 中，TempData 可以被用来在多次请求间共享数据，但需要注意的是，TempData 数据仅对当前和下一个请求有效。在控制器方法中添加 TempData 数据很容易，只需要定义键和数据，就像读写通用字典集合一样。在视图中使用 TempData 是独立且灵活的，我们可以根据需要接收和显示数据。使用 TempData 来传递提示信息、错误信息或其他跨请求持久性信息将会非常有用。

3.2.3　任务实施

1. 在控制器中设置 TempData 数据

在 Chapter03 项目的 HomeController 控制器中，添加 CreateOrder 方法，使用 TempData 字典对象来获取和设置对象数据，并传递数据到视图，然后使用 RedirectToAction 方法重定向到另一个 Action，代码如下所示。

```
public IActionResult CreateOrder()
{
    // 向 TempData 中添加消息
    TempData["Message"] = "订单创建成功！";
    // 重定向到 Order Action
    return RedirectToAction("Index");
}
```

2. 在视图中接收 TempData 数据

当跳转到另一个页面时(通常是由 RedirectToAction 方法完成的跳转)，该页面可以使用 TempData 字典对象来获取保存的数据，并进行相关操作。修改 Views/Home 文件夹下的 Index 视图，添加如下代码。

```
@if(TempData["Message"] != null)
{
    <div class="alert alert-success">@TempData["Message"]</div>
}
```

在上述代码中，首先检查 TempData 中是否有一条"消息"，如果有便把它展示出来。

任务 3.3　ViewData 的使用

3.3.1　任务描述

TempData 可以在视图之间传递数据，但其只能保存请求一次的数据。如果需要保存多次请求的数据，则可使用 ViewData。本任务将指导我们如何在控制器中向 ViewData 添加数据，并在视图中访问这些数据。

3.3.2 知识学习

1. ViewData 的使用场景

ViewData 用于在控制器和视图之间传递少量数据。通过 ViewData，我们可以在控制器中存储数据，并在视图中读取和操作它。

2. ViewData 的特点

1) 请求范围内的数据传递

ViewData 仅在同一个请求的生命周期内有效。数据在请求结束时会被清除，因此它适用于在一个请求期间从控制器传递数据到视图。

2) 键值对存储

ViewData 是一个字典集合对象，它以键值对的形式存储数据。每个数据项由一个字符串键和一个对应的值组成，值可以是任何类型的数据。

3) 适用于小规模数据传递

ViewData 适用于存储少量数据，如字符串、整数等简单类型的数据。由于其存储方式，存储过多或过大的数据可能会影响性能，因此不建议将过大的数据对象存入 ViewData。

4) 与视图共享数据

ViewData 中的数据可以在控制器和视图之间传递。控制器将数据存入 ViewData 后，视图可以通过相应的键来访问这些数据并进行渲染。

3. ViewData 与 TempData 的区别

与 TempData 相比，ViewData 仅在当前请求内有效，而 TempData 可以在重定向或多个请求中持久化数据。

3.3.3 任务实施

1. 在控制器中设置 ViewData 数据

在 Chapter03 项目的 HomeController 控制器的 Index 方法中，添加如下代码。

```
public IActionResult Index()
{
    ViewData["Message"] = "Hello，我是 ViewData!";
    return View();
}
```

2. 在视图中使用 ViewData 数据

ViewData 字典只存储当前请求的数据，在 ActionResult 返回 View 后，我们可以在 View 的 cshtml 文件中通过@ViewData["key"]语法来访问它。修改 Views/Home 文件夹下的 Index 视图，添加如下代码。

```
<h1>@ViewData["Message"]</h1>
```

任务 3.4　ViewBag 的使用

3.4.1　任务描述

ViewBag 是 ASP.NET MVC 中的一个动态类型的属性包装器(wrapper)，用于在 Controller 和 View 之间传递数据。由于 ViewBag 不需要预先定义数据的类型或键名，因此其比 ViewData 更加灵活。本任务将指导我们如何在控制器中设置 ViewBag 的属性，并在视图中访问这些属性。

3.4.2　知识学习

1. 为什么使用 ViewBag

ViewBag 实际上是通过 dynamic 关键字来声明的对象，我们可以动态地将任何属性添加到 ViewBag 中，并在视图中使用相应的属性名称访问这些值。ViewBag 可以方便、简洁地在 Controller 中向 View 传递数据，使用起来非常灵活，不需要事先声明数据类型。

2. ViewBag 与 ViewData 的区别

ViewBag 和 ViewData 都是在 ASP.NET Core MVC 应用程序中用来在 Controller 和 View 之间传递数据的机制，但它们有以下几个关键的区别。

(1) 数据类型：ViewData 是一个 Dictionary 对象，其通过键值对的形式存储对象，而且必须显式进行类型转换。ViewBag 的数据类型是 dynamic，其在调用视图时会将动态的属性转换为对象的属性。

(2) 定义方式：由于 ViewBag 使用了 dynamic 关键字，因此不需要事先声明，可以直接在 Controller 中添加任意的属性和值；而 ViewData 必须在 Controller 中使用指定的 KEY 向 ViewData 字典中添加值，然后才能在 View 中获取它们。

(3) 引用方式：在 View 中访问 ViewData 数据时，需要显式地使用字符串键名称，在 ViewBag 中则只需要使用动态属性名即可。

(4) 生命周期：ViewData 用于在当前请求和视图之间传递数据，这些数据在第一次渲染视图或重定向之前有效。而 ViewBag 的数据仅在当前请求周期内有效，使用 ViewBag 可以避免命名冲突等潜在问题。

总的来说，虽然 ViewBag 与 ViewData 类似，但使用起来各有特点，需要根据具体场景选择合适的方式传递数据。例如，对于需要在多个 Controller 和 Action 之间共享数据的情况，最好使用 ViewData 存储数据；而对于小型且基本的 Page 装饰信息，ViewBag 则更加方便、简洁。

3.4.3　任务实施

1. 在控制器中设置 ViewBag 数据

在 Chapter03 项目的 HomeController 控制器的 Index 方法中，添加如下代码。

```
public IActionResult Index()
{
    ViewBag.Message = "Hello, 我是 ViewBag!";
    return View();
}
```

2. 在视图中使用 ViewBag 数据

由于 ViewBag 是一个动态的类型对象，因此，我们可以通过属性访问 ViewBag 中的数据。在视图中读取和显示在控制器中设置的 ViewBag 数据的示例如下。

```
<h2>@ViewBag.Message</h2>
```

任务 3.5　实现任务管理系统列表页

3.5.1　任务描述

通过前面的学习，我们已经掌握了如何使用不同的视图传值方式进行传值，现在我们将通过所学的知识点来搭建 TaskMaster 任务管理系统的任务列表页。

3.5.2　任务实施

1. 添加任务模型

在【解决方案资源管理器】中右击【Models】文件夹，选择【添加】→【类】选项，类名修改为 Task.cs，在类中定义任务名称、内容、状态等属性信息，代码如下所示。

```
public class Task
{
    public int Id {get; set;}
    public string Title {get; set;}
    public string Content {get; set;}
    public bool IsCompleted {get; set;}
}
```

2. 添加 TaskController 控制器

添加控制器 TaskController 中的 Index 动作(Action)，该动作将获取固定的任务列表并呈现到主页上，代码如下所示。

```
using Microsoft.AspNetCore.Mvc;
using Task = Chapter03.Models.Task;
public class HomeController : Controller
{
    public IActionResult Index()
    {
        // 固定的任务列表数据，不使用数据库
        var tasks = new List<Task>()
        {
            new Task{Id=1, Title="完成编写文档", Content="今天之前完成 API 文档编写", IsCompleted = false},
            new Task{Id=2, Title="测试代码", Content="测试业务逻辑代码的正确性", IsCompleted = false},
            new Task{Id=3, Title="修复 Bugs", Content="修复产品线上问题", IsCompleted = true}
```

```
        };
        return View(tasks);
    }
}
```

3. 添加 Index 视图

在【Views/Task】文件夹下的 Index 视图中，使用 Razor 语法和 HTML 标签定义任务展示信息，代码如下所示。

```
@model List<Chapter03.Models.Task>
<h1>任务列表</h1>
<table class="table">
    <thead>
        <tr>
            <th>Id</th>
            <th>标题</th>
            <th>内容</th>
            <th>状态</th>
        </tr>
    </thead>
    <tbody>
        @foreach (var task in Model)
        {
            <tr>
                <td>@task.Id</td>
                <td>@task.Title</td>
                <td>@task.Content</td>
                <td>@(task.IsCompleted ? "已完成" : "未完成")</td>
            </tr>
        }
    </tbody>
</table>
```

4. 列出任务信息

运行该应用程序，将浏览器地址改为 https://localhost:7115/Task/Index 并进行访问，此时将会显示出一个列出所有任务信息的任务列表页面。

素养园地

全面视野，全局出发

坚持从多角度看待问题，不仅可以帮助我们深入理解问题的本质，还能从不同层面进行全面分析。这有助于我们提升大局观，确保我们能从全局出发，把握问题的整体性、系统性和关联性。在此基础上，我们可以更好地理解和应用党的二十大精神，并结合具体情况制定更为科学、合理、可行的解决方案。

尤其在面对复杂的社会问题时，多角度的思考方式至关重要。这种视野不仅帮助我们发现问题的关键所在，还能为解决问题提供创新的思路。通过这样的分析方法，我们能够在不断变化的环境中保持敏锐的洞察力，最终为实现党的二十大确定的宏伟目标而奋斗。

在这一过程中，"努力奋斗"的精神起到了至关重要的作用。小米公司作为一个典型案例，展示了如何在快速变化的市场中通过不断创新和多角度发展，实现跨领域的成功。小米自 2010 年成立以来，凭借其高性价比的智能手机在全球市场占有了一席之地。与此同时，小米还在智能家居、智能穿戴及智能电动汽车等多个领域持续拓展,逐步发展成为一个综合性的科技公司。

特别是在电动汽车领域,小米自 2021 年成立小米汽车有限公司以来,迅速进入这一新兴行业。小米通过其强大的技术研发能力和创新能力,推出了首款纯电动轿车——SU7。该车型不仅拥有流畅的设计和先进的动力系统,还引入了智能驾驶技术,为消费者带来了更加智能化和便捷的出行体验。

小米公司全面发展的战略,体现了在竞争激烈的市场中不断寻找机遇、拓展市场的决心。其在智能手机、家居、汽车等多个领域的成功拓展,不仅增强了公司的市场竞争力,还为用户提供了更丰富的智能产品和服务。这一切都体现了小米"努力奋斗、全面发展的"企业精神,也为我们提供了在全球化背景下,从多角度思考问题和制定战略的有力启示。

单元小结

- 在 ASP.NET Core MVC 中为我们提供了 ViewData、ViewBag 等多种传值方式。
- ViewData 是一个 Dictionary 对象,其通过键值对的形式存储对象,而且必须显式进行类型转换。ViewBag 的数据类型是 dynamic,在调用视图时会将动态的属性转换为对象的属性。
- ViewData 字典只存储当前请求的数据。在 ActionResult 返回 View 后,我们可以在 View 的 CSHTML 文件中通过@ViewData["key"]语法来访问它。
- 使用 ASP.NET Core MVC 搭建任务管理系统首页。
- 本单元我们了解了不同的传值方式,有助于我们提升大局观,辩证地看待问题,提升思辨能力,养成过硬的职业素养。

单元自测

■ 选择题

1. 在 ASP.NET Core MVC 中,用于在控制器和视图之间传递数据的机制是(   )。
   A. ViewBag   B. ViewData   C. TempData   D. HttpContext
2. 下列中描述 ViewData 的说法正确的是(   )。
   A. ViewData 是存储在服务器上的临时数据
   B. ViewData 对性能有影响,应尽量避免使用
   C. ViewData 只支持将数据从控制器传递到视图
   D. ViewData 是一个动态属性字典
3. ViewData 和 ViewBag 都属于仅限 Controller 和 View 之间的数据共享方式,两者对比来看,下列中描述正确的是(   )。
   A. ViewBag 既可以通过字符串键(key)访问,也可以作为动态属性访问,而ViewData 仅支持字符串键访问

    B. ViewBag 是弱类型，编译器无法捕获拼写错误等问题，而 ViewData 是强类型，有很好的编译器检查功能

    C. ViewBag 不会因为 RedirectToAction 而失效，而 ViewData 则会

    D. ViewBag 比 ViewData 更加直观方便

4. 下列中，使用 TempData 传递数据最合适的情况是(   )。

    A. 因为安全考虑，需要将用户输入的信息提示到下一界面

    B. 需要将外部数据(如 API 返回的信息)在多次请求中传递

    C. 需要通过 URL 参数进行数据过滤时

    D. 需要将一个用户进程中的中间状态发送到下一步骤

5. 在 ASP.NET Core MVC 中，使用 TempData 时不能避免的风险是(   )。

    A. 数据在传输过程中可能会受到 XSS 攻击的威胁

    B. 需要将数据缓存在服务器端的内存或 SQL Server 等服务中，可能会对性能产生影响

    C. 在多次页面重定向的场景下可能会有数据丢失的问题

    D. 存在跨站请求伪造(CSRF)攻击的风险

■ 问答题

1. 在 ASP.NET Core MVC 项目中使用 TempData 传递数据需要注意什么？
2. 请描述 ASP.NET Core MVC 中使用强类型视图传递数据的原理和步骤。
3. 在 ASP.NET Core MVC 中，ViewData 和 ViewBag 的区别是什么？

上机实战

■ 上机目标

- 掌握强类型视图的运用。
- 掌握 TempData、ViewData、ViewBag 的运用。

■ 上机练习

◆ 第一阶段 ◆

练习 1：在单元二的上机实战练习所创建的课程管理项目 CourseManagement 中，实现使用强类型视图进行课程信息列表展示，界面效果如图 3-1 所示。

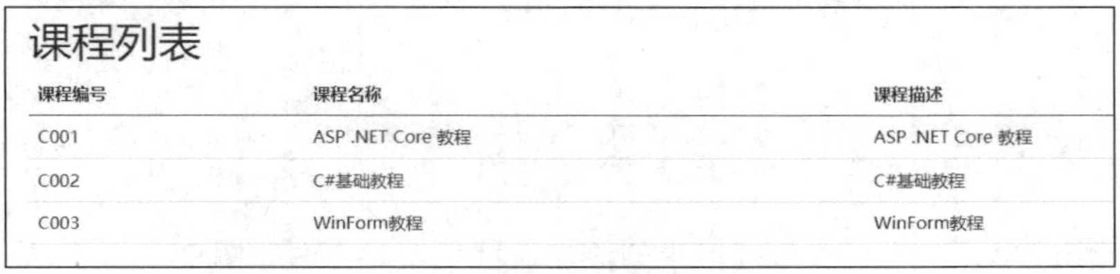

课程列表

课程编号	课程名称	课程描述
C001	ASP .NET Core 教程	ASP .NET Core 教程
C002	C#基础教程	C#基础教程
C003	WinForm教程	WinForm教程

图 3-1　课程信息列表界面

【问题描述】

参考本单元"任务3.5 实现任务管理系统列表页"一节内容中任务列表的实现,完成图 3-1 中课程信息列表的展示。

【问题分析】

根据问题描述,并参考本单元"任务3.5 实现任务管理系统列表页"一节内容,我们需要在项目 CourseManagement 的控制器 CourseController.cs 文件中添加 Index 方法,使用 List<Course> 集合,初始化图 3-1 中的三条课程信息,并将信息传递到对应的 Index.cshtml 视图界面上。

【参考步骤】

(1) 在项目 CourseManagement 的控制器 CourseController 中,添加 Index 方法,代码如下所示。

```
public IActionResult Index()
{
    var courses = new List<Course>()
    {
        new Course{ CourseNo = "C001", CourseName = "ASP .NET Core 教程", Description = "ASP .NET Core 教程" },
        new Course{ CourseNo = "C002", CourseName = "C#基础教程", Description = "C#基础教程" },
        new Course{ CourseNo = "C003", CourseName = "WinForm 教程", Description = "WinForm 教程" },
    };
    return View(courses);
}
```

(2) 将鼠标光标聚焦在 CourseController.cs 中的 Index 方法上,选择【右键】→【添加视图 (D)】选项,在弹出的对话框中选择【Razor 视图-空】选项,单击【添加】按钮。

(3) 在 Views 文件夹下的 Index.cshtml 文件中,实现如图 3-1 所示的界面,代码如下所示。

```
@model List<Course>
<h1>课程列表</h1>
<table class="table">
    <thead>
        <tr>
            <th>课程编号</th>
            <th>课程名称</th>
            <th>课程描述</th>
        </tr>
    </thead>
    <tbody>
        @foreach (var courses in Model)
        {
            <tr>
                <td>@courses.CourseNo</td>
                <td>@courses.CourseName</td>
                <td>@courses.Description</td>
            </tr>
        }
    </tbody>
</table>
```

◆ 第二阶段 ◆

练习 2:修改单元二上机实战练习中的添加课程功能,界面如图 3-2 所示,实现:在界面输入课程信息,单击【添加课程】按钮,跳转至 Index.cshtml 页面,并显示添加的课程信息,结果如图 3-3 所示；如果没有输入课程编号、课程名称，单击【添加】按钮，则提示"添加失败：课程编号、课程名称不可为空！"，结果如图 3-4 所示。

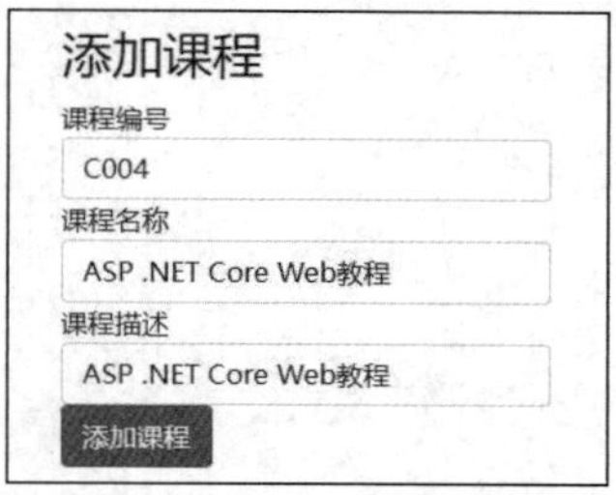

图 3-2 添加课程界面

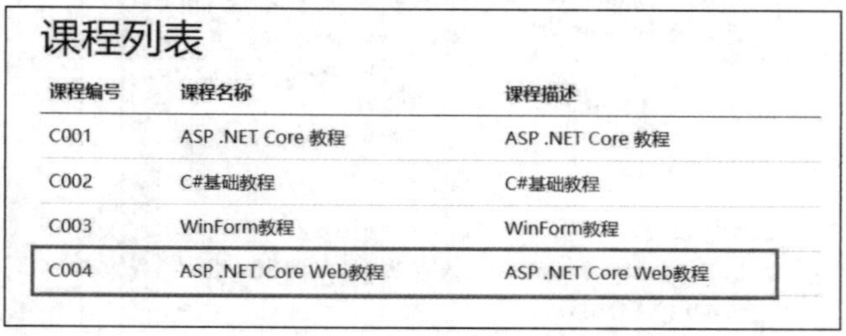

图 3-3 添加课程信息后的课程列表

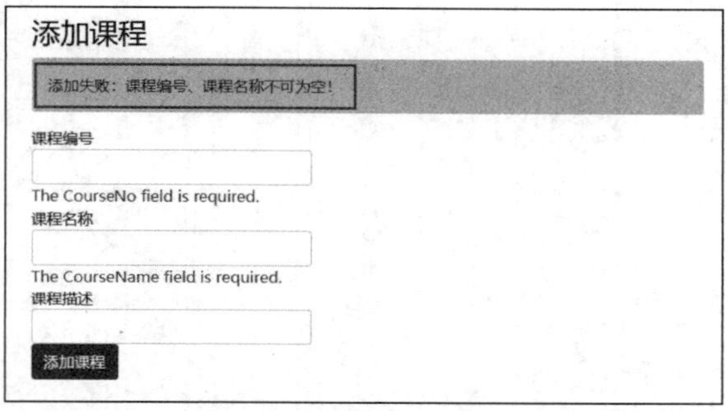

图 3-4 课程编号、课程名称为空时的添加结果

【问题描述】

修改单元二上机实战练习中的添加课程功能，实现：判断添加课程界面输入的课程编号、课程名称是否为空，如果不为空，则使用 TempData 保存课程信息，传递给 Index.cshtml 页面并显示，否则使用 ViewData 设置添加结果为"Fail"，并使用 ViewBag 设置提示信息为"添加失败：课程编号、课程名称不可为空！"，在 Create.cshtml 页面添加判断，如果添加结果为"Fail"，则显示提示信息。

【问题分析】

(1) 在控制器 CourseController 中，修改 Create 方法，当输入的课程编号、课程名称不为空时，使用 TempData 保存课程信息且 TempData["CreateFlag"] = "Success"(CreateFlag 表示添加结果)，传递给 Index.cshtml 页面，否则 ViewData["CreateFlag"] = "Fail"(CreateFlag 表示添加结果)、ViewBag.CreateTip= "添加失败：课程编号、课程名称不可为空！"(CreateTip 表示添加提示信息)。

(2) 在 Index.cshtml 页面添加判断：如果 TempData["CreateFlag"]值为 Success，则显示 TempData 中的课程信息。

(3) 在 Create.cshtml 页面添加判断：如果 TempData["CreateFlag"]值为 Fail，则显示 ViewBag.CreateTip 的提示内容。

【参考步骤】

(1) 在控制器 CourseController 中，修改 Create 方法，代码如下所示。

```
public IActionResult Create(Course course)
{
    if (!string.IsNullOrEmpty(course.CourseNo) && !string.IsNullOrEmpty(course.CourseName))
    {
```

```
            //return Content("课程编号：" + course.CourseNo + "\n 课程名称：" + course.CourseName + "\n 课程描
                      述：" + course.Description);
            TempData["CourseNo"] = course.CourseNo;
            TempData["CourseName"] = course.CourseName;
            TempData["Description"] = course.Description;
            TempData["CreateFlag"] = "Success";
            return RedirectToAction("Index");
        }
        else
        {
            ViewData["CreateResult"] = "Fail";
            ViewBag.CreateTip= "添加失败：课程编号、课程名称不可为空！";
            return View();
        }
    }
}
```

(2) 修改 Index.cshtml 页面，代码如下所示。

```
@model List<Course>
<h1>课程列表</h1>
<table class="table">
    <thead>
        <tr>
            <th>课程编号</th>
            <th>课程名称</th>
            <th>课程描述</th>
        </tr>
    </thead>
    <tbody>
        @foreach (var courses in Model)
        {
            <tr>
                <td>@courses.CourseNo</td>
                <td>@courses.CourseName</td>
                <td>@courses.Description</td>
            </tr>
        }
        @if ((Convert.ToString(TempData["CreateFlag"]) == "Success"))
        {
            <tr>
                <td>@TempData["CourseNo"]</td>
                <td>@TempData["CourseName"]</td>
                <td>@TempData["Description"]</td>
            </tr>
        }
    </tbody>
</table>
```

(3) 修改 Create.cshtml 页面，代码如下所示。

```
@model CourseManagement.Models.Course
<h2>添加课程</h2>

@if (Convert.ToString(ViewData["CreateResult"]) == "Fail")
{
    <div class="alert alert-danger">@ViewBag.CreateTip</div>
}
```

```
<form asp-action="Create" method="post" class="form-horizontal" role="form">
    <div class="form-group">
        <label asp-for="CourseNo" class="col-md-2 control-label">
            课程编号
        </label>
        <div class="col-md-5">
            <input asp-for="CourseNo" class="form-control" />
            <span asp-validation-for="CourseNo" class="text-danger"></span>
        </div>
    </div>
    <div class="form-group">
        <label asp-for="CourseName" class="col-md-2 control-label">
            课程名称
        </label>
        <div class="col-md-5">
            <input asp-for="CourseName" class="form-control" />
            <span asp-validation-for="CourseName" class="text-danger"></span>
        </div>
    </div>
    <div class="form-group">
        <label asp-for="Description" class="col-md-2 control-label">
            课程描述
        </label>
        <div class="col-md-5">
            <input asp-for="Description" class="form-control" />
        </div>
    </div>
    <div class="form-group">
        <div class="col-md-offset-2 col-md-5">
            <input type="submit" class="btn btn-primary" value="添加课程" />
        </div>
    </div>
</form>
```

视图与模型

课程目标

项目目标
❖ 掌握分部视图的使用
❖ 熟练使用模型验证
❖ 完成任务管理系统中的文件上传功能

技能目标
❖ 掌握视图的基本概念
❖ 使用分布视图和布局视图提升代码可重用性
❖ 掌握如何实现单文件与多文件的上传功能
❖ 掌握模型校验与模型绑定
❖ 掌握使用标签助手提高页面开发效率

素养目标
❖ 养成不断学习，更新知识储备的意识
❖ 具备注重效率，优化工作流程的思想
❖ 具备积极思考，创新解决问题的职业素养

> ### 简介
>
> 　　通过上一单元我们已经掌握了如何在视图之间进行传值。随着互联网的发展，人们可以越来越方便地利用网络进行文件共享和协作。文件上传是许多 Web 应用程序中必不可少的功能，如云存储、在线办公、任务管理系统等。那么我们该如何从实际角度出发，使用 ASP.NET Core MVC 来解决文件上传的问题呢？本单元将从视图和模型两个方面进行深入分析，带领读者在 ASP.NET Core MVC 中深入了解视图与模型，并实现文件上传这一重要功能。

任务 4.1　分部视图

4.1.1　任务描述

　　某公司中的 ASP.NET Core MVC 开发团队正在构建一个新的电子商务网站。该团队中的初级开发人员小张被分配到了视图开发任务中。小张非常努力地工作，很快就完成了主页、产品详情页和购物车页的视图。但是，小张发现每个视图中都有一些重复的代码，如侧边栏、顶部菜单和页脚，这使他无法专注于业务逻辑，而且也不利于维护。

　　于是，小张决定采取一些措施。他首先与团队成员讨论了这个问题，并了解了一些 ASP.NET Core MVC 的最佳实践。在探讨过程中，他发现使用分部视图(Partial Views)可以有效解决这个问题。因此，小张创建了一些分部视图来封装重复的代码，如_Sidebar.cshtml、_TopMenu.cshtml 和_Footer.cshtml。这些分部视图可以被主视图引用，而且可以在需要时动态更新。

　　另外，小张还对主视图进行了重构，使用@Html.Partial("_Sidebar")等语句来引用分部视图。这样，主页、产品详情页和购物车页都可以共享相同的分部视图代码。小张发现，这样做不仅减少了代码重复，而且提高了代码的可读性和可维护性。通过使用分部视图，小张为 ASP.NET Core MVC 开发团队带来了一个重要的改进。从那以后，团队的其他成员也开始采用分部视图的方式进行开发，以减少重复代码并提高代码的可维护性。

　　分部视图是 ASP.NET Core MVC 中用于创建可重用视图组件的一种技术。它允许我们将复杂的视图拆分成多个较小的、可管理的部分，并在需要时将这些部分嵌入主视图中。本任务的目标是掌握分部视图的创建和使用方法，通过实践学习如何在不同的视图中重用分部视图组件，以提高视图的可维护性和代码复用性。任务完成后，我们应能够识别哪些部分适合作为分部视图，并将其从主视图中分离出来，然后在需要的地方嵌入这些分部视图。

4.1.2　知识学习

　　分部视图是一个独立的小型视图组件，它通常对应于页面的某一区域或部分。与传统的完整视图相比较，它并不包含完整的 HTML 页面结构，而仅仅是其中的一部分，在 MVC 应用中称为视图或 Razor Pages 应用，使用术语表达为"分部视图"。

分部视图可以将大型标记文件分解为更小的组件，这些组件通常用于在多个页面中共享具有相似结构或功能的 HTML 元素。使用分部视图可以很方便地将某一区域或功能独立出去，减轻了主视图代码的负担，同时增强了应用程序的可维护性和可读性。

4.1.3 任务实施

1. 创建分部视图

创建项目 Chapter04，在项目的/Views/Shared 文件夹下创建分部视图，命名为_PartialViewName.cshtml，视图名前一定要加上"_"符号，以区别于一般的视图页面。然后在该文件中编写 HTML、CSS 和 JavaScript 代码，并定义好需要展现的内容和样式。

在这里，我们只写一个简单的示例，代码如下所示。

```
<h1>我是分部视图</h1>
```

2. 渲染分部视图

渲染分部视图有多种方法，下面我们在/Views/Home/Index.cshtml 文件中分别使用以下 3 种渲染方式来实现。

(1) 通过在主视图中调用 Html.RenderPartial()方法，在指定区域插入分部视图的 HTML 代码并渲染到页面中，代码如下所示。

```
@*使用 Html.RenderPartial()插入分部视图*@
<div id="partial-view-a">
    @{ Html.RenderPartial("_PartialViewName"); }
</div>
```

(2) 使用 Html.Partial()将分部视图嵌套在另一个视图中进行渲染，代码如下所示。

```
@*使用 Html.Partial()插入分部视图*@
<div id="partial-view-b">
    @Html.Partial("_PartialViewName")
</div>
```

(3) 使用@await Html.PartialAsync()在异步视图呈现过程中加载和显示分部视图，代码如下所示。

```
@*使用@await Html.PartialAsync()加载分部视图*@
<div id="partial-view-c">
    @await Html.PartialAsync("_PartialViewName")
</div>
```

3. 向分部视图传递数据

分部视图可以像正常的视图页面一样获取和显示模型数据。在嵌入分部视图时，可通过下面两种方式将相关的数据传递给分部视图。

(1) Html.RenderPartial("_PartialViewName", model)：传递模型变量。代码如下所示。

```
<div id="partial-view">
    @{ Html.RenderPartial("_PartialViewName", model); }
</div>
```

(2) @await Html.PartialAsync("_PartialViewName", model)：异步传递模型变量。代码如下所示。

```
<div id="partial-view">
    @await Html.PartialAsync("_PartialViewName", model)
</div>
```

任务 4.2　布局视图

4.2.1　任务描述

在 ASP.NET Core MVC 中，大多数的 Web 应用都有一个可以在页面切换时为用户提供一致体验的通用布局，包括应用标题、导航栏或菜单元素及页脚等常见的用户界面元素。应用中的许多页面也经常使用常见的 HTML 结构，如脚本和样式表。这些共享元素均可在布局文件中进行定义，应用内使用的任何视图随后均可引用此文件。使用布局视图可减少视图中的重复代码，它作为每个页面的模板，在 ASP.NET Core MVC 应用程序中共享这些元素，可以提高程序的一致性和可重用性。

通过布局视图，我们可以轻松地在多个视图之间共享相同的页面布局，从而实现一致的界面设计。本任务要求我们学习如何创建和管理布局视图，通过实践掌握如何在不同的视图中应用布局视图，以确保整个应用程序具有一致的外观和感觉。

4.2.2　知识学习

在练习使用布局视图之前，我们先了解一下分部视图和布局页(Layout Pages)的区别。分部视图和布局页在 ASP.NET Core MVC 中都是用于构建视图页面的组件，但它们有着不同的作用和特点。

1. 作用不同

分部视图是一种可重用的视图组件，用于展示单独的小部件或嵌套在其他视图中。

布局页用于定义应用程序整体的外观和结构，可以通过设置共享布局页来确保应用程序的一致性。

2. 使用方式不同

分部视图通常嵌套在其他视图或布局页中，并负责渲染其中的一部分内容。在一个页面中可能会用到多个不同的分部视图。

布局页是一个顶级视图，包含用于呈现整个站点的 HTML 元素。在应用程序中只用到一个布局页。

3. 数据传递方式不同

分部视图可以接收直接传入的模型变量，或者从外部获取数据(如数据库、API 等)，通过面向模型(Model)-视图(View)的方式展示数据。

布局页没有自己的数据源，而是通过 AngularJS 等框架调用 API 完成事务处理，并将其结果显示在子视图中。

4. 视图结构不同

分部视图只关注其中的一个功能区域，通常不包含完整的 HTML 结构。

布局页包含了应用程序的共同元素，如页眉、页脚、导航栏、脚本等元素。

综上所述，分部视图和布局页在 ASP.NET Core MVC 中有着不同的作用和特点。它们可以同时被用于创建 Web 应用程序界面，通常一个界面由一个 Layout Page 和多个 Partial Views 组成。

4.2.3　任务实施

1. 创建布局页

在/Views/Shared 文件夹中新建_LayoutNew.cshtml 文件来创建布局页，在其中编写 HTML 和 CSS 代码定义通用的页面元素，如网站名称、页头、菜单和页尾等，并通过 Razor 语法添加可变内容的占位符，如@RenderBody()表示主体内容的渲染区域。

在这里，我们只写一个简单的示例，代码如下所示。

```
<!DOCTYPE html>
<html lang="en">
<body>
    <header>
        <h1>我是布局页</h1>
    </header>
    <div>
        <main>
            @RenderBody()
        </main>
    </div>
</body>
</html>
```

2. 嵌入视图

在视图文件中指定_Layout.cshtml 的路径进行嵌入，所有嵌入布局页中的视图将会继承通用的页面元素。根据需要，我们可以通过在视图中注入数据模型来动态地改变占位符内容，以达到不同视图页面的显示效果。代码如下所示。

```
@*嵌入视图*@
@{
    Layout = "~/Views/Shared/_LayoutNew.cshtml";
}
<h1>Hello, World!</h1>
<p>Welcome to my application.</p>
```

除了可以在每个视图中都嵌入同样的布局页，还可以采用部分布局页(Partial Layout)的方式，只针对某些特定的视图页面实现分类式页面设计。类似于视图页面，部分布局页可以被视为一个小的模块来设计。

步骤如下所示。

(1) 在 ASP.NET Core MVC 项目根目录下的/Views/Shared 文件夹中创建一个_PartialLayout. cshtml 文件(注意"_"符号)。按照约定，ASP.NET Core MVC 应用的默认布局名以"_"开头。

(2) 在前端代码中定义需要包含在部分布局页中的 HTML、CSS 和 JavaScript，并通过 Razor 语法添加可变内容的占位符。

(3) 在需要使用部分布局页的视图中注入视图模型数据，并使用 ViewComponent 或 @Html.Partial()调用部分布局页。代码如下所示。

```
<!-- _PartialLayout.cshtml -->
<div class="sidebar">
    <h2>Sidebar</h2>
</div>
<!-- Index.cshtml -->
@{
    ViewData["Title"] = "Page 2";
}
@Html.Partial("_PartialLayout")
```

以上就是 ASP.NET Core MVC 中使用布局页的基本流程。通过使用布局页，可以减少重复的页面元素和开发工作，并使得整个应用的代码逻辑更加清晰易懂。

任务 4.3　模型绑定

4.3.1　任务描述

通常情况下，我们在使用 MVC 时不需要关注模型绑定的相关功能。当我们在浏览器中访问一个地址时，无论是 GET 还是 POST 访问，在映射到 Action 的过程中 MVC 框架已经自动进行了对象或路由参数的绑定，这其中就是使用的模型绑定。

模型绑定允许我们自动将 HTTP 请求中的数据(如查询字符串、路由参数、表单数据等)映射到 C#对象(即模型)的属性上。本任务的目标是理解并掌握模型绑定的工作原理和用法，通过实践学习如何定义模型类，以及如何在控制器中利用模型绑定来自动获取请求中的数据。

4.3.2　知识学习

ASP.NET Core MVC 中的模型绑定是将传入请求中的数据与应用程序模型进行匹配的过程，通过模型绑定，可以将 HTTP 请求中的表单数据、路由参数和查询字符串等映射到控制器中的对应参数。使用模型绑定可以简化开发人员从客户端输入数据并将其用于处理操作的工作流程。

在 ASP.NET Core MVC 中，模型绑定分为简单模型绑定和复杂模型绑定。简单模型绑定如直接从 Form 表单或 URL 路由数据中获取信息，然后应用到 Action 方法的各个参数上，而复杂模型绑定不是简单地转换到参数的值上面，而是会涉及一些数据类型转换，如模型分解、参数校验等。

4.3.3　任务实施

下面是一个 ASP.NET Core MVC 模型绑定的示例。

```
public class Employee
{
    public int Id { get; set; }
    public string Name { get; set; }
    public DateTime HireDate { get; set; }
}
public class EmployeeController : Controller
{
    private readonly List<Employee> employees = new List<Employee>
    {
        new Employee { Id = 1001, Name = "张三", HireDate = new DateTime(2022, 3, 1) },
        new Employee { Id = 1002, Name = "李四", HireDate = new DateTime(2013, 12, 1) },
        new Employee { Id = 1003, Name = "王五", HireDate = new DateTime(2021, 1, 1) }
    };
    public IActionResult Details(int id)
    {
        var employee = employees.FirstOrDefault(e => e.Id == id);

        if(employee == null)
        {
            return NotFound();
        }
        return View(employee);//这里将会把模型数据绑定到视图界面的相关控件上
    }
}
```

任务 4.4　模型验证

4.4.1　任务描述

在实际应用程序中，由于人为因素或网络攻击等原因，输入的数据可能会存在格式错误、空值或校验不通过等问题。这些问题可能导致应用程序数据不准确或出现安全漏洞等隐患。因此，在进行数据操作前对用户输入的数据进行验证是非常必要的，我们不仅要在前端写验证，后端也需要验证。

模型验证是 ASP.NET Core MVC 中用于确保用户输入数据符合特定要求的功能。它允许我们在模型类上定义验证规则，并在用户提交表单时进行验证，以确保数据的完整性和准确性。本任务要求我们学习如何使用数据注解和其他验证技术来定义验证规则，并通过实践掌握如何在控制器和视图中利用模型验证来处理用户输入。任务完成后，我们应能够在模型类上定义适当的验证规则，并在用户提交表单时捕获和处理验证错误，以提供用户友好的反馈。

4.4.2 知识学习

ASP.NET Core MVC 在后端自带模型验证，主要使用数据注释(Data Annotation)进行验证，即为控制器操作方法参数或实体类型属性添加数据注释特性属性。例如，可以使用[Required]特性表示某个属性是必需的，使用[RegularExpression(Regex pattern)]注释表示某个属性需要满足指定的正则表达式规则。然后，模型验证会根据注释规则自动检查和验证用户输入的数据是否符合要求，并将验证结果作为 ModelState 对象返回给视图。

模型验证具有如下特点。

(1) 自动验证：ASP.NET Core MVC 模型验证会自动根据模型中的注释，对请求数据进行验证，并生成验证结果。如果出现错误，则自动添加到 ModelState 对象中。

(2) 客户端验证：ASP.NET Core MVC 可以为模型中的每个验证规则生成适当的客户端验证函数，如 jQuery Validation 插件等。这可以减少对服务器端资源的依赖，为用户提供更好的响应速度。

(3) 服务器端验证：即使启用了客户端验证，我们仍然需要在服务器端保留验证代码，以确保应用程序的安全性和可靠性。只要通过 IsValid 属性检查 ModelState 对象来确定是否有任何验证错误即可。

(4) 灵活的验证规则：ASP.NET Core MVC 提供多种预定义的验证规则，如 Required、EmailAddress 和 Range。此外，我们还可以创建自定义验证规则，以确保满足应用程序的所有业务需求。

(5) 自定义错误消息：ASP.NET Core MVC 允许我们设置自定义错误消息来替换默认的消息。这可以更好地为用户提供明确的信息，而不是仅仅给出简单的错误代码。

4.4.3 任务实施

通过验证特性可以为模型属性指定验证规则，以下示例演示了一个使用验证属性进行批注的模型类 Movie。

```
public class Movie
{
    public int Id { get; set; }
    [Required]
    [StringLength(100)]
    public string Title { get; set; } = null!;
    [DataType(DataType.Date)]
    [Display(Name = "Release Date")]
    public DateTime Release Date { get; set; }
    [Required]
    [StringLength(1000)]
    public string Description { get; set; } = null!;
    [Range(0, 999.99)]
    public decimal Price { get; set; }
    public bool Preorder { get; set; }
}
```

模型绑定和模型验证都在执行控制器操作或 Razor Pages 处理程序方法之前进行。Web 应用负责检查 ModelState.IsValid 并做出相应响应，以下示例演示了如何在控制器操作内部检查。

```
public async Task<IActionResult> Create(Movie movie)
{
    if (!ModelState.IsValid)
    {
        return View(movie);
    }
}
```

任务 4.5 标签助手

4.5.1 任务描述

在前面我们已经了解到了 Razor 视图，并在视图中看到了一些与 HTML 标签高度类似的标记，这就是 ASP.NET Core MVC 自带的标签助手。标签助手是 ASP.NET Core MVC 中用于简化 HTML标签生成和处理的一种功能。它允许我们在Razor 视图中使用C#代码来创建和操作 HTML 元素，从而提高了视图的可读性和可维护性。本任务的目标是学习和掌握标签助手的用法，通过实践了解如何使用标签助手来生成常见的 HTML 标签，并处理与标签相关的属性和事件。任务完成后，我们应能熟练使用标签助手来创建和管理 HTML 元素，以提高视图开发的效率和质量。

4.5.2 知识学习

1. 什么是标签助手

在 ASP.NET Core MVC 中，不仅支持原生的 HTML 标签助手，还支持自带的 HTML 标签助手，而且所有的 HTML 标签助手都是通过 IHtmlHelper 的扩展方法来实现的。在大多数情况下，HTML 辅助标签仅仅是一个返回字符串的方法。通过 MVC，我们可以创建自己的辅助标签，或者直接使用内置的 HTML 辅助标签。

这时候很多学习者会感到困惑，在视图中明明可以直接使用 HTML，这里为什么还要介绍 HTML 标签助手，事实上使用标签助手不仅可以统一视图风格，还可以轻易实现模型校验。因此，我们需要对 HTML 标签助手进行一定的学习。

2. 常用的 HTML 标签助手

在 ASP.NET Core MVC 中，HTML 辅助标签主要用于简化 HTML 代码的编写。以下是一些常用的 HTML 辅助标签。

(1) ActionLink：用于生成一个链接到指定 Action 的链接。

```
@Html.ActionLink("Text", "ActionName", "ControllerName")
```

使用 ActionLink 会生成一个链接，当用户单击该链接时，会跳转到指定 Controller 的 Action 中。

(2) BeginForm：用于开始一个表单的创建。

```
@using (Html.BeginForm("ActionName", "ControllerName", FormMethod.Post))
{
    // Form elements go here.
}
```

BeginForm 会生成一个表单，该表单将数据提交到指定的 Action。ActionName 表示链接的目标方法名称；ControllerName 表示链接的控制器名称，可跨控制器跳转。Method 指定了表单提交时使用的 HTTP 请求方法，这是一个枚举类型 FormMethod，有 Get 和 Post 两种方式。

(3) TextBoxFor：用于生成对应模型字段的文本框。

```
@Html.TextBoxFor(model => model.Property, new { @class = "form-control" })
```

(4) LabelFor：用于生成对应模型字段的标签(Label)。

```
@Html.LabelFor(model => model.Property)
```

通常可以将(3)和(4)两个辅助标签结合使用，例如：

```
@Html.LabelFor(model => model.UserName)
@Html.TextBoxFor(model => model.UserName, new { @class = "form-control" })
```

这会生成一个标签(Label)和一个对应的文本框，标签的文本为"UserName"，文本框带有class 为"form-control"的样式。

除了以上常用的辅助标签，还有一些使用频率较高的标签助手，如表 4-1 所示。

表 4-1　使用频率较高的标签助手

标签助手	描述
@Html.EditorFor	生成对应模型字段的编辑器
@Html.DisplayFor	生成对应模型字段的显示
@Html.DropDownListFor	生成对应模型字段的 dropdown 列表
@Html.ListBoxFor	生成对应模型字段的多选下拉列表
@Html.TextBoxFor	生成对应模型字段的文本框
@Html.CheckboxFor	生成对应模型字段的复选框
@Html.RadioButtonFor	生成对应模型字段的单选按钮
@Html.ListBox	生成一个列表框，可多选
@Html.RadioButtonList	生成一个单选按钮列表，只能单选
@Html.CheckBoxList	生成一个复选框列表，可多选
@Html.ValidationMessageFor	为指定模型字段生成验证错误消息
@Html.ValidationSummary	生成验证汇总错误消息

4.5.3　任务实施

除了以上这些常用标签，ASP.NET Core MVC 还提供了更多的标签助手来满足不同的 HTML 需求。当我们需要制作登录或注册表单时，可以选择标签助手来提升代码的可读性并使风格统一化。以下是 ASP.NET Core MVC 标签助手创建的一个注册表单示例。

```
@using Microsoft.AspNetCore.Mvc.RazorPages
@using Microsoft.AspNetCore.Mvc.ViewFeatures
@model RegisterModel
<form method="post">
    <div class="form-group">
        <label for="UserName">用户名:</label>
        <input type="text" class="form-control" id="UserName" name="UserName" required />
    </div>
    <div class="form-group">
        <label for="Password">密码:</label>
        <input type="password" class="form-control" id="Password" name="Password" required />
    </div>
    <div class="form-group">
        <label for="Email">邮箱:</label>
        <input type="email" class="form-control" id="Email" name="Email" required />
    </div>
    <button type="submit" class="btn btn-primary">注册</button>
</form>
```

在上述代码中，我们使用了@model RegisterModel 来指定模型类型。RegisterModel 是一个包含用户名、密码和邮箱属性的类。在表单中，我们使用了<input>标签来创建文本输入框、密码输入框和邮箱输入框。通过设置 name 属性为对应的模型属性名称，如 UserName、Password 和 Email，这样在提交表单时，ASP.NET Core MVC 会自动绑定数据。此外，我们还使用了 required 属性来指定输入框为必填项。最后，我们使用了一个提交按钮来提交表单，当单击该按钮时，表单数据将被提交到指定的 Action 或 Razor 页。

使用 HTML 助手无须手动编写烦琐的 HTML 语法和标签，减少了出错的概率，避免了因为标记错误导致的浏览器渲染问题。同时使得代码更加简洁、易读，提高了代码的可维护性和可读性。

使用标签助手可以自动生成链接，如使用@Html.ActionLink 函数调用来生成链接，无须手动编写链接的 URL 和标记元素。这使得生成链接更加方便和高效。

一些 HTML 助手还支持数据绑定，可以将数据绑定到 HTML 元素上，使得数据的更新更加方便和简单。例如，使用@Html.TextBoxFor 函数调用来绑定数据，可以自动更新和显示数据。

任务 4.6　文件上传

4.6.1　任务描述

文件上传是 Web 必备的功能之一，例如个人信息页面需要上传头像时，往往需要使用文件上传的功能。本任务的目标是学习和掌握在 ASP.NET Core MVC 中实现文件上传的方法，包括创建支持文件上传的表单，以及在控制器中处理上传的文件。

4.6.2 任务实施

1. 单文件上传

首先，在 Chapter04 项目的 Models 文件夹下，创建 ViewModels 文件夹，用于存放实现文件上传需要的视图模型。在 ViewModels 文件夹下，创建用于文件上传的视图模型类 FileUploadViewModel，此类包含从前端收集到的数据(即要上传的文件)。代码如下所示。

```
public class FileUploadViewModel
{
    [Required]
    public IFormFile File { get; set; }
}
```

其次，在 Controllers 文件夹下，创建控制器 FileUploadController.cs，并在其中添加两个动作：一个是 GET 动作，负责渲染上传视图；另一个是 POST 动作，用于处理文件上传。代码如下所示。

```
public class FileUploadController: Controller
{
    [HttpGet]
    public IActionResult Upload()
    {
        return View();
    }
    [HttpPost]
    public async Task<IActionResult> Upload(FileUploadViewModel model)
    {
        if (ModelState.IsValid)
        {
            var fileName = Path.Combine(Directory.GetCurrentDirectory(), "wwwroot\\uploads\\" + model.File.FileName);
            using (var fileStream = new FileStream(fileName, FileMode.Create))
            {
                model.File.CopyTo(fileStream);
            }
            return Content("上传成功！");
        }
        return View(model);
    }
}
```

最后，在 Views/FileUpload 文件夹下，创建上传文件的视图 Upload.cshtml，代码如下所示。

```
@model FileUploadViewModel
<form method="post" enctype="multipart/form-data">
    <div class="form-group">
        <label asp-for="File" class="control-label"></label>
        <input asp-for="File" type="file" class="form-control" />
        <span asp-validation-for="File" class="text-danger"></span>
    </div>
    <div class="form-group">
        <button type="submit" class="btn btn-primary">上传</button>
    </div>
</form>
```

在控制器 HomeController.cs 中完成以上步骤，但需要注意以下几点。

- 文件的选择框必须设置为"type=file"。
- 表单必须指定 enctype="multipart/form-data"属性，否则无法上传文件。
- ViewModel 中的属性必须对应前端表单中的控件 name 值。
- 控制器方法必须用[HttpPost]标记以响应 POST 请求。
- 包含上传文件的 ViewModel 中的 IFormFile 必须标记为[Required]，确保在提交前进行验证。
- 接收到上传文件后，需要将其拷贝到磁盘或其他存储介质，而不是保存在内存中。

2. 多文件上传

多数 Web 应用的头像上传往往只需要实现单文件传输功能即可，但是在 Web 应用中，通常需要同时上传多个表格等文件。

与单文件上传类似，我们首先在 ViewModels 文件夹下创建用于多文件上传的视图模型类 MultiFileUploadViewModel，此类包含从前端收集到的数据(即要上传的文件)。代码如下所示。

```
public class MultiFileUploadViewModel
{
    [Required]
    public List<IFormFile> Files { get; set; }
}
```

其次，在控制器 FileUploadController.cs 中添加两个动作：一个是 GET 动作，负责渲染上传视图；另一个是 POST 动作，用于处理文件上传。代码如下所示。

```
[HttpGet]
public IActionResult MultiUpload()
{
    return View();
}
[HttpPost]
public async Task<IActionResult> MultiUpload(MultiFileUploadViewModel model)
{
    if (ModelState.IsValid)
    {
        foreach (var file in model.Files)
        {
            var fileName = Path.Combine(Directory.GetCurrentDirectory(), "wwwroot\\uploads\\" + file.FileName);
            using (var fileStream = new FileStream(fileName, FileMode.Create))
            {
                file.CopyTo(fileStream);
            }
        }
        return Content("上传成功！");
    }
    return View(model);
}
```

最后，在 Views/FileUpload 文件夹下创建上传文件的视图 Upload.cshtml，包括一个用于提交文件的表单及一个文件选择框，代码如下所示。

```
@model Chapter04.Models.ViewModels.MultiFileUploadViewModel
<form method="post" enctype="multipart/form-data">
    <div class="form-group">
        <label asp-for="Files" class="control-label"></label>
```

```
        <input asp-for="Files" type="file" multiple class="form-control" />
        <span asp-validation-for="Files" class="text-danger"></span>
    </div>
    <div class="form-group">
        <button type="submit" class="btn btn-primary">上传</button>
    </div>
</form>
```

文件的选择框必须设置为"type=file"，并添加"multiple"属性以允许多个文件选择。

表单必须指定 enctype="multipart/form-data"属性，否则无法上传文件。

ViewModel 中的属性必须对应前端表单中的控件 name 值。由于是多文件上传，此处需要使用 List<>而不是单个 IFormFile。

3. 大文件上传

除了支持较常使用的单文件和多文件上传功能，ASP.NET Core MVC 还支持大文件上传功能。默认情况下，ASP.NET Core 的文件上传限制通常为 30 MB，但可以通过调整服务器端设置来更改此值。ASP.NET Core MVC 大文件上传的方法有以下几种。

(1) 在启动类中配置参数。在启动类(如 Program.cs)的 CreateHostBuilder 方法中，添加以下代码。

```
//将请求接口的大小改为不限制，否则上传进来的文件会受到默认大小限制(大约 30 MB)
builder.Services.Configure<KestrelServerOptions>(options =>
{
    options.Limits.MaxRequestBodySize = int.MaxValue;
});
```

(2) 在控制器 FileUploadController.cs 中添加两个动作：一个是 GET 动作，负责渲染上传视图；另一个是 POST 动作，用于处理文件上传。代码如下所示。

```
[HttpGet]
public IActionResult BigUpload()
{
    return View();
}
[HttpPost]
public async Task<IActionResult> BigUpload(List<IformFile> files)
{
    foreach (var file in files)
    {
        var fileName = Path.Combine(Directory.GetCurrentDirectory(), "wwwroot\\uploads\\" + file.FileName);
        using (var fileStream = new FileStream(fileName, FileMode.Create))
        {
            file.CopyTo(fileStream);
        }
    }
    return Ok();
}
```

(3) 在 Views/FileUpload 文件夹下，创建上传文件的视图 BigUpload.cshtml，代码如下所示。

```
<form method="post" enctype="multipart/form-data">
    <div class="form-group">
        <label class="control-label"></label>
        <input type="file" name="files" multiple class="form-control"   size="512" />
    </div>
    <div class="form-group">
        <button type="submit" class="btn btn-primary">上传</button>
    </div>
</form>
```

— 素养园地 —

高效行动，成就梦想

在党的二十大报告中，注重效率、优化工作流程是一个重要的议题。以下是党的二十大报告中关于注重效率、优化工作流程的相关内容。

推行精益管理，提高工作效率。精益管理是一种以客户需求为导向的管理方法，旨在消除浪费，提高效率和质量。通过推行精益管理，可以优化工作流程，降低成本，提高工作效率。

运用数字化技术，实现高效协同。数字化技术可以实现信息的快速传递和共享，提高各部门之间的协同效率。通过运用数字化技术，可以优化工作流程，减少沟通成本和时间成本，提高工作效率。

鼓励创新实践，打破思维定式。创新是提高工作效率和优化工作流程的重要途径。在党的二十大报告中，鼓励创新实践、打破思维定式是一个重要的议题。通过鼓励员工积极探索新的工作方式和方法，可以不断优化工作流程，提高工作效率与质量。

近日，国内领先的云视频会议平台腾讯会议正式宣布上线其全新功能——基于腾讯混元 AI 大模型与腾讯翻译技术的 17 种语言实时翻译功能。这一创新举措标志着腾讯会议在促进全球无障碍交流方面迈出了重要一步，为全球用户提供更加便捷、高效的跨国沟通体验。

随着远程办公、在线教育、跨国会议等需求的激增，腾讯会议自推出以来便以其稳定流畅的会议体验赢得了广泛好评。此次推出的多语言实时翻译功能，是腾讯会议积极响应市场需求，持续技术创新的又一力作。该功能支持包括英语、中文、法语、德语、西班牙语、日语、韩语等在内的 17 种国际主流语言的精准翻译，用户只需在会议设置中开启翻译功能，即可实现会议内容的即时翻译。

这一创新功能极大地提升了跨国会议的效率和便捷性。与会者无论身处何地，都能轻松理解对方的语言，无须依赖第三方翻译软件或提前准备翻译人员。多位参与测试的用户表示，腾讯会议的实时翻译功能不仅翻译准确率高，而且响应速度快，几乎达到了同声传译的效果，大大提高了工作效率，节省了成本。

未来，腾讯会议团队将继续优化翻译算法的精准度，特别是针对行业术语、方言俚语等复杂语境的翻译能力，以更好地满足不同用户的多样化需求。同时，团队也在探索增加更多语言种类，力求覆盖全球更多国家和地区，真正实现全球沟通无界限。

此外，腾讯还计划将实时翻译功能与会议的其他功能如屏幕共享、云录制等深度融合，为用户提供更加一体化、智能化的会议体验。腾讯会议的这一创新举措，不仅为远程办公和跨国交流带来了革命性的变化，也为整个视频会议行业树立了新的标杆！

- ASP.NET Core MVC 模型绑定是将请求的数据自动绑定到控制器操作方法参数及其相关实体类型属性的过程。
- ASP.NET Core MVC 模型验证是根据模型中的数据注解,对控制器操作方法参数或实体类型属性的输入数据进行验证的过程。
- 分部视图和布局视图是 ASP.NET Core MVC 视图系统中常见的两种视图类型。
- 学习视图与模型,从多角度出发,立足自身,与时俱进地使用不同的方式解决不同的问题。

单元自测

■ 选择题

1. 下列关于 ASP.NET Core MVC 模型绑定的描述中错误的是( )。

A. ASP.NET Core MVC 模型绑定是将请求数据转换为应用程序内部数据模型的过程

B. 在控制器方法中,可以使用注解[FromBody]声明参数来指示模型绑定从请求正文中获取属性值

C. 默认情况下,ASP.NET Core MVC 模型绑定提供了一些必要的输入验证功能,包括最大长度、最小长度和必填项等

D. 可以使用 ASP.NET Core MVC 模型绑定自定义输入验证规则并在控制器方法参数上使用[Validate]注解进行激活

2. 下列关于 ASP.NET Core MVC 分部视图的描述中正确的是( )。

A. 分部视图可以在其他视图中任意嵌套使用,包括嵌套调用其他分部视图

B. 唯一区别于普通视图的是分部视图的模板文件名以"_"开头,而且通常创建在共享视图文件夹内

C. 分部视图必须指定完全限定路径(/Views/目录/文件)或相对于当前视图的路径来引用,无法使用路由

D. 使用实例化视图组件类 ObjectTagHelper 时,需要传递 ComponentType 属性来指示使用该组件绑定到特定的 Razor 页面

3. 在 ASP.NET Core MVC 项目中,下列中可以用来指定某个模型属性的最大长度的是( )。

A. [Required]　　　　　　　　　　　　B. [Compare]

C. [RegularExpression]　　　　　　　　D. [StringLength]

4. 若要在 ASP.NET Core MVC 项目中实现文件上传功能,则下列中可以用来处理上传的文件数据的是( )。

A. IFormFile　　　　　　　　　　　　B. IHttpContextAccessor

C. IFileProvider　　　　　　　　　　　D. IConfiguration

5. 在 ASP.NET Core MVC 中，默认情况下，如果模型绑定失败，则下列中可以用来返回错误信息的是(　　)。

　A. ModelState 属性　　　　　　　　　　B. HttpContext 类

　C. JsonResult 类　　　　　　　　　　　D. ViewResult 类

■ 问答题

1. 请简述 ASP.NET Core MVC 中分部视图与普通视图的区别，并说明在什么情况下应该使用分部视图来优化代码复用。

2. 请简述 ASP.NET Core MVC 中模型验证的作用和基本的使用方法。

3. 请简述 ASP.NET Core MVC 中布局视图的作用，以及如何使用布局视图来统一应用程序的外观。

<!-- 上机实战 -->

■ 上机目标

● 掌握分部视图、布局视图的运用。

● 掌握模型验证。

● 掌握标签助手的使用。

● 掌握文件上传的方式。

■ 上机练习

◆ 第一阶段 ◆

练习 1：修改 CourseManagement 项目中的课程列表页面，使用分部视图实现课程详情的显示，界面效果如图 4-1 所示。

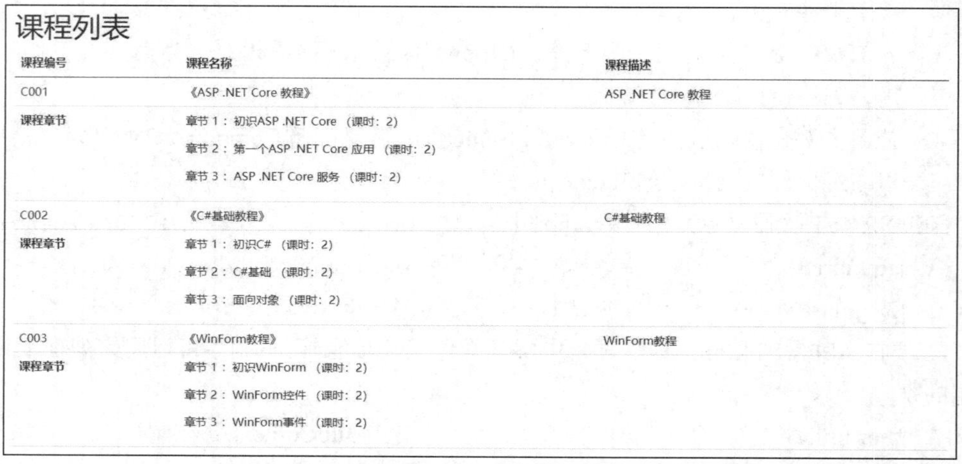

图 4-1　使用分部视图实现课程详情的显示界面

【问题描述】

在 CourseManagement 项目中添加课程章节模型 CourseSection.cs，包含课程编号、章节名称、时长属性，修改课程模型 Course.cs，添加课程章节集合属性，修改 CourseController.cs 中的 Index 方法，在之前初始化的三条课程信息中，添加每门课程的章节信息，创建分部视图 _CourseSectionPartial.cshtml，实现课程章节的显示。

【问题分析】

(1) 在项目 CourseManagement 的 Models 文件夹下，添加类文件 CourseSection.cs，包含课程编号(CourseNo)、章节名称(SectionName)和时长(Duration)属性。

(2) 修改 Models 文件夹下的 Course.cs，添加课程章节集合属性 Sections。

(3) 修改 Controller 文件夹下 CourseController.cs 中的 Index 方法，在之前初始化的三条课程信息中，添加每门课程的章节信息的初始化。

(4) 在/Views/Shared 文件夹下，添加分部视图文件_CourseSectionPartial.cshtml，实现课程章节的显示。

(5) 在/Views/Course 文件夹下的课程页表视图页 Index.cshtml 中，添加分部视图的引用。

【参考步骤】

(1) 在项目 CourseManagement 的 Models 文件夹下，添加类文件 CourseSection.cs，代码如下所示。

```
namespace CourseManagement.Models
{
    public class CourseSection
    {
        /// <summary>
        /// 课程编号
        /// </summary>
        public string CourseNo { get; set; }
        /// <summary>
        /// 章节名称
        /// </summary>
        public string SectionName { get; set; }
        /// <summary>
        /// 时长
        /// </summary>
        public double Duration { get; set; }
    }
}
```

(2) 修改 Models 文件夹下的 Course.cs，添加课程章节集合属性 Sections，代码如下所示。

```
namespace CourseManagement.Models
{
    public class Course
    {
        /// <summary>
        /// 课程编号
        /// </summary>
        public string CourseNo { get; set; }
        /// <summary>
        /// 课程名称
        /// </summary>
        public string CourseName { get; set; }
```

```
        /// <summary>
        /// 课程描述
        /// </summary>
        public string Description { get; set; }
        /// <summary>
        /// 课程章节集合(这是新添加的)
        /// </summary>
        public List<CourseSection>? Sections { get; set; }
    }
}
```

(3) 修改 Controller 文件夹下 CourseController.cs 中的 Index 方法，在之前初始化的三条课程信息中，添加每门课程的章节信息的初始化，代码如下所示。

```
public IActionResult Index()
{
    var sectionsCore = new List<CourseSection>()
    {
        new CourseSection(){CourseNo = "C001", SectionName="初识 ASP .NET Core",Duration=2},
        new CourseSection(){CourseNo = "C001", SectionName="第一个 ASP .NET Core 应用",Duration=2},
        new CourseSection(){CourseNo = "C001", SectionName="ASP .NET Core 服务",Duration=2},
    };
    var sectionsC = new List<CourseSection>()
    {
        new CourseSection(){CourseNo = "C002", SectionName="初识 C#",Duration=2},
        new CourseSection(){CourseNo = "C002", SectionName="C#基础",Duration=2},
        new CourseSection(){CourseNo = "C002", SectionName="面向对象",Duration=2},
    };
    var sectionsForm = new List<CourseSection>()
    {
        new CourseSection(){CourseNo = "C003", SectionName="初识 WinForm",Duration=2},
        new CourseSection(){CourseNo = "C003", SectionName="WinForm 控件",Duration=2},
        new CourseSection(){CourseNo = "C003", SectionName="WinForm 事件",Duration=2},
    };
    var courses = new List<Course>()
    {
        new Course{ CourseNo = "C001", CourseName = "ASP .NET Core 教程", Description = "ASP .NET Core
            教程",Sections=sectionsCore },
        new Course{ CourseNo = "C002", CourseName = "C#基础教程", Description = "C#基础教程",Sections=
            sectionsC },
        new Course{ CourseNo = "C003", CourseName = "WinForm 教程", Description = "WinForm 教程",Sections=
            sectionsForm },
    };
    return View(courses);
}
```

(4) 在/Views/Shared 文件夹下，添加分部视图文件_CourseSectionPartial.cshtml，实现课程章节的显示，代码如下所示。

```
@model List<CourseSection>
<td><strong>课程章节</strong></td>
<td colspan="2">
    @foreach (var sec in Model)
    {
        <p>
            章节 @Convert.ToString(@Model.IndexOf(sec) + 1)：@sec.SectionName
            (课时：@sec.Duration)
        </p>
    }
</td>
```

(5) 在/Views/Course 文件夹下的课程页表视图页 Index.cshtml 中，添加分部视图的引用，代码如下所示。

```
@model List<Course>
<h1>课程列表</h1>
<table class="table">
    <thead>
        <tr>
            <th>课程编号</th>
            <th>课程名称</th>
            <th>课程描述</th>
        </tr>
    </thead>
    <tbody>
        @foreach (var courses in Model)
        {
            <tr>
                <td>@courses.CourseNo</td>
                <td>《@courses.CourseName》</td>
                <td>@courses.Description</td>
            </tr>
            @* 在这里引用分部视图_CourseSectionPartial.cshtml *@
            <tr>
                @{
                    Html.RenderPartial("_CourseSectionPartial", @courses.Sections);
                }
            </tr>
        }
        @if ((Convert.ToString(TempData["CreateFlag"]) == "Success"))
        {
            <tr>
                <td>@TempData["CourseNo"]</td>
                <td>@TempData["CourseName"]</td>
                <td>@TempData["Description"]</td>
            </tr>
        }
    </tbody>
</table>
```

◆ 第二阶段 ◆

练习 2：修改 CourseManagement 项目 Shared 文件夹下的_Layout.cshtml 布局视图，实现布局效果如图 4-2 所示。

【问题描述】

修改 CourseManagement 项目 Shared 文件夹下的_Layout.cshtml 布局视图，并在/Views/Course 文件夹下的课程页表视图页 Index.cshtml 中，嵌入布局视图_Layout.cshtml。

【问题分析】

根据问题描述，我们需要修改 CourseManagement 项目 Shared 文件夹下的_Layout.cshtml 布局视图文件，并修改 CourseManagement 为"课程管理系统"，以及修改导航栏的 Home 为"首页"、Privacy 为"课程"，并在/Views/Course 文件夹下的课程页表视图页 Index.cshtml 中嵌入布局视图_Layout.cshtml。

图 4-2 布局效果界面

【参考步骤】

(1) 修改 CourseManagement 项目 Shared 文件夹下的_Layout.cshtml 布局视图文件，代码如下所示。

```
<!DOCTYPE html>
<html lang="en">
<head>
    <meta charset="utf-8" />
    <meta name="viewport" content="width=device-width, initial-scale=1.0" />
    <title>@ViewData["Title"] - 课程管理系统</title>
    <link rel="stylesheet" href="~/lib/bootstrap/dist/css/bootstrap.min.css" />
    <link rel="stylesheet" href="~/css/site.css" asp-append-version="true" />
    <link rel="stylesheet" href="~/CourseManagement.styles.css" asp-append-version="true" />
</head>
<body>
    <header>
        <nav class="navbar navbar-expand-sm navbar-toggleable-sm navbar-light bg-white border-bottom box-shadow
            mb-3">
            <div class="container-fluid">
                <a class="navbar-brand" asp-area="" asp-controller="Home" asp-action="Index">课程管理系统</a>
                <button class="navbar-toggler" type="button" data-bs-toggle="collapse" data-bs- target=".navbar-collapse"
                    aria-controls="navbarSupportedContent"
                    aria-expanded="false" aria-label="Toggle navigation">
                    <span class="navbar-toggler-icon"></span>
                </button>
                <div class="navbar-collapse collapse d-sm-inline-flex justify-content-between">
                    <ul class="navbar-nav flex-grow-1">
                        <li class="nav-item">
                            <a class="nav-link text-dark" asp-area="" asp-controller="Home" asp-action="Index">首
                                页</a>
                        </li>
                        <li class="nav-item">
```

```
                    <a class="nav-link text-dark" asp-area="" asp-controller="Course" asp-action="Index">
                        课程</a>
                </li>
            </ul>
        </div>
    </div>
</nav>
</header>
<div class="container">
    <main role="main" class="pb-3">
        @RenderBody()
    </main>
</div>
<footer class="border-top footer text-muted">
    <div class="container">
        &copy; 2023 - 课程管理系统 - <a asp-area="" asp-controller="Home" asp-action="Privacy"> Privacy</a>
    </div>
</footer>
<script src="~/lib/jquery/dist/jquery.min.js"></script>
<script src="~/lib/bootstrap/dist/js/bootstrap.bundle.min.js"></script>
<script src="~/js/site.js" asp-append-version="true"></script>
@await RenderSectionAsync("Scripts", required: false)
</body>
</html>
```

(2) 在/Views/Course 文件夹下的课程页表视图页 Index.cshtml 中，嵌入布局视图_Layout.cshtml，
代码如下所示。

```
@{
    Layout = "~/Views/Shared/_Layout.cshtml";
}
```

◆ 第三阶段 ◆

练习 3：修改 CourseManagement 项目中课程模型 Course.cs，包含属性并为每个属性添加
验证：课程编号(不能为空，长度不超过 4 个字符)、课程名称(不能为空)、开课时间(数据类型
为时间类型)、课程价格(取值范围为 0～999.99)，修改添加课程界面如图 4-3 所示。

图 4-3　修改添加课程界面

【问题描述】

修改 CourseManagement 项目中课程模型 Course.cs，包含属性并为每个属性添加验证：课程编号(不能为空，长度不超过 4 个字符)、课程名称(不能为空)、开课时间(数据类型为时间类型)、课程价格(取值范围为 0～999.99)，在 CourseController 控制器内添加 ModelState.IsValid 检查，修改添加课程视图界面，并添加开课时间和课程价格的输入框。

【问题分析】

(1) 修改 CourseManagement 项目中课程模型 Course.cs，包含属性并为每个属性添加验证：课程编号(不能为空，长度不超过 4 个字符)、课程名称(不能为空)、开课时间(数据类型为时间类型)、课程价格(取值范围为 0～999.99)。

(2) 在 CourseController 控制器内添加 ModelState.IsValid 检查。

(3) 修改添加课程视图界面，并添加开课时间和课程价格的输入框。

【参考步骤】

(1) 修改 CourseManagement 项目中课程模型 Course.cs，代码如下所示。

```csharp
namespace CourseManagement.Models
{
    public class Course
    {
        /// <summary>
        /// 课程编号
        /// </summary>
        [Required]
        [StringLength(4)]
        public string CourseNo { get; set; }
        /// <summary>
        /// 课程名称
        /// </summary>
        [Required]
        public string CourseName { get; set; }
        /// <summary>
        /// 开课时间
        /// </summary>
        [DataType(DataType.Date)]
        public DateTime StartDate { get; set; }
        /// <summary>
        /// 课程价格
        /// </summary>
        [Range(0, 999.99)]
        public decimal Price { get; set; }
        /// <summary>
        /// 课程描述
        /// </summary>
        public string Description { get; set; }
        /// <summary>
        /// 课程章节列表
        /// </summary>
        public List<CourseSection>? Sections { get; set; }
    }
}
```

(2) 在 CourseController 控制器内添加 ModelState.IsValid 检查，代码如下所示。

```
public IActionResult Create(Course course)
{
    if (!ModelState.IsValid)
    {
        return View();
    }
    if (!string.IsNullOrEmpty(course.CourseNo) && !string.IsNullOrEmpty(course.CourseName))
    {
        //return Content("课程编号：" + course.CourseNo + "\n 课程名称：" + course.CourseName + "\n 课程描
                      述：" + course.Description);
        TempData["CourseNo"] = course.CourseNo;
        TempData["CourseName"] = course.CourseName;
        TempData["StartDate"] = course.StartDate;
        TempData["Price"] = course.Price;
        TempData["Description"] = course.Description;
        TempData["CreateFlag"] = "Success";
        return RedirectToAction("Index");
    }
    else
    {
        ViewData["CreateResult"] = "Fail";
        ViewBag.CreateTip = "添加失败：课程编号、课程名称不可为空！";
        return View();
    }
}
```

(3) 修改添加课程视图界面，并添加开课时间和课程价格的输入框，代码如下所示。

```
@model CourseManagement.Models.Course
<h2>添加课程</h2>
@if (Convert.ToString(ViewData["CreateResult"]) == "Fail")
{
    <div class="alert alert-danger">@ViewBag.CreateTip</div>
}
<form asp-action="Create" method="post" class="form-horizontal" role="form">
    <div class="form-group">
        <label asp-for="CourseNo" class="col-md-2 control-label">
            课程编号
        </label>
        <div class="col-md-5">
            <input asp-for="CourseNo" class="form-control" />
            <span asp-validation-for="CourseNo" class="text-danger"></span>
        </div>
    </div>
    <div class="form-group">
        <label asp-for="CourseName" class="col-md-2 control-label">
            课程名称
        </label>
        <div class="col-md-5">
            <input asp-for="CourseName" class="form-control" />
            <span asp-validation-for="CourseName" class="text-danger"></span>
        </div>
    </div>
    <div class="form-group">
        <label asp-for="StartDate" class="col-md-2 control-label">
            开课时间
        </label>
        <div class="col-md-5">
            <input asp-for="StartDate" class="form-control" />
            <span asp-validation-for="StartDate" class="text-danger"></span>
        </div>
```

```
            </div>
            <div class="form-group">
                <label asp-for="Price" class="col-md-2 control-label">
                    课程价格
                </label>
                <div class="col-md-5">
                    <input asp-for="Price" class="form-control" />
                    <span asp-validation-for="Price" class="text-danger"></span>
                </div>
            </div>
            <div class="form-group">
                <label asp-for="Description" class="col-md-2 control-label">
                    课程描述
                </label>
                <div class="col-md-5">
                    <input asp-for="Description" class="form-control" />
                </div>
            </div>
            <div class="form-group">
                <div class="col-md-offset-2 col-md-5">
                    <input type="submit" class="btn btn-primary" value="添加课程" />
                </div>
            </div>
        </form>
```

◆ 第四阶段 ◆

练习 4：在 CourseManagement 项目中，使用 ActionLink 标签，实现从课程列表页面跳转至添加课程页面，从添加课程页面跳转至课程列表页面，界面效果分别如图 4-4、图 4-5 所示。

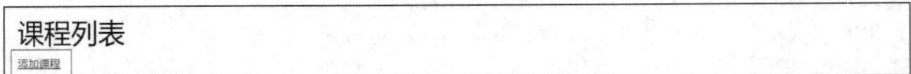

图 4-4　课程列表界面

图 4-5　添加课程界面

【问题描述】

在 CourseManagement 项目的课程列表页面，添加 ActionLink 标签生成跳转至添加课程页面的链接，在添加课程页面添加 ActionLink 标签生成跳转至课程列表页面的链接。

【问题分析】

根据问题描述，我们需要分别在课程列表页面、添加课程页面添加 ActionLink 标签。

【参考步骤】

(1) 课程列表页面添加的代码如下所示。

```
<h1>课程列表</h1>
@Html.ActionLink("添加课程", "Create", "Course")
```

(2) 添加课程页面添加的代码如下所示。

```
<h2>添加课程</h2>
@Html.ActionLink("返回", "Index", "Course")
```

◆ 第五阶段 ◆

练习 5：在 CourseManagement 项目的添加课程页面，实现上传课程封面功能，添加课程界面如图 4-6 所示，添加成功后的课程列表界面如图 4-7 所示。

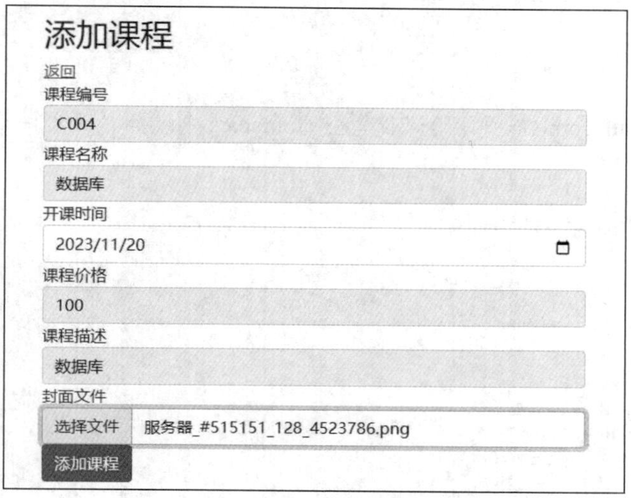

图 4-6　添加课程界面

【问题描述】

在 CourseManagement 项目的课程模型 Course.cs 中添加封面文件属性，修改添加课程页面，添加上传文件控件，修改 CourseController.cs 中的 Create 方法，实现封面上传，并能够在课程列表界面显示出上传的封面图片。

【问题分析】

(1) 在 CourseManagement 项目的课程模型 Course.cs 中添加封面文件属性 CoverFile。

(2) 修改添加课程页面，添加上传文件控件。

(3) 修改 CourseController.cs 中的 Create 方法，实现封面上传。

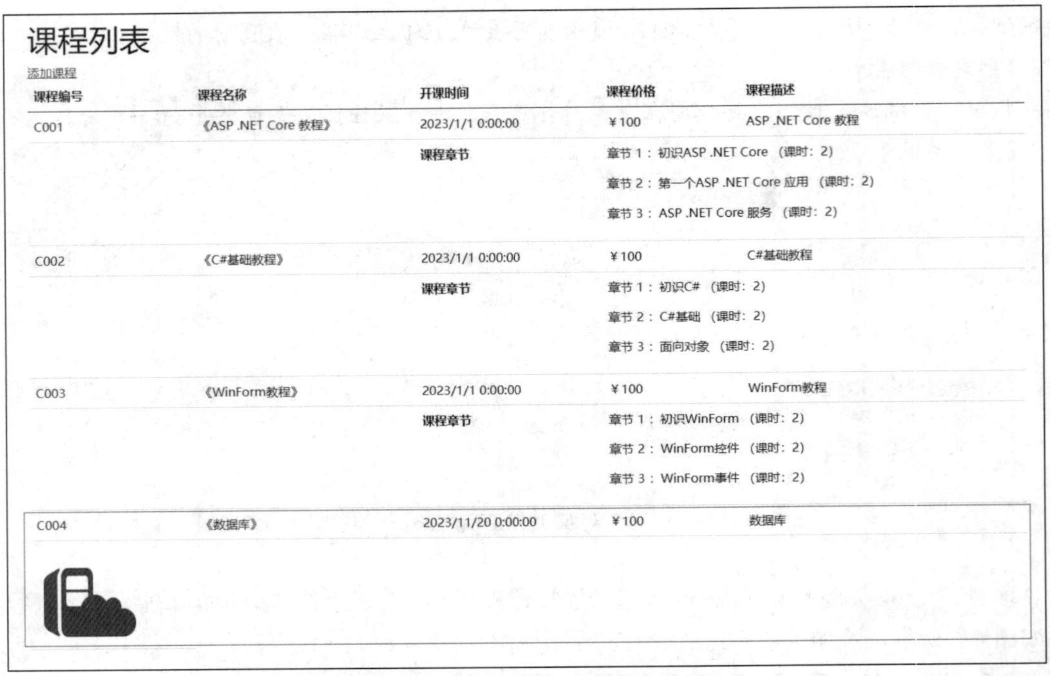

课程列表

添加课程

课程编号	课程名称	开课时间	课程价格	课程描述
C001	《ASP .NET Core 教程》	2023/1/1 0:00:00	￥100	ASP .NET Core 教程
	课程章节			章节 1：初识ASP .NET Core（课时：2）
				章节 2：第一个ASP .NET Core 应用（课时：2）
				章节 3：ASP .NET Core 服务（课时：2）
C002	《C#基础教程》	2023/1/1 0:00:00	￥100	C#基础教程
	课程章节			章节 1：初识C#（课时：2）
				章节 2：C#基础（课时：2）
				章节 3：面向对象（课时：2）
C003	《WinForm教程》	2023/1/1 0:00:00	￥100	WinForm教程
	课程章节			章节 1：初识WinForm（课时：2）
				章节 2：WinForm控件（课时：2）
				章节 3：WinForm事件（课时：2）
C004	《数据库》	2023/11/20 0:00:00	￥100	数据库

图 4-7　添加成功后的课程列表界面

【参考步骤】

(1) 在 CourseManagement 项目的课程模型 Course.cs 中添加封面文件属性 CoverFile，代码如下所示。

```
namespace CourseManagement.Models
{
    public class Course
    {
        /// <summary>
        /// 课程编号
        /// </summary>
        [Required]
        [StringLength(4)]
        public string CourseNo { get; set; }
        /// <summary>
        /// 课程名称
        /// </summary>
        [Required]
        public string CourseName { get; set; }
        /// <summary>
        /// 开课时间
        /// </summary>
        [DataType(DataType.Date)]
        public DateTime StartDate { get; set; }
        /// <summary>
        /// 课程价格
        /// </summary>
        [Range(0, 999.99)]
        public decimal Price { get; set; }
        /// <summary>
        /// 课程描述
        /// </summary>
```

```
        public string Description { get; set; }
        /// <summary>
        /// 课程章节集合
        /// </summary>
        public List<CourseSection>? Sections { get; set; }
        /// <summary>
        /// 课程封面
        /// </summary>
        [Required]
        public IFormFile CoverFile { get; set; }
    }
}
```

(2) 修改添加课程页面，添加上传文件控件，代码如下所示。

```
@model CourseManagement.Models.Course
<h2>添加课程</h2>
@Html.ActionLink("返回", "Index", "Course")

@if (Convert.ToString(ViewData["CreateResult"]) == "Fail")
{
    <div class="alert alert-danger">@ViewBag.CreateTip</div>
}

<form asp-action="Create" method="post" class="form-horizontal" role="form" enctype="multipart/form-data">
    <div class="form-group">
        <label asp-for="CourseNo" class="col-md-2 control-label">
            课程编号
        </label>
        <div class="col-md-5">
            <input asp-for="CourseNo" class="form-control" />
            <span asp-validation-for="CourseNo" class="text-danger"></span>
        </div>
    </div>
    <div class="form-group">
        <label asp-for="CourseName" class="col-md-2 control-label">
            课程名称
        </label>
        <div class="col-md-5">
            <input asp-for="CourseName" class="form-control" />
            <span asp-validation-for="CourseName" class="text-danger"></span>
        </div>
    </div>
    <div class="form-group">
        <label asp-for="StartDate" class="col-md-2 control-label">
            开课时间
        </label>
        <div class="col-md-5">
            <input asp-for="StartDate" class="form-control" />
            <span asp-validation-for="StartDate" class="text-danger"></span>
        </div>
    </div>
    <div class="form-group">
        <label asp-for="Price" class="col-md-2 control-label">
            课程价格
        </label>
        <div class="col-md-5">
            <input asp-for="Price" class="form-control" />
            <span asp-validation-for="Price" class="text-danger"></span>
        </div>
    </div>
```

```html
<div class="form-group">
    <label asp-for="Description" class="col-md-2 control-label">
        课程描述
    </label>
    <div class="col-md-5">
        <input asp-for="Description" class="form-control" />
    </div>
</div>
<div class="form-group">
    <label asp-for="CoverFile" class="col-md-2 control-label">
        封面文件
    </label>
    <div class="col-md-5">
        <input asp-for="CoverFile" type="file" class="form-control" />
        <span asp-validation-for="CoverFile" class="text-danger"></span>
    </div>
</div>
<div class="form-group">
    <div class="col-md-offset-2 col-md-5">
        <input type="submit" class="btn btn-primary" value="添加课程" />
    </div>
</div>
</form>
```

(3) 修改 CourseController.cs 中的 Create 方法，实现封面上传。

```csharp
public IActionResult CreateAsync(Course course)
{
    if (!ModelState.IsValid)
    {
        return View();
    }
    if (!string.IsNullOrEmpty(course.CourseNo) && !string.IsNullOrEmpty(course.CourseName))
    {
        //return Content("课程编号：" + course.CourseNo + "\n 课程名称：" + course.CourseName + "\n 课程描
                        述：" + course.Description);
        TempData["CourseNo"] = course.CourseNo;
        TempData["CourseName"] = course.CourseName;
        TempData["StartDate"] = course.StartDate;
        TempData["Price"] = course.Price.ToString();
        TempData["Description"] = course.Description;
        var fileName = Path.Combine(Directory.GetCurrentDirectory(), "wwwroot\\uploads\\" + course.CourseNo +
                        Path.GetExtension(course.CoverFile.FileName));
        using (var fileStream = new FileStream(fileName, FileMode.Create))
        {
            course.CoverFile.CopyTo(fileStream);
        }
        TempData["File"] = course.CourseNo + Path.GetExtension(course.CoverFile.FileName);
        TempData["CreateFlag"] = "Success";
        return RedirectToAction("Index");
    }
    else
    {
        ViewData["CreateResult"] = "Fail";
        ViewBag.CreateTip = "添加失败：课程编号、课程名称不可为空！";
        return View();
    }
}
```

（4）在课程列表界面显示出上传的封面图片。

```
@if ((Convert.ToString(TempData["CreateFlag"]) == "Success"))
{
    <tr>
        <td>@TempData["CourseNo"]</td>
        <td>《@TempData["CourseName"]》</td>
        <td>@TempData["StartDate"]</td>
        <td>￥@TempData["Price"]</td>
        <td>@TempData["Description"]</td>
    </tr>
    <tr>
        <td>
            <img src="~/uploads/@TempData["File"]">
        </td>
    </tr>
}
```

单元

五

中间件与过滤器

课程目标

项目目标

❖ 理解中间件的基本概念、功能
❖ 学会在项目中正确注册和使用中间件
❖ 熟悉并掌握路由、Session、静态资源等中间件的使用
❖ 理解并学会配置和使用过滤器

技能目标

❖ 理解中间件的定义、功能及其在软件架构中的位置
❖ 掌握在项目中注册中间件的步骤和方法
❖ 熟悉路由的基本概念，能够配置和管理路由
❖ 能够熟练使用路由、Session 管理、静态资源处理等中间件
❖ 学会配置和使用过滤器，以满足项目需求

素养目标

❖ 具备自主研发能力，提升技术水平
❖ 培养善于深入探究，解决问题的能力
❖ 具备持续学习和自我提升的认知

简介

　　通过前面的学习，我们已经对 ASP.NET Core 架构有了一定的了解，它具有更轻量级、高性能和模块化的特点，使得开发人员能够更容易地开发、测试和部署 Web 应用程序。另外，ASP.NET Core 还改进了一些开发体验，如对依赖注入的支持、对视图组件的改进及对 Tag Helpers 的优化等。本单元将介绍 ASP.NET Core 中的管道(Pipeline)和中间件(Middleware)的相关概念。中间件是 ASP.NET Core 中的核心组件，ASP.NET Core MVC 框架、用户身份验证等重要功能都是由内置的中间件提供。虽然对于大部分开发人员来说，不需要开发自定义中间件，但是了解中间件的原理能够帮助我们更好地使用 ASP.NET Core 中的中间件。本单元中，我们将结合中间件深入探讨为何在 ASP.NET Core 项目中，只需在浏览器地址栏输入控制器名称就可以访问到网页的原因，并掌握在 Web 项目开发中常用到的中间件配置和操作。学完本单元后，我们可以通过结合自主探究、讨论交流和操作实践来掌握配置及操作路由、session 等中间件。

任务 5.1　注册中间件

5.1.1　任务描述

　　中间件是 ASP.NET Core 中的核心组件，在浏览网站或使用手机 App 加载内容时，浏览器或 App 其实是在向 Web 服务器发送 HTTP 请求，服务器在接收到请求之后会进行一系列的处理，如检查请求的身份验证信息等操作，当控制器类中的操作方法执行完成后，服务器还会做出一系列的响应。如果这一系列操作全部直接在代码中实现，会使得代码的耦合度过高。因此，在 ASP.NET Core 中，一些可选的功能可以由不同的中间件来分别提供。

　　本任务的目标是通过实践学习，了解中间件在 ASP.NET Core 请求处理管道中的作用，以及如何创建和配置自定义中间件。完成本任务后，我们将能够在 ASP.NET Core 项目中注册并配置中间件，以满足特定的应用程序需求。

5.1.2　知识学习

1. 管道和中间件的概念

　　广义上说，所有不直接给客户提供业务价值的软件，都是中间件，如 Web 服务器、MySQL 等都是中间件。狭义上说，处于基础设施层与业务系统软件中间层的一些软件或库、框架叫作中间件，其不一定是独立的程序。在 ASP.NET Core 中，中间件是一种组件，它可以在请求和响应之间插入自定义逻辑。中间件可以用来实现身份验证、路由、错误处理等。而这些中间件可按顺序组成一个依次处理请求的管道。整个 ASP.NET Core 的执行过程就是 HTTP 请求和响应按照中间件组装的顺序在中间件之间流转的过程。开发人员可以对组成管道中的中间件进行顺序的调整、添加或删除中间件、自定义中间件等操作。在 ASP.NET Core MVC 中，中间件就像是一个个用来拦截、处理 HTTP 请求及响应的"插件"，每个中间件既可以单独使用，也可以多个组合起来形成一个管道。在这个管道中，中间件会以某种指定的顺序被调用，以处理请求并生成相应的响应。ASP.NET Core 请求管道包含的一系列委托和调用，可以用图 5-1 来表示。

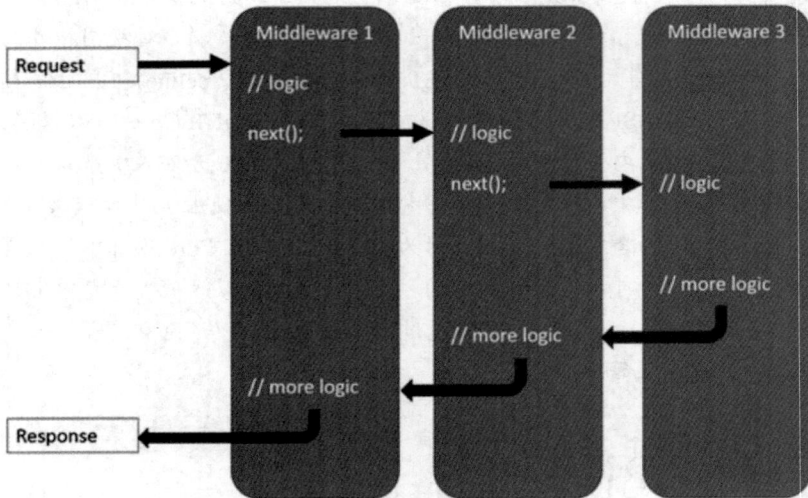

图 5-1　中间件按顺序执行

例如，我们可以编写一个日志中间件，当请求进入这个中间件时，它会记录一些关键信息，如请求时间、URL 地址和用户的 IP 等。又如，我们可以编写一个错误的处理中间件，在某个中间件发生错误时，它就会捕获错误信息，并返回适当的 HTTP 状态码及对应的错误页。

中间件不仅可以内置于框架(如身份验证、授权等)，还可以自行开发、使用扩展库并灵活组装为链，用于添加第三方库功能、跨域支持、App 生存性体验提升等各类特性。

通过配置 HTTP 请求管道并串联多个中间件，我们可以实现一个完整的 ASP.NET Core 应用程序。总之，ASP.NET Core MVC 的中间件机制使得网络请求处理变得灵活和高效，能够有针对性地去处理各种需求。

2. 中间件的特性和分类

ASP.NET Core MVC 中的中间件是一个非常重要的概念，它可以对 HTTP 的请求和响应进行处理或拦截，并提供各种功能，如路由、身份验证、授权、静态文件服务、缓存等。中间件具有灵活、可复用、安全等特性，我们可以编写自己的中间件，或者利用现有的第三方中间件库，通过串联不同中间件来实现灵活且高效的请求管道。中间件可以被不同的应用程序重复使用，在不同的应用程序中为用户提供相同的功能；也可以限制请求的访问权限，同时防止网络攻击和恶意行为；多个中间件可以形成一个管道，按照特定的顺序执行以实现请求处理和响应。

一些常用的 ASP.NET Core MVC 中间件及其功能如表 5-1 所示。

表 5-1　常用的 ASP.NET Core MVC 中间件及其功能

中间件	功能
UseRouting	负责解析 URL 并请求路由到正确的处理程序上
UseStaticFiles	提供对静态文件(如 HTML、CSS、JavaScript 文件等)的服务
UseAuthentication	处理身份验证和用户登录认证
UseSession	管理会话数据，如购物车信息等
UseExceptionHandler	捕获并处理系统级的异常、错误及其他异常情况
UseLogging	记录应用程序的日志信息
UseResponse Caching	缓存 HTTP 响应以提高性能
UseCORS Middleware	处理跨域资源共享
UseEndpoints	终结点路由中间件，用于将 Razor Pages 终结点添加到请求管道，该中间件是带有 MapRazorPages 的 UseEndpoints

由于在 ASP.NET Core 中，中间件会按照注册的顺序依次处理请求，因此，中间件的注册顺序对于项目的安全、性能和功能至关重要。以下是一些常见中间件的注册顺序建议。

```
app.UseHttpsRedirection();      //注册 HTTPS 重定向中间件
app.UseStaticFiles();           //注册静态文件中间件
app.UseCookiePolicy();          //注册 Cookie 策略中间件
app.UseRouting();               //注册路由中间件
app.UseAuthentication();        //注册身份验证中间件
app.UseAuthorization();         //注册授权中间件
app.UseSession();               //注册会话中间件
```

5.1.3　任务实施

在 ASP.NET Core MVC 中注册中间件时，我们需要使用 app.Use*方法来向请求管道中添加中间件。具体来说，有 Map、Use 和 Run 三种方式可以注册中间件。

1. Map 方法

通过 Map 方法可以根据指定的 URL 前缀请求路由到特定的中间件处理程序上。当 URL 的 path 部分与指定前缀匹配时，就会在管道中插入一个中间件，并将其传递给下一个中间件或最终处理程序。例如：

```
app.Map("/api", apiBuilder =>
{
    // 添加 API 处理中间件...
    apiBuilder.UseApiMiddleware();
});
```

2. Use 方法

使用 Use 方法可以将中间件设置为拦截所有 HTTP 请求。当请求到达该中间件时，它会执行一些操作，然后调用 next()方法将请求传递给管道中的下一个中间件或最终处理程序。例如：

```
// 添加日志记录中间件...
app.UseLoggingMiddleware();
// 添加身份验证中间件...
```

```
app.UseAuthenticationMiddleware();
// 添加错误处理中间件...
app.UseErrorHandlingMiddleware();
```

3. Run 方法

Run 方法是一个简化版本的 Use 方法。它可以直接处理请求并返回响应结果，不需要显式调用下一个中间件。也就是说，它相当于是将最终请求处理程序作为一个中间件挂载到管道上。例如：

```
app.Run(async context =>
{
    await context.Response.WriteAsync("Hello, World!");
});
```

这些方法可以根据我们的需求任意组合，通过串联一系列中间件，构建出一个完整的请求处理管道。但注意顺序非常重要，不同的注册方式对中间件的具体执行次序会产生影响，需要根据实际场景选择合适的注册方式。

任务 5.2　路由中间件

5.2.1　任务描述

路由中间件(Routing Middleware)在 ASP.NET Core 中负责解析客户端发送的 HTTP 请求，并根据请求的URL将其路由到相应的控制器或页面。本任务旨在通过实践学习，深入理解路由中间件在 ASP.NET Core 请求处理管道中的作用，并学会如何创建和配置自定义路由中间件。

5.2.2　知识学习

1. 路由中间件的概念

路由中间件是一种装配到应用管道用于处理请求和响应的软件，每个组件都可以选择是否将请求传递到管道中的下一个组件。路由中间件可以在管道中的下一个组件前后执行对应的工作。

在 ASP.NET Core MVC 中，路由是将传入的 URL 映射到相应的处理程序(控制器的动作方法)的过程，它决定了如何处理不同的 URL 请求并找到相应的控制器和方法。MVC 中的路由主要有两种用途：一种是请求路由，根据客户端发送的请求 URL，路由系统会根据路由规则匹配到合适的控制器和操作方法，通过路由，可以确定执行哪个操作方法来处理请求。另一种是 URL 生成，通过命名路由或路由模板，可以生成具有特定路由规则的 URL。这在构建页面链接、执行重定向操作或处理一些 AJAX 请求时非常有用。总的来说，路由在 ASP.NET Core MVC 中是请求的入口点，它负责将请求映射到相应的处理代码中，并提供了灵活的 URL 生成和参数绑定功能。通过合理配置路由规则，能够构建出易于维护和扩展的 Web 应用程序。

ASP.NET Core MVC 使用路由模式来定义 URL 的匹配规则。常见的路由模式包括以下几种。

(1) 静态路由模式。静态路由模式直接将 URL 与控制器和动作方法进行精确匹配。例如，"/Home/Index"可以直接匹配到名为"HomeController"的控制器类中的"Index"动作方法。

(2) 带有参数的路由模式。带有参数的路由模式允许从 URL 中提取参数，并将其传递给控制器和动作方法。参数可以通过占位符的方式放置在路由路径中，例如，"/Products/{id}"将匹配任意以"/Products/"开头的 URL，并将其中的"{id}"占位符的值作为参数传递给相应的动作方法。

(3) 默认路由模式。默认路由模式是 ASP.NET Core MVC 默认使用的路由模式。它使用"{controller}/{action}/{id?}"的模式来匹配 URL。其中，"{controller}"表示控制器名称，"{action}"表示动作方法名称，"{id?}"表示可选的参数。例如，"/Home/Index/123"可以匹配到名为"HomeController"的控制器类中的"Index"动作方法，并将参数"123"传递给该方法。

5.2.3　任务实施

1. 配置和启用路由

在 ASP.NET Core MVC 中，可以使用 Attributes(特性)路由或传统的路由配置(路由表)来配置路由。通常，如果一个 Web 应用程序想要处理 URL，则需要提供一个路由规则来处理一些需要处理的 URL。在.NET 6 中，当创建一个 ASP.NET Core MVC 程序时，Visual Studio 会默认在 Program.cs 文件中创建一个默认路由。配置传统路由的代码如下。

```
var builder = WebApplication.CreateBuilder(args);
builder.Services.AddControllersWithViews();
var app = builder.Build();
if (!app.Environment.IsDevelopment())
{
    app.UseExceptionHandler("/Home/Error");
    app.UseHsts();
}
app.UseHttpsRedirection();
app.UseStaticFiles();
app.UseRouting();
app.UseAuthorization();
app.MapControllerRoute(
    name: "default",
pattern: "{controller=Home}/{action=Index}/{id?}");
app.Run();
```

MapControllerRoute 用于创建单个路由。单个路由命名为 default 路由。大多数具有控制器和视图的应用都使用类似 default 路由的路由模板。REST API 应使用属性路由。常用的传统路由模板如表 5-2 所示。

表 5-2　常用的传统路由模板

路由模板	示例匹配 URL	请求 URL
{controlle}/{action}/{id?}	/Products/List	映射到 Products 控制器和 List 操作
	/Products/Details/123	映射到 Products 控制器和 Details 操作，并将 id 设置为 123
{controlle=Home}/{action=Index}/{id?}	/	映射到 Home 控制器和 Index 方法，id 将被忽略
	/Products	映射到 Products 控制器和 Index 方法，id 将被忽略

例如，路由模板"{controller=Home}/{action=Index}/{id?}"可以匹配 URL 路径，如/Products/

Details/5，并通过标记路径来提取路由值，即{controller = Products, action = Details, id = 5 }。如果应用有一个名为 ProductsController 的控制器和一个 Details 操作，则提取路由值会导致匹配如下代码。

```
public class ProductsController : Controller
{
    public IActionResult Details(int id)
    {
        return ControllerContext.MyDisplayRouteInfo(id);
    }
}
```

当 URL 路径为/Products/Details/5 时，模型绑定会将 id 的值设置为 5。在路由模板 "{controller=Home}/{action=Index}/{id?}"中，{controller=Home}将 Home 定义为默认 controller，{action=Index}将 Index 定义为默认 action，而{id?}中的?字符将 id 定义为可选。对于 URL 路径/，路由系统会生成路由值{ controller = Home, action = Index }，其中 controller 和 action 的值使用默认值。由于 URL 路径中没有与 id 对应的段，因此 id 不会生成具体的值。值得注意的是，只有当存在名为 HomeController 的控制器及其中的 Index 操作方法时根路径/才会与该路由模板匹配。

当对/Home/Index/5 这样的 URL 进行路由配置时，可以使用 MapDefaultControllerRoute 方法。用以下代码

```
app.MapDefaultControllerRoute();
```

替代：

```
app.MapControllerRoute(
    name: "default",
    pattern: "{controller=Home}/{action=Index}/{id?}");
```

另外，配置路由的方式还有特性路由(或称为属性路由)。特性路由是指将 RouteAttribute 或自定义继承自 RouteAttribute 的特性类标记在控制器或方法上，同时指定路由 URL 的字符串，从而实现路由的映射。当我们在 MVC 模式中配置路由时，最典型的用法就是使用路由特性来配置路由信息，被配置的路由即称为特性路由。特性路由是一种新的指定路由的方法，其可将注解添加到控制器类或操作方法上，为每个控制器和操作方法单独配置路由。配置特性路由的示例代码如下所示。

```
[Route("")]//配置特性路由，留空为默认访问此 Controller
public class HomeController
{
    [Route("")]//配置特性路由，留空为默认访问此 Action
    public string Index()
    {
        return "index";
    }
}
```

如果不想让程序默认访问指定的控制器或方法，则可以在控制器或方法上方的 Route 特性标记中传递控制器或方法的名称作为参数。

```
[Route("home")]//配置特性路由
public class HomeController
{
    [Route("index")]//配置特性路由
    public string Index()
    {
        return "index";
    }
}
```

除了前面两种配置特性路由的方式，还有一种比较灵活的方式，就是直接在控制器上方配置控制器和方法。代码如下。

```
[Route("[controller]/[action]")]//配置特性路由
public class HomeController
{
    public string Index()
    {
        return "index";
    }
}
```

传统路由与特性路由相比，在 Web API 中一般情况下会使用特性路由。Web API 是一种设计得无限接近于 RESTful 风格的轻型框架，它与 MVC 是两个相互独立的框架。特性路由通过一组属性将操作直接映射到对应的路由模板。以下代码是一个 API 的典型示例，将在接下来的REST 示例中使用。

```
var builder = WebApplication.CreateBuilder(args);
builder.Services.AddControllers();
var app = builder.Build();
app.UseHttpsRedirection();
app.UseAuthorization();
app.MapControllers();
app.Run();
```

在上面的代码中，通过调用 MapControllers 方法来映射使用特性路由的控制器。

配置好路由之后，通常在启用路由时，UseRouting 和 UseEndpoints 是 ASP.NET Core 中配置请求管道的两个关键方法，它们有着不同的功能和作用。

UseRouting 方法用于启用路由中间件。该中间件负责查找匹配当前请求的端点，并将其与请求关联起来。在 UseRouting 之后的中间件可以通过 HttpContext 的 Endpoint 属性来访问当前请求的终结点信息，包括控制器、操作方法和路由数据等。通常情况下，UseRouting 应该在UseAuthorization 和UseEndpoints 之前调用，以确保路由中间件能够处理请求并将其正确分发给相应的控制器和操作方法。

UseEndpoints 方法用于配置终结点路由。我们可以在此方法中定义针对不同 URL 请求的终结点和处理程序。该方法接受一个委托参数，我们可以在其中使用 MapControllers 或其他扩展方法来定义控制器和动作方法的路由模板与处理。UseEndpoints 还可用于配置其他中间件或终结点，如静态文件中间件、SignalR 终结点等。UseEndpoints 应该是请求管道配置的最后一个调用，以确保所有的路由和中间件配置正确完成。

总的来说，UseRouting 负责启用路由中间件并关联请求与终结点的匹配，而 UseEndpoints

则用于定义和配置具体的终结点路由与处理。在应用程序配置请求管道时，通常的顺序是先调用 UseRouting，然后配置其他的中间件，并在最后调用 UseEndpoints。在代码中的呈现如下所示。

```
public void Configure(IApplicationBuilder app, IWebHostEnvironment env)
{
    // 其他中间件配置...
    app.UseRouting();
    // 其他中间件配置...
    app.UseEndpoints(endpoints =>
    {
        endpoints.MapControllers(); // 配置控制器路由
        // 其他终结点配置...
    });
}
```

关于路由的配置启用，我们可以通过以下示例详细了解。

在解决方案 Chapter05 中新建一个项目名为路由配置 RoutingConfiguration 的 ASP.NET Core MVC 应用程序。程序模板选择如图 5-2 所示。

图 5-2　程序模板选择

创建好之后，在 Home Controller 中修改 Index 方法和 About 方法。代码如下。

```
public IActionResult Index()
{
    return Content("Hello,Index");
}
public IActionResult About()
{
    return Content("Hello,About");
}
```

项目创建好之后，在.NET 6 中，ASP.NET Core MVC 程序会在项目的 Program.cs 文件中配置好传统路由。

```
app.UseRouting(); //注册路由中间件
app.UseAuthorization();
app.MapControllerRoute(    //传统路由
    name: "default",
```

```
        pattern: "{controller=Home}/{action=Index}/{id?}");
app.Run();
```

创建好程序并配置好传统路由之后，运行程序，结果如图 5-3 和图 5-4 所示。

图 5-3　传统路由运行结果 1

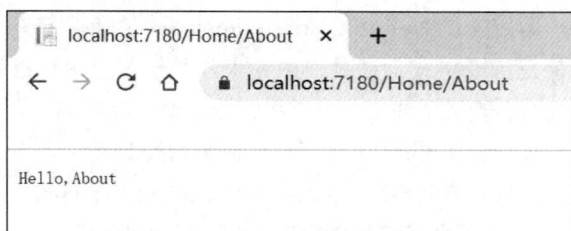

图 5-4　传统路由运行结果 2

了解完传统路由之后，接着继续配置属性路由。我们需要回到 HomeController 控制器做以下代码更改，分别在 Home 控制器和 Index、About 方法上添加属性路由。

```
[Route("Home")]
public class HomeController : Controller{
    [Route("Index")]
    public IActionResult Index(){
        return Content("Hello from Index");
    }
    [Route("About")]
    public string About(){
        return "Hello from About";
    }
}
```

更改之后运行程序，运行结果如图 5-5 所示。

图 5-5　更改代码后程序运行结果

这时候我们会感到疑惑，为什么会出现图 5-5 所示的情况呢？这是因为我们在项目中配置了特性路由，默认的传统路由配置就不起作用了，此时运行项目，网页上会出现找不到 localhost 的网页信息。如果在地址栏后面输入"/Home/Index"并按回车键，则运行结果如图 5-6 所示。

图 5-6　属性路由运行结果

2. 路由约束

通常情况下，ASP.NET Core 中 MVC 项目使用默认路由即可，但是在某些情况下，我们需要创建自己的路由规则，即路由约束(Route Constraints)，其是指在定义路由模板时，使用特定的规则来限制参数的取值范围或格式。通过路由约束，我们可以更精确地匹配和处理请求。

路由约束常见的有：①字段类型约束，可以将路由参数限定为特定的字段类型，如整数、浮点数、布尔值等。例如，[Route("{id:int}")]只匹配整数类型的 id 值；②长度约束，可以限制路由参数的长度范围，如最小长度和最大长度。例如，[Route("{name:length(1,20)}")]只匹配长度在 1 到 20 之间的 name 值；③自定义约束，可以创建自定义的路由约束，根据自己的逻辑对参数进行验证。例如，[Route("{date:validDate}")]根据自定义的 validDate 约束来验证日期类型的 date 值。使用路由约束可以帮助我们更精确地定义路由模板，从而减少不必要的请求匹配并提高路由的性能。根据实际的需求和参数类型，我们可以选择合适的约束来限制路由参数的取值范围。

具体的路由约束设置方法可以按照以下方式进行。

1) 字段类型约束

可以通过在路由模板中指定参数的字段类型来进行约束。例如，使用 int 作为约束来匹配整数类型的参数值，代码如下所示。

```
[Route("api/{id:int}")]
public IActionResult GetItem(int id)
{
    // 处理获取指定 ID 的项目的逻辑
    return Ok(id);
}
```

2) 长度约束

可以使用 minlength 和 maxlength 来限制参数值的长度范围。例如，限制名称参数的最小长度为 5，最大长度为 10，代码如下所示。

```
[Route("api/{name:minlength(5):maxlength(10)}")]
public IActionResult GetItemByName(string name)
{
    // 处理根据名称获取项目的逻辑
    return Ok(name);
}
```

通过使用路由约束，我们可以对路由参数进行更加精细的限制，以确保参数的格式和取值范围符合预期要求。如果路由参数不满足约束条件，则 ASP.NET Core MVC 将返回 404 错误页面或执行其他适当的处理。

任务 5.3 Session 中间件

5.3.1 任务描述

Session 中间件在 ASP.NET Core 中用于管理用户会话状态。它允许开发者在用户的浏览器和服务器之间存储与检索数据，以便在多个请求之间保持用户的上下文信息。Session 中间件使用 Cookie 来标识用户会话，并在服务器端存储用户的会话数据。通过 Session 中间件，我们可以轻松地实现用户登录状态管理、购物车功能、个性化设置等常见功能。

本任务的目标是学会在 ASP.NET Core 项目中配置和使用 Session 中间件，了解 Session 的工作原理及其与 Cookie 的关系。通过实践，我们将掌握如何存储和检索会话数据，以及如何在应用程序中保护用户数据的安全。完成本任务后，我们将能够在 ASP.NET Core 应用程序中实现会话管理功能，提高用户体验和系统的可靠性。

5.3.2 知识学习

由于 HTTP 协议(超文本传输协议)是无状态的，不能保存客户端与服务器之间通信(交互)的状态信息，例如，在一个常见的登录场景中，当用户 zhangsan 登录成功后，若进行其他操作，由于 HTTP 协议的这种无状态性，用户的登录信息并不会被持续记录。因此，当用户跳转到其他页面时，将需要再次登录，这将是一件非常麻烦的事情。而 Cookie 与 Session 的诞生则很好地解决了这个问题。Session 中间件用于管理和提供会话数据存储功能。它使我们能够在 ASP.NET Core 应用程序中存储和检索用户特定的数据，在用户的多个请求之间保持状态。通过使用会话，我们可以在服务器端存储和管理这些状态数据，并将其与特定的用户关联起来。会话允许我们在不同的请求之间共享数据。因此，我们可以将某个值存储在会话中，在后续的请求中访问该值。这对于在用户浏览不同页面或执行多步操作时传递数据非常有用。另外，敏感的用户数据通常不应放置在客户端(如 Cookie)中，而应存储在服务器端。使用会话可以在服务器端存储敏感信息，只将一个唯一的会话标识符发送给客户端。简单来说，打开浏览器就意味着一个会话的开始，而关闭浏览器则标志着会话的结束。

5.3.3 任务实施

1. Program.cs 文件配置

使用 Session 需要在 Program.cs 文件中做如下配置。

```
var builder = WebApplication.CreateBuilder(args);
builder.Services.AddRazorPages();
builder.Services.AddControllersWithViews();
//设置并注册 Session 服务
builder.Services.AddDistributedMemoryCache(); //通常在使用分布式时开启
builder.Services.AddSession(options =>
{
```

```
        options.IdleTimeout = TimeSpan.FromSeconds(10);//设置默认超时时间:10s
        options.Cookie.HttpOnly = true;
        options.Cookie.IsEssential = true;
    });
    var app = builder.Build();
    if (!app.Environment.IsDevelopment())
    {
        app.UseExceptionHandler("/Error");
        app.UseHsts();
    }
    app.UseHttpsRedirection();
    app.UseStaticFiles();
    app.UseRouting();
    app.UseAuthorization();
    app.UseSession();
    app.MapRazorPages();
    app.MapDefaultControllerRoute();
    app.Run();
```

在配置 Session 服务时，IdleTimeout 属性决定了会话在内容被放弃之前可以保持空闲的最长时间。每当会话被访问时，这个超时时间都会被重置。此设置仅适用于Session 的内容，默认值为 20 分钟。在上述代码中，如果 Session 需要设置成默认值，则可以将代码简写如下。

```
    var builder = WebApplication.CreateBuilder(args);
    builder.Services.AddRazorPages();
    builder.Services.AddSession(); //将 Session 添加到服务中
    var app = builder.Build();
    if (!app.Environment.IsDevelopment())
    {
        app.UseExceptionHandler("/Error");
        app.UseHsts();
    }
    app.UseHttpsRedirection();
    app.UseStaticFiles();
    app.UseSession();//使用 Session 中间件
    app.UseRouting();
    app.UseAuthorization();
    app.MapRazorPages();
    app.Run();
```

在 ASP.NET Core MVC 中使用 Session 时，由于 MVC 中的 Session 在 ControllerBase.HttpContext 中，所以 Session 只能在控制器中使用，访问方式为 HttpContext.Session。若需在页面中使用 Session，则可以使用 Context.Session 代替 HttpContext.Session，此时两者指示的为同一对象。在 MVC 中，对 Session 进行读写需要使用系统规定的扩展方法，常用的读写扩展方法及功能如表 5-3 所示。

表 5-3　常用的读写扩展方法及功能

方法	功能
Get(ISession, String)	从 ISession 中获取字节数组值
GetInt32(ISession, String)	从 ISession 中获取 int 值
GetString(ISession, String)	从 ISession 中获取字符串值
SetInt32(ISession, String, Int32)	在 ISession 中设置 int 值
SetString(ISession, String, String)	在 ISession 中设置 String 值

在了解了 Session 的相关使用和配置之后，接下来我们通过一个简单的用户访问次数统计案例来熟悉如何在 ASP.NET Core MVC 程序中使用 Session。在 ASP.NET Core MVC 中添加一个控制器 userController，编写代码如下。

```
public class UserController : Controller
{
    public IActionResult Index()
    {
        var count = HttpContext.Session.GetInt32("sum") ?? -1;
        count++;
        HttpContext.Session.SetInt32("sum",count);
        ViewData["sum"] = count;
        return View();
    }
}
```

视图代码如下。

```
用户访问总数量为：@(ViewData["sum"]??"没有值")
```

运行程序，每刷新一次，访问次数累加一次，例如，页面访问 10 次之后，访问数量为 10，如图 5-7 所示。

图 5-7 用户访问数量

2. 管理 NuGet 程序包

通过前面的学习我们已经了解了管道和中间件的概念。在程序中，我们经常需要使用中间件和第三方组件，为了更好地管理和使用这些第三方库、框架和工具，.NET 提供了 NuGet 包管理器。在 ASP.NET Core 中，使用的是基于.csproj 文件的新项目格式，而不是旧版本的.csproj 和.sln 文件的组合方式。这意味着 NuGet 包的引用和管理方式略有不同。在 ASP.NET Core MVC 中，若要使用 NuGet 包资源管理器，则可以在 Visual Studio 2022 的菜单栏中选择【工具】，在下拉菜单中选中【NuGet 包管理器(N)】，单击【管理解决方案的 NuGet 程序包(N)】，进入管理界面，如图 5-8 所示。

当进入 NuGet 包资源管理器之后，我们可以根据需要搜索第三方库、框架和工具进行安装。例如，当需要使用 Json 对象进行序列化对象时，可以选中相关工具进行安装或卸载，如图 5-9 所示。

在程序开发中，通过使用 NuGet 包提供的大量现成代码和功能，可以加速开发过程。通过引入适当的 NuGet 包，开发人员可以在项目中快速集成各种功能，如数据库访问、日志记录、身份验证、缓存等，从而减少了开发的时间和工作量。这样，开发人员即可轻松地共享项目所需的依赖项和组件配置，确保了所有开发人员在同一代码基础上进行开发，并减少了由于手动管理依赖关系而可能导致的配置错误或版本冲突。此外，NuGet 包还广泛支持跨平台开发。

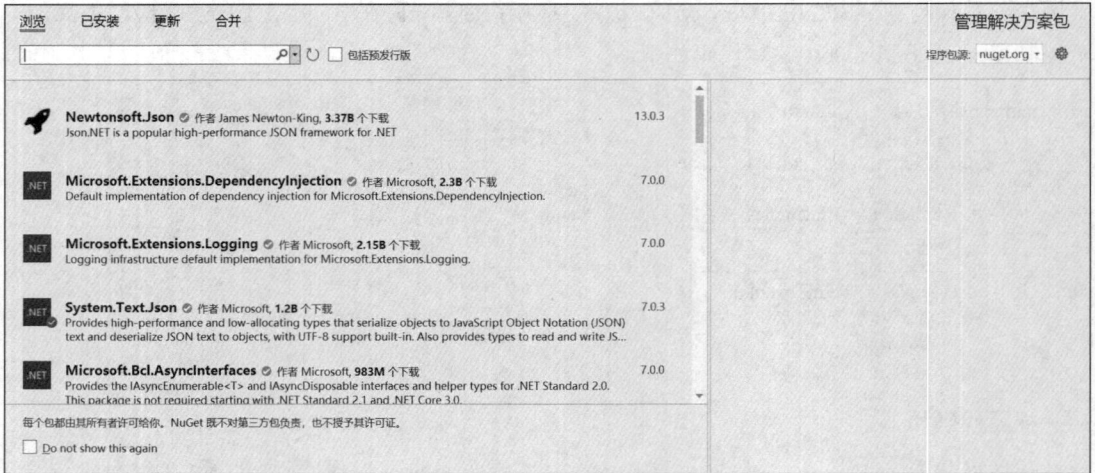

图 5-8　NuGet 包资源管理器

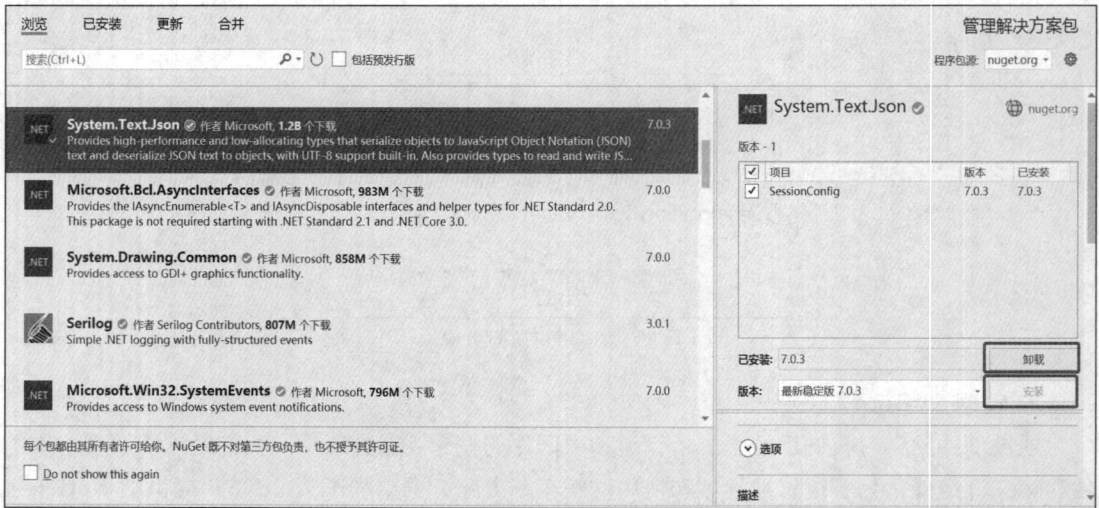

图 5-9　安装和卸载工具

3. Session 存储序列化对象

通过前面的内容，我们已经掌握了 Session 的配置和使用。根据使用情况，我们可以看到，Session 提供的方法大多是读取和设置单个数据。但是，通常在一个 Web 项目中，我们需要存储对象类型的数据，可以通过下面的示例来掌握如何 Session 序列化对象。

首先，添加一个类，代码如下所示。

```
public class User
{
    public string UserName { get; set; }
    public int Age { get; set; }
    public string Hobby { get; set; }
}
```

其次，在控制器中添加如下代码用于设置序列化 Session。

```
//初始化对象数据
public IActionResult SetUser()
{
    User uinfo = new User() {UserName="艾团结",Age=18,Hobby="写代码" };
    //对象序列化  uinfo--json
    var   userJson= JsonSerializer.Serialize(uinfo);
    HttpContext.Session.SetString("userinfo",userJson);
    return Ok("添加成功");
}
public IActionResult GetUser()
{
    var userJson = HttpContext.Session.GetString("userinfo");
    //反序列化对象
    var userinfo=JsonSerializer.Deserialize<User>(userJson);
    return Ok(userinfo);
}
```

最后，运行程序，访问 https://localhost:7092/user/setuser，添加并序列化对象，运行结果如图 5-10 所示。访问 https://localhost:7092/user/getUser，查看序列化之后的字符串，运行结果如图 5-11 所示。

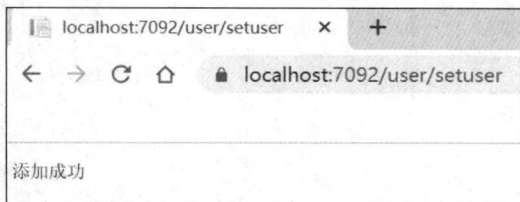

图 5-10　初始化对象并进行序列化　　　　图 5-11　序列化结果

任务 5.4　静态资源中间件

5.4.1　任务描述

静态资源中间件(Static File Middleware)在 ASP.NET Core 中负责处理对静态资源的请求，如 HTML 文件、CSS 样式表、JavaScript 脚本、图片等。当客户端请求这些资源时，静态资源中间件会查找指定的物理路径或虚拟路径，并返回相应的文件内容给客户端。

本任务的目标是掌握如何在 ASP.NET Core 项目中配置和使用静态资源中间件，包括指定静态资源的存储路径、配置资源访问的 URL 路径等。

5.4.2　知识学习

静态资源中间件是 ASP.NET Core MVC 中的一种中间件，用于处理和提供静态文件(如 HTML、CSS、JavaScript、图像文件等)给客户端。它可以帮助应用程序直接返回静态文件，而无须经过控制器或视图的处理。

　　静态文件存储在项目的 Web 根目录中,默认目录为.../wwwroot。Web 应用程序模板包含 wwwroot 文件夹,该文件夹下有 css(存放样式文件)、js(脚本文件)、lib(第三方前端库)、images(图片文件) 等子文件夹。

5.4.3　任务实施

　　默认的 Web 应用项目在 program.cs 中调用 UseStaticFiles 方法,代码如下所示。

```
app.UseStaticFiles();
```

　　以下标记即表示引用"wwwroot/images/MyImage.png"。

```
<img src="~/images/MyImage.png" class="img"/>
```

　　静态资源中间件能够处理并返回请求的静态文件。通常,它会查找应用程序指定的静态文件目录,并根据请求路径来匹配相应的静态文件。配置完毕后,我们就可以访问应用程序中的静态文件了。例如,如果在 wwwroot 文件夹中有一个名为 styles.css 的 CSS 文件,则可以通过/styles.css 路径来访问它。

任务 5.5　过滤器的使用

5.5.1　任务描述

　　在 ASP.NET Core 中,中间件和过滤器(Filter)在处理 HTTP 请求和响应中扮演着重要角色。尽管它们有相似之处,但各自也有独特的用途和优势。

　　中间件通常用于处理跨多个应用程序组件的通用任务,如身份验证、日志记录、异常处理等。它构建了一个请求处理管道,其中每个中间件组件都可以检查传入的请求,决定是否将其传递给管道中的下一个组件,或者直接生成响应。

　　过滤器则更专注于 MVC 框架内的请求处理。它是在 MVC 的动作方法执行前后插入自定义逻辑的一种方式。过滤器允许我们在特定的控制器或动作方法执行前后进行拦截,执行诸如验证、日志、缓存等任务。此外,过滤器还可以用来改变动作方法的执行流程,如取消执行、重定向到其他动作或更改响应等。

　　在本次任务中,我们将学习如何创建和使用 ASP.NET Core 中的过滤器,并了解不同类型过滤器(如动作过滤器、结果过滤器、异常过滤器等)的作用。

5.5.2　知识学习

1. 过滤器介绍

　　在 ASP.NET Core MVC 6.0 中,过滤器(Filters)是一种作用于请求和响应处理流程的机制,能够对控制器的动作方法进行预处理与后处理。它为开发者提供了一种极为灵活的方式,可在执行业务逻辑的前后执行诸如授权、缓存、日志记录、异常处理等任务。过滤器通常用于以下场景。

(1) 授权：检查用户是否有权限访问特定资源。

(2) 日志记录：记录请求和响应的相关信息，便于后期的审计与分析。

(3) 性能监控：监控请求的处理时间，识别性能瓶颈。

(4) 异常处理：在应用程序中发生异常时，进行统一的处理和返回适当的错误响应。

(5) 缓存：在某些情况下，可以使用过滤器对响应进行缓存。

2. 过滤器类型

过滤器类型及作用如表 5-4 所示。

表 5-4　过滤器类型及作用

类型	作用
授权过滤器	(1) 运行； (2) 确定用户是否获得请求授权； (3) 如果请求未获授权，可以让管道短路
资源过滤器	(1) 授权后运行； (2) OnResourceExecuting 在筛选器管道的其余阶段之前运行代码。例如，OnResourceExecuting 在模型绑定之前运行代码；OnResourceExecuted 在管道的其余阶段完成之后运行代码
操作过滤器	(1) 在调用操作方法之前和之后立即运行； (2) 可以更改传递到操作中的参数； (3) 可以更改从操作返回的结果； (4) 不可在 Razor Pages 中使用
异常过滤器	捕获和处理在请求处理过程中发生的异常
结果过滤器	(1) 在执行操作结果之前和之后立即运行； (2) 仅当操作方法成功执行时才会运行； (3) 适用于必须围绕视图或格式化程序执行的逻辑

过滤器类型在过滤器管道中的交互方式如图 5-12 所示。

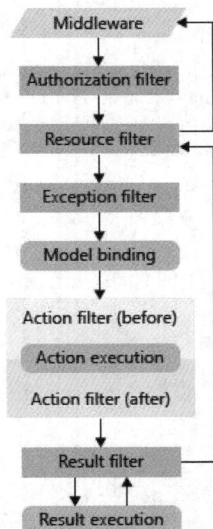

图 5-12　交互方式

5.5.3 任务实施

下面我们将通过一个简单的项目来学习操作过滤器、结果过滤器和异常过滤器的定义及使用。

在 Chapter05 解决方案中，新建 ASP .NET Core Web MVC 项目，在项目中新建文件夹 Filters 用来存放自定义的过滤器类。

1) 操作过滤器的使用

首先，在 Filters 文件夹下新建类 MyActionFilter.cs，实现 IActionFilter 接口，代码如下所示。

```
namespace FilterProgram.Filters
{
    public class MyActionFilter : IActionFilter
    {
        // 动作执行前的逻辑，如身份验证、日志记录等
        public void OnActionExecuting(ActionExecutingContext context)
        {
            //获取 HTTP 请求中传递的 uid 的值，该值为用户登录的用户名
            string uid = context.HttpContext.Request.Query["uid"];
            //获取 HTTP 请求中传递的 pwd 的值，该值为用户登录的密码
            string pwd = context.HttpContext.Request.Query["pwd"];
            //判断：如果用户名是 admin，密码是 123
            if (uid == "admin" && pwd == "123")
            {
                //在控制台输出验证结果
                Console.WriteLine("登录验证通过");
            }
            else
            {
                //在控制台输出验证结果
                Console.WriteLine("登录验证未通过");
                //在页面输出登录失败，不再执行动作......
                context.Result = new ContentResult()
                {
                    Content = "登录失败"
                };
            }
        }

        // 动作执行后的逻辑，如性能记录、日志记录等
        public void OnActionExecuted(ActionExecutedContext context)
        {
            Console.WriteLine("这里是动作执行完后要处理的逻辑......");
        }
    }
}
```

其次，在 Program.cs 中注入服务，代码如下所示。

```
builder.Services.AddScoped<MyActionFilter>();
```

最后，在 HomeController 控制器中添加 TestActionFilter 方法验证过滤器的使用，代码如下所示。

```
[ServiceFilter(typeof(MyActionFilter))]
public IActionResult TestActionFilter()
{
    Console.WriteLine("这里是登录成功后执行的动作......");
```

```
        return Content("欢迎进入本系统");
}
```

以上代码实现了一个名为 MyActionFilter 的动作过滤器，其继承自 IActionFilter 接口。该过滤器包含 OnActionExecuting 和 OnActionExecuted 两个方法。前者在控制器动作执行前执行，用于进行身份验证等逻辑；后者在控制器动作执行后执行，可以用于性能记录、日志记录等。

在执行 TestActionFilter 之前，若 OnActionExecuting 方法被调用，则从 HTTP 请求的查询字符串中获取 uid(用户名)和 pwd(密码)参数。如果 uid 是 admin 且 pwd 是 123，则在控制台输出"登录验证通过"；如果 uid 或 pwd 不匹配，则在控制台输出"登录验证未通过"，并且终止当前动作方法的执行，返回一个包含"登录失败"消息的 ContentResult 给客户端。

2) 结果过滤器的使用

首先，在 Filters 文件夹下新建类 MyResultFilter.cs，实现 IResultFilter 接口，记录结果执行前后的时间戳，并在结果执行完成后计算所花费的时间，代码如下所示。

```
namespace FilterProgram.Filters
{
    public class MyResultFilter : IResultFilter
    {
        private Stopwatch _stopwatch;
        // 结果执行前的逻辑，如修改响应头、日志记录等
        public void OnResultExecuting(ResultExecutingContext context)
        {
            // 结果执行前启动计时器
            _stopwatch = Stopwatch.StartNew();
        }

        // 结果执行后的逻辑，如性能记录、日志记录等
        public void OnResultExecuted(ResultExecutedContext context)
        {
            // 结果执行后停止计时器并计算时间
            _stopwatch.Stop();
            var elapsedTime = _stopwatch.ElapsedMilliseconds;
            Console.WriteLine("执行时间：" + elapsedTime);
        }
    }
}
```

其次，在 Program.cs 中注入服务，代码如下所示。

```
builder.Services.AddScoped< MyResultFilter >();
```

最后，在 HomeController 控制器中，添加 TestResultFilter 方法验证结果过滤器的执行结果，代码如下所示。

```
[ServiceFilter(typeof(MyResultFilter))]
public IActionResult TestResultFilter()
{
    return Content("这是方法的执行");
}
```

以上代码定义了一个名为 MyResultFilter 的类，实现了 IResultFilter 接口。IResultFilter 接口允许在 MVC 操作的结果执行前后插入自定义逻辑。在这个例子中，MyResultFilter 用于记录操作结果执行前后的时间戳，并计算操作所花费的时间。

MyResultFilter 类中有两个方法：一个是 OnResultExecuting(ResultExecutingContext context) 方法，该方法在操作结果执行前被调用。在这里，它启动了一个 Stopwatch 实例来记录时间。另一个是 OnResultExecuted (ResultExecutedContext context)方法，该方法在操作结果执行后被调用。它停止 Stopwatch 并计算了所花费的时间(以毫秒为单位)，然后将该时间输出到控制台。

3) 异常过滤器的使用

首先，在 Filters 文件夹下新建类 MyExceptionFilter.cs，实现 IExceptionFilter 接口，代码如下所示。

```
namespace FilterProgram.Filters
{
    public class MyExceptionFilter : IExceptionFilter
    {
        public void OnException(ExceptionContext context)
        {
            // 记录异常信息到日志(这里只是打印到控制台)
            Console.WriteLine("发现异常！");
        }
    }
}
```

其次，在 Program.cs 中注入服务，代码如下所示。

```
builder.Services.AddScoped< MyExceptionFilter >();
```

最后，在 HomeController 控制器中，添加 TestExceptionFilter 方法验证异常过滤器的执行结果，代码如下所示。

```
[ServiceFilter(typeof(MyExceptionFilter))]
public IActionResult TestExceptionFilter()
{
    // 模拟一个异常
    throw new Exception();
}
```

以上代码定义了一个名为 MyExceptionFilter 的类，实现了 IExceptionFilter 接口。IExceptionFilter 接口允许在 MVC 框架中捕获控制器或动作执行过程中抛出的异常，并可以在异常发生后执行自定义的逻辑。MyExceptionFilter 类有一个方法 OnException，当 MVC 框架中的控制器或动作执行过程中抛出异常时，这个方法会被调用。在该方法中，我们可以执行诸如记录日志、发送通知或修改响应等操作。在本例中，它只是简单地打印了一条消息到控制台。

―――――――― 素养园地 ――――――――

深入探究，实践是检验真理的唯一途径

在党的二十大报告中，着重强调了自主创新的重要性，提出要在各个领域深入探索并不断推进理论和实践的创新。回顾抗战故事，我们可以看到，在抗日战争期间，中国共产党通过自主研发和深入探索，为中国人民赢得了民族独立和解放，为新中国的发展和繁荣奠定了坚实的基础。

在抗日战争中，中国共产党不仅进行了艰苦卓绝的战斗，还积极探索适合中国国情的政治制

度、经济模式和文化理念，以推动中国的发展和进步。中国共产党领导人毛泽东同志提出了"农村包围城市、武装夺取政权"的革命道路，开辟了抗日根据地，为中国人民指明了前进的方向。

在自主研发方面，在抗日战争中，中国共产党注重培养科技人才，加强科技研发，推动了许多重要科技的发展。例如，中国共产党领导下的抗日根据地研制出了"三三制"步枪、手榴弹等武器，为中国人民提供了坚实的武器保障。

中国航空科技工业股份有限公司(简称"中航科工")于 2003 年 4 月 30 日在北京注册成立，母公司中国航空工业集团有限公司作为中国航空制造业的主力军，稳居世界 500 强前列。中航科工在无人机领域取得了重要突破，研发了多款高性能无人机产品。这些无人机在侦察、打击、运输等方面都发挥了重要作用。例如，2024 年 9 月，成都市新都区成功启用"无人机+无人车+即时配送"新模式，实现快递高效、快速送达。该模式利用无人机不受地形限制、配送时间短的优势，结合无人车的地面转运能力，大大提升了物流效率。这一创新不仅缩短了配送时间，降低了人力成本，更为偏远地区居民带来了便捷。无人机运输正逐渐成为物流行业的新趋势，引领物流领域的新变革。

单元小结

- 中间件是 ASP.NET Core 中的核心组件，每个中间件既可以单独使用，也可以多个组合起来形成一个管道。在这个管道中，中间件会以某种指定的顺序被调用，以处理请求并生成响应。
- 静态资源中间件可以帮助应用程序直接返回静态文件，而无须经过控制器或视图的处理。在 Web 项目中，默认文件夹为…/wwwroot。
- 路由在 ASP.NET Core MVC 中是请求的入口点，它负责将请求映射到相应的处理代码，并提供了灵活的 URL 生成和参数绑定功能。
- Session 中间件用于管理和提供会话数据存储功能。
- 合理使用中间件可以帮助我们更好地开发 Web 项目。

单元自测

■ 选择题

1. 下列选项中，不属于注册中间件的方式的是(　　)。
   A. 通过 Run()方法注册中间件　　　B. 通过 Use()方法注册中间件
   C. 通过 Map()方法注册中间件　　　D. 通过 Main()方法注册中间件
2. 下列选项中，描述的是 MVC 中的路由用途的是(　　)。
   A. 匹配传入的 HTTP 请求，并把这些请求映射到控制器的操作。需要注意的是，这个请求不匹配服务器文件系统中的文件

B. 构造传出的 URL，用于响应路由操作

C. 路由的匹配顺序是按照路由定义的顺序从上至下进行匹配的，遵循的原则是先配置，先生效

D. 路由是基于 URL 的一个中间件框架

3. 以下关于操作过滤器的描述不正确的是(　　)。

A. 在调用操作方法之前和之后立即运行

B. 可以更改传递到操作中的参数

C. 可以更改从操作返回的结果

D. 可在 Razor Pages 中使用

4. 在 ASP.NET Core 中，(　　)特性用于指定控制器或操作方法的路由模板。

A. [RoutePrefix]

B. [Route]

C. [HttpGet]

D. [HttpPost]

5. 在 ASP.NET Core MVC 应用程序中的中间件管道中，下列中描述了正确的中间件执行顺序的是(　　)。

A. UseAuthentication→UseCors→UseRouting→UseAuthorization

B. UseRouting→UseAuthentication→UseAuthorization→UseCors

C. UseCors→UseAuthorization→UseRouting→UseAuthentication

D. UseRouting→UseCors→UseAuthentication→UseAuthorization

■ 问答题

1. 请简述路由中间件的工作原理。

2. 在 ASP.NET Core MVC 中，Session 中间件的作用是什么？

3. 在 ASP.NET Core MVC 中，如何使用 Session？

上机实战

■ 上机目标

● 掌握特性路由的配置。

● 掌握 Session 的配置与使用。

■ 上机练习

◆ 第一阶段 ◆

练习 1：配置 CourseManagement 项目控制器 CourseController.cs 的特性路由，其中，Index 页面的路由应为"/Courses/CoursesIndex"，Create 页面的路由应为"/Courses/CoursesCreate"，

两个界面的访问链接分别如图 5-13 和图 5-14 所示。

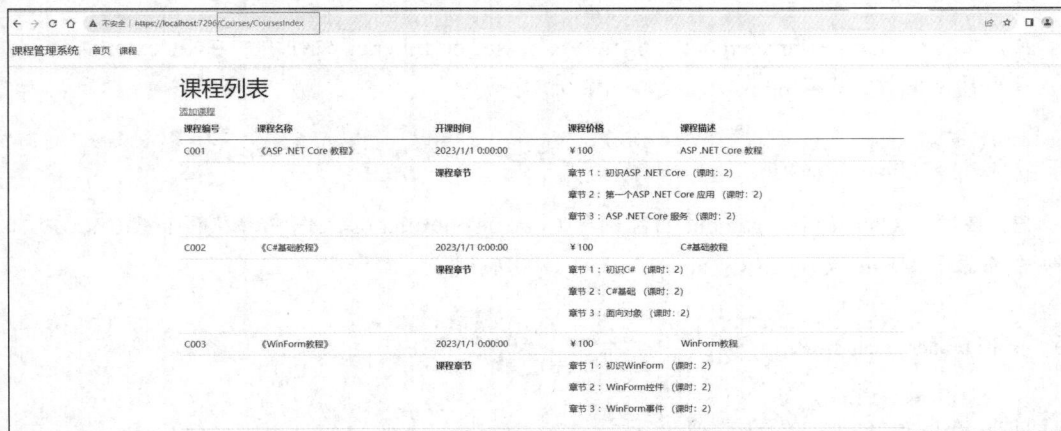

图 5-13　课程列表界面

图 5-14　添加课程界面

【问题描述】

配置 CourseManagement 项目控制器 CourseController.cs 的特性路由，其中，Index 页面的路由应为 "/Courses/CoursesIndex"，Create 页面的路由应为 "/Courses/CoursesCreate"。

【问题分析】

根据问题描述，我们需要在项目 CourseManagement 的控制器 CourseController.cs 文件中配置特性路由。

【参考步骤】

(1) 在项目 CourseManagement 的控制器 CourseController.cs 文件中，在 CourseController 类的声明前面添加[Route("Courses")]，代码如下所示。

```
[Route("Courses")]
public class CourseController : Controller
```

(2) 在项目 CourseManagement 的控制器 CourseController.cs 文件中，在 Index 方法的声明前面添加[Route("CoursesIndex")]，代码如下所示。

```
[Route("CoursesIndex")]
public IActionResult Index()
```

(3) 在项目 CourseManagement 的控制器 CourseController.cs 文件中，在两个 Create 方法的声明前面添加[Route("CoursesCreate")]，代码如下所示。

```
[Route("CoursesCreate")]
public IActionResult Create()
```

```
[Route("CoursesCreate")]
public IActionResult Create(Course course)
```

◆ 第二阶段◆

练习 2：在课程列表界面实现添加章节链接，效果如图 5-15 所示，可跳转至添加章节页面，界面如图 5-16 所示，使用 Session 保存所添加的章节信息，添加成功后课程列表界面如图 5-17 所示。

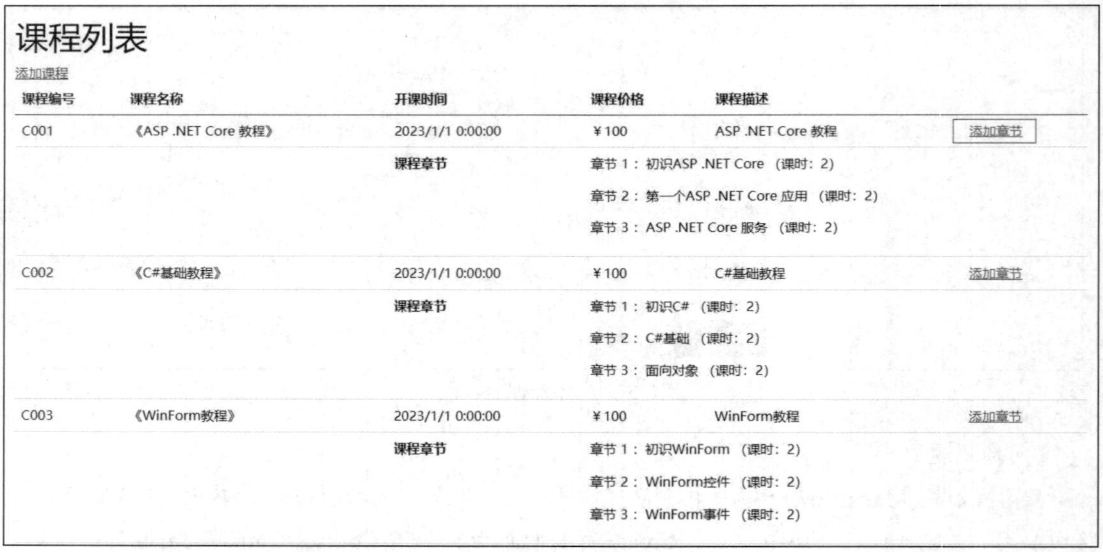

图 5-15　添加章节链接的课程列表界面

【问题描述】

在课程列表界面实现添加章节链接，效果如图 5-15 所示，可跳转至添加章节页面，界面如图 5-16 所示，使用 Session 保存所添加的章节信息，添加成功后课程列表界面如图 5-17 所示。

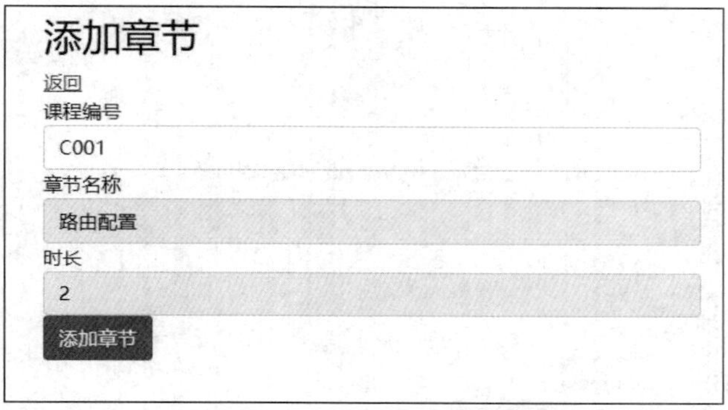

图 5-16　添加章节界面

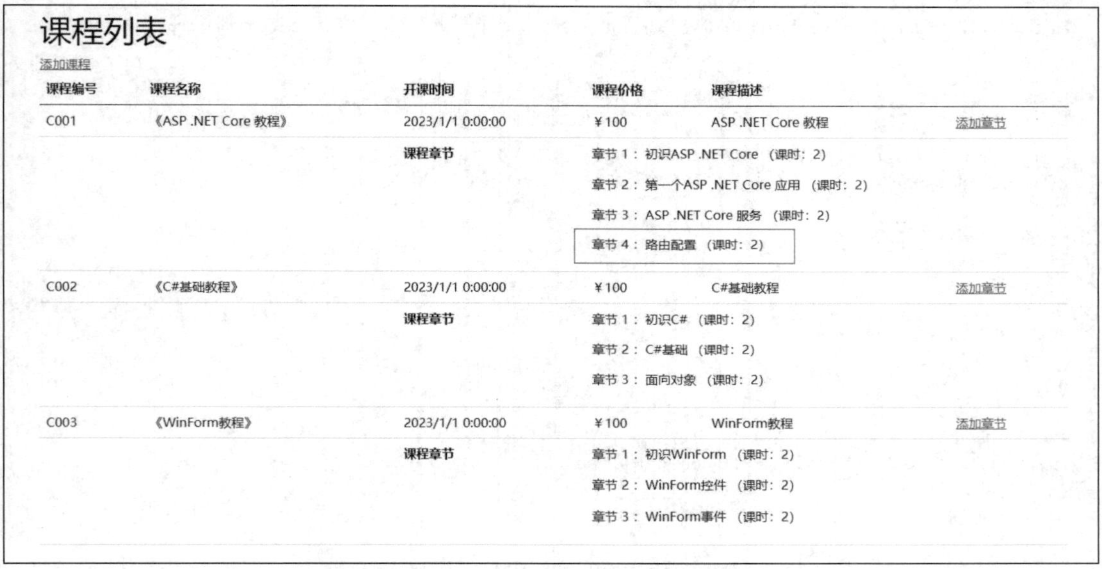

图 5-17　添加章节成功后的课程列表界面

【问题分析】

(1) 在\Program.cs 中配置 Session 服务和中间件。

(2) 添加课程章节控制器 CourseSectionController 和章节方法，并将添加的章节信息保存在 Session 中。

(3) 添加 CourseSectionController 对应的 Create.cshtml 视图。

(4) 在课程列表页面添加跳转至添加章节页面的链接。

(5) 修改控制器 CourseController 的 Index 方法，从 Session 获取添加的章节信息，在课程列表的章节详情中显示出来。

【参考步骤】

(1) 在\Program.cs 中配置 Session 服务和中间件，代码如下所示。

```
var builder = WebApplication.CreateBuilder(args);

// Add services to the container.
builder.Services.AddControllersWithViews();
```

```
//设置并注册 Session 服务
builder.Services.AddDistributedMemoryCache(); //通常在使用分布式时开启

builder.Services.AddSession(options =>
{
    options.IdleTimeout = TimeSpan.FromSeconds(10);//设置默认超时时间
    options.Cookie.HttpOnly = true;
    options.Cookie.IsEssential = true;
});

var app = builder.Build();

// Configure the HTTP request pipeline.
if (!app.Environment.IsDevelopment())
{
    app.UseExceptionHandler("/Home/Error");
    // The default HSTS value is 30 days. You may want to change this for production scenarios, see https://aka.ms/aspnetcore-hsts.
    app.UseHsts();
}

app.UseHttpsRedirection();
app.UseStaticFiles();

app.UseRouting();

app.UseAuthorization();

//注册 Session 中间件
app.UseSession();

app.MapControllerRoute(
    name: "default",
    pattern: "{controller=Home}/{action=Index}/{id?}");

app.Run();
```

(2) 添加课程章节控制器 CourseSectionController，代码如下所示。

```
namespace CourseManagement.Controllers
{
    [Route("CourseSection")]
    public class CourseSectionController : Controller
    {
        [Route("Create/{courseNo}")]
        public IActionResult Create(string courseNo)
        {
            ViewBag.CourseNo = courseNo;
            return View();
        }
        [HttpPost]
        [Route("CreateSection")]
        public IActionResult Create(CourseSection courseSection)
        {
            var sectionJson = JsonSerializer.Serialize(courseSection);
            HttpContext.Session.SetString("courseSection", sectionJson);
            return RedirectToAction("Index", "Course");
        }
    }
}
```

(3) 添加 CourseSectionController 对应的 Create.cshtml 视图，代码如下所示。

```
@model CourseManagement.Models.CourseSection
<h2>添加章节</h2>
@Html.ActionLink("返回", "Index", "Course")

<form asp-controller="CourseSection" asp-action="CreateSection" method="post" class="form-horizontal"
                role="form">
    <div class="form-group">
        <label asp-for="CourseNo" class="col-md-2 control-label">
            课程编号
        </label>
        <div class="col-md-5">
            <input asp-for="CourseNo" class="form-control" value="@ViewBag.CourseNo" />
            <span asp-validation-for="CourseNo" class="text-danger"></span>
        </div>
    </div>
    <div class="form-group">
        <label asp-for="SectionName" class="col-md-2 control-label">
            章节名称
        </label>
        <div class="col-md-5">
            <input asp-for="SectionName" class="form-control" />
            <span asp-validation-for="SectionName" class="text-danger"></span>
        </div>
    </div>
    <div class="form-group">
        <label asp-for="Duration" class="col-md-2 control-label">
            时长
        </label>
        <div class="col-md-5">
            <input asp-for="Duration" class="form-control" />
            <span asp-validation-for="Duration" class="text-danger"></span>
        </div>
    </div>
    <div class="form-group">
        <div class="col-md-offset-2 col-md-5">
            <input type="submit" class="btn btn-primary" value="添加章节" />
        </div>
    </div>
</form>
```

(4) 在课程列表页面添加跳转至添加章节页面的链接，代码如下所示。

```
@model List<Course>

@{
    Layout = "~/Views/Shared/_Layout.cshtml";
}

<h1>课程列表</h1>
@Html.ActionLink("添加课程", "Create", "Course")
<table class="table">
    <thead>
        <tr>
            <th>课程编号</th>
            <th>课程名称</th>
            <th>开课时间</th>
            <th>课程价格</th>
            <th>课程描述</th>
            <th></th>
```

```
                    </tr>
                </thead>
                <tbody>
                    @foreach (var courses in Model)
                    {
                        <tr>
                            <td>@courses.CourseNo</td>
                            <td>《@courses.CourseName》</td>
                            <td>@courses.StartDate</td>
                            <td>￥@courses.Price</td>
                            <td>@courses.Description</td>
                            <td>
                                <a href="/CourseSection/Create/@courses.CourseNo">添加章节</a>
                            </td>
                        </tr>
                        @* 在这里引用分部视图_CourseSectionPartial.cshtml *@
                        <tr>
                            @{
                                Html.RenderPartial("_CourseSectionPartial", @courses.Sections);
                            }
                        </tr>
                    }
                    @if ((Convert.ToString(TempData["CreateFlag"]) == "Success"))
                    {
                        <tr>
                            <td>@TempData["CourseNo"]</td>
                            <td>《@TempData["CourseName"]》</td>
                            <td>@TempData["StartDate"]</td>
                            <td>￥@TempData["Price"]</td>
                            <td>@TempData["Description"]</td>
                        </tr>
                        <tr>
                            <td>
                                <img src="~/uploads/@TempData["File"]">
                            </td>
                        </tr>
                    }
                </tbody>
            </table>
```

(5) 修改控制器 CourseController 的 Index 方法，从 Session 获取添加的章节信息，代码如下所示。

```
public IActionResult Index()
{
    var sectionsCore = new List<CourseSection>()
    {
        new CourseSection(){CourseNo = "C00111111", SectionName="初识 ASP .NET Core", Duration=2},
        new CourseSection(){CourseNo = "C001", SectionName="第一个 ASP .NET Core 应用",Duration=2},
        new CourseSection(){CourseNo = "C001", SectionName="ASP .NET Core 服务",Duration=2},
    };
    var sectionsC = new List<CourseSection>()
    {
        new CourseSection(){CourseNo = "C002", SectionName="初识 C#",Duration=2},
        new CourseSection(){CourseNo = "C002", SectionName="C#基础",Duration=2},
        new CourseSection(){CourseNo = "C002", SectionName="面向对象",Duration=2},
    };
    var sectionsForm = new List<CourseSection>()
    {
        new CourseSection(){CourseNo = "C003", SectionName="初识 WinForm",Duration=2},
        new CourseSection(){CourseNo = "C003", SectionName="WinForm 控件",Duration=2},
```

```
            new CourseSection(){CourseNo = "C003", SectionName="WinForm 事件",Duration=2},
    };
    var sectionJson = HttpContext.Session.GetString("courseSection");
    if (sectionJson != null)
    {
        var courseSection = JsonSerializer.Deserialize<CourseSection>(sectionJson);
        if (courseSection != null && courseSection.CourseNo == "C001")
            sectionsCore.Add(courseSection);
        if (courseSection != null && courseSection.CourseNo == "C002")
            sectionsC.Add(courseSection);
        if (courseSection != null && courseSection.CourseNo == "C003")
            sectionsForm.Add(courseSection);
    }
    var courses = new List<Course>()
    {
        new Course{ CourseNo = "C001", CourseName = "ASP .NET Core 教程", Description = "ASP .NET Core
                教程",StartDate=Convert.ToDateTime("2023-01-01"),Price=100,Sections=sectionsCore },
        new Course{ CourseNo = "C002", CourseName = "C#基础教程",StartDate=Convert. ToDateTime("2023-01-01"),
                Price=100, Description = "C#基础教程",Sections=sectionsC },
        new Course{ CourseNo = "C003", CourseName = "WinForm 教程",StartDate=Convert. ToDateTime
                ("2023-01-01"),Price=100, Description = "WinForm 教程",Sections=sectionsForm },
    };
    return View(courses);
}
```

Entity Framework Core

课程目标

项目目标

❖ 安装和配置 Entity Framework Core 环境
❖ 优化任务管理系统数据存储
❖ 使用 Entity Framework Core 存储实体模型

技能目标

❖ 理解 Entity Framework Core 基本概念
❖ 熟悉 Entity Framework Core 框架的特点和内容
❖ 掌握使用 Entity Framework Core 的方式
❖ 掌握使用 LINQ 语句进行查询
❖ 掌握 Lamda 表达式的基本使用

素养目标

❖ 提高工作效率和适应能力
❖ 锻炼适应新的开发流程、与团队成员协作完成任务等方面的能力
❖ 培养高适应性和灵活性的应变能力

简介

通过对中间件的学习和了解，我们掌握了如何使用中间件处理 HTTP 的请求和响应。而 Web 应用程序最核心的功能就是展示数据，这意味着我们将要频繁地访问和操作数据库。传统访问数据都是使用 ADO.NET，其是基于底层的关系数据库提供程序(如 SQL Server、MySQL、Oracle)直接与数据库进行交互。在 ADO.NET 中，开发人员需要手动编写代码将数据库结果集转换为对象，并且需要编写原始的 SQL 语句。对于一些进度有要求的 Web 项目，保质保量地提高工作效率是当下企业一直追求的目标。本单元我们将学习使用数据访问和数据库操作工具 Entity Framework Core。相较于之前的 Entity Framework，Entity Framework Core 增添了跨平台的属性。Entity Framework Core(EF Core)是一个轻量级、可扩展和跨平台的对象关系映射(ORM)框架，用于在.NET 应用程序中进行数据访问和数据库操作。它是 Entity Framework 的新一代版本，专为新的.NET 平台(包括.NET Core 和.NET 5+)而设计。Entity Framework Core 提供了更高级的抽象和易用性，从而减少了开发人员的工作量，并加快了数据库开发的速度。

任务 6.1　Entity Framework Core 的使用

6.1.1　任务描述

王雷是某大学计算机专业的一名大二学生，为了勤工俭学，他与几位同学一起组建了一个团队，并从校外承接了一个 Web 项目。由于甲方希望项目能在年前上线，并要求其具有跨平台运行的能力，以便于后续的版本更新和数据迁移，且需要三个月内完成该 Web 项目。考虑到项目的紧迫性及团队成员技术水平的差异，经过团队的反复讨论，他们决定采用 Entity Framework Core 作为数据库访问技术。

Entity Framework Core 是一个开源的对象关系映射器，它允许开发人员使用 C#对象来与数据库进行交互，而无须直接编写 SQL 代码。Entity Framework Core 简化了数据库访问层的开发，通过提供抽象化的数据访问接口，使得开发人员可以专注于业务逻辑的实现。

本任务的目标是学习和掌握 Entity Framework Core 的基本概念和用法，包括数据库上下文、实体类、迁移及查询等。通过实践，我们将学会如何使用 Entity Framework Core 来创建数据库上下文，定义实体类与数据库表之间的映射关系，并通过迁移来更新数据库结构，以及使用 Entity Framework Core 的查询来执行数据库操作。

6.1.2　知识学习

1. 什么是 Entity Framework Core

在 Web 项目开发过程中，大多数重要的 Web 应用程序都需要可靠地执行数据操作，如创建、读取、更新和删除(CRUD)等。同时，这些应用程序还必须在应用重启后能够保留这些操作所带来的任何更改。尽管有各种选项可用于在.NET应用程序中永久保留数据，但Entity Framework Core是一个用户友好型解决方案，适合许多.NET应用程序。Entity Framework Core是一个面向.NET平台的对象关系映射(ORM)框架，用于简化应用程序与数据库之间的数据访问，它具有轻量级、可扩展和跨平台等特点。Entity Framework Core提供了一种简单、灵活且高效的方式来管理数据模型和数据库之间的映射关系。它支持多种数据库引擎，包括SQL Server、MySQL、PostgreSQL、SQLite等。使用Entity Framework Core可以简化数据访问层的开发，无须再像通常那样编写大部分数据访问代码，使.NET开发人员能够使用.NET对象处理数据库。

2. Lambda 表达式

Lambda表达式是一种简洁的匿名函数表示法，它允许我们在代码中定义和传递匿名函数。Lambda表达式能够更方便地编写简单的函数或代码块，并且可以用于各种需要函数作为参数的场景，如LINQ查询、事件处理等。Lambda表达式通常由参数列表、箭头符号和主体三部分组成。Lambda表达式可以接受零个或多个输入参数，并使用括号包围起来(当有多个参数时)。例如，(x, y) =>x+y;。

箭头符号将参数列表与Lambda表达式的主体部分(函数体)分隔开。Lambda表达式的主体部分可以是一个表达式或一个代码块。如果主体部分是一个表达式，则可以省略花括号，并且表达式的结果会作为Lambda表达式的返回值；如果主体部分是一个代码块，则需要使用花括号括起来，并使用return关键字返回值。以下是一个用于求取两个数的和的简单的Lambda表达式示例：

```
Func<int, int, int> sum = (x, y) => x + y;
int result = sum(3, 4); // 调用 Lambda 表达式并计算结果
```

在上述示例中，sum是一个接受两个整数参数并返回它们之和的委托类型。Lambda表达式(x, y) => x + y定义了一个匿名函数，其中，x和y是参数列表；x + y是主体部分，表示将两个参数相加并返回结果。

3. 什么是 LINQ

Entity Framework Core 内置支持 LINQ(Language Integrated Query)，可以用简洁的代码编写和执行查询。开发人员可以直接在C#中使用强类型的LINQ查询语法，避免了手写复杂的SQL语句，提高了开发效率。LINQ是一种结合了编程语言和查询功能的技术，用于在代码中进行数据查询和操作。它是.NET框架中的一项特性，常与Entity Framework Core一起使用。LINQ提供了统一的语法和查询操作符，允许开发人员在不同数据源(如集合、数据库、XML等)上执行类似的查询操作。它可以用于各种数据访问场景，包括对象集合、关系型数据库和XML文档操作等，支持延迟加载、强类型查询，并且在编译时提供了类型安全检查，减少了潜在的错误。LINQ是.NET中用于简化数据查询的技术，能够通过简短的代码实现复杂的查询逻辑。因此，在学习Entity Framework Core时，LINQ是一门必须掌握的技术。

4. LINQ 常用方法

LINQ 提供了许多集合类的扩展方法，如 Where、Select、OrderBy 等，这些方法可以通过

Lambda 表达式进行数据查询和转换操作，以帮助我们更好地进行数据查询与操作。

这里讲述的常用的集合扩展类方法需要用到一个数据集，我们可以新建一个 Product 商品类作为数据支撑，代码如下所示。

```
class Product
{
    public string Name { get; set; }
    public double Price { get; set; }
}
```

在上述代码中，我们创建了一个商品类，其中 Name 表示商品名称，Price 表示商品价格。接下来，我们创建一个商品类的集合，代码如下所示。

```
class Program
{
    static void Main()
    {
        // 创建商品集合
        List<Product> products = new List<Product>
        {
            new Product { Name = "手机", Price = 1999.99 },
            new Product { Name = "电视", Price = 4999.99 },
            new Product { Name = "笔记本", Price = 5999.99 },
            new Product { Name = "耳机", Price = 299.99 },
            new Product { Name = "平板", Price = 2999.99 }
        };
    }
}
```

此时需要完成筛选查询功能，我们可以用到 LINQ 提供的集合类扩展方法 Where，使用示例如下。

```
// 使用 Where 方法进行集合查询
var expensiveProducts = products.Where(p => p.Price > 3000);
// 输出结果
foreach (var product in expensiveProducts)
{
    Console.WriteLine($"名称：{product.Name}，价格：{product.Price}");
}
```

在上述代码中，首先，定义了一个 Product 类，包含了商品的名称和价格属性。其次，在 Main 方法中创建了一个商品集合 products，并通过调用 Where 方法传入一个条件表达式筛选出价格超过 3000 元的商品。最后，使用循环输出筛选结果的商品信息。通过使用 LINQ 中的 Where 方法，我们可以方便地对集合进行条件筛选，以获取满足特定条件的元素。

除了 Where 方法，LINQ 还提供了 Count 方法用于获取数据条数，Count 方法具有两种重载：一种是不写参数可直接获取数据的条数；另一种是有参数的可以获取集合中符合条件的数据条数。假如我们需要获取商品价格大于 1000 元的数据条数，则可以按如下两种方式获取。

```
int count1= products.Count(e=>e. Price>5000);
int count2= products.Where(e=>e. Price>5000).Count();
```

第一行代码表示直接用条件计算数据条数。第二行代码表示先用 Where 进行数据筛选，再用 Count 方法进行数据统计。

当要获取集合中的一条数据时，LINQ 可提供多种方法用于获取一条数据(单个元素)的操作，如 Single、SingleOrDefault、First 和 FirstOrDefault 等。这些方法的返回值都是符合条件的一条数据，它们具有一定的区别，可根据需要进行选择使用。例如，First()表示返回序列中的第一个元素，如果序列为空，则会引发异常。FirstOrDefault()表示返回序列中的第一个元素，如果序列为空，则返回默认值(null 或类型的默认值)。Single()表示返回序列中满足条件的唯一一个元素，如果序列中有多个满足条件的元素或序列为空，则会引发异常。SingleOrDefault()表示返回序列中满足条件的唯一一个元素，如果序列中有多个满足条件的元素，则会引发异常；如果序列为空，则返回默认值。这些方法之间的区别主要体现在对于空序列和多个元素的处理上。First()和 FirstOrDefault()方法总是返回序列中的第一个元素，它们的区别在于当序列为空时，First()会引发异常，而 FirstOrDefault()返回默认值。Single()和 SingleOrDefault()方法用于在序列中查找满足条件的唯一一个元素，它们的区别在于，当序列为空时，Single()会引发异常，而SingleOrDefault()返回默认值。另外，如果序列中存在多个满足条件的元素，Single()也会引发异常，而 SingleOrDefault()仍然返回默认值。注意，在使用这些方法时，要确保在操作之前对序列进行适当的筛选或排序，以避免意外结果。下面是这些方法的使用示例。

```
int[] numbers = { 1, 2, 3, 4, 5 };
int firstElement = numbers.First();
int firstOrDefaultElement = numbers.FirstOrDefault();
int singleElement = numbers.Single(n => n == 3);
int singleOrDefaultElement = numbers.SingleOrDefault(n => n == 10);
```

在上述示例中，数组 numbers 包含了一些整数。我们可以通过调用不同的方法来获取单个元素，根据具体情况选择合适的方法。除了这些方法，LINQ 还提供了大量集合扩展类方法。LINQ 常用方法如表 6-1 所示。

表 6-1　LINQ 常用方法

方法名	描述	示例
Where	根据指定的条件筛选集合中的元素，并返回满足条件的元素序列	numbers.Where(n => n % 2 == 0) 返回所有偶数
Select	将集合中的每个元素映射为新的类型，并返回映射后的元素序列	names.Select(name => name.Length)返回所有名字的长度
OrderBy	根据指定的排序键将集合中的元素按升序排序并返回排序后的元素序列	numbers.OrderBy(n => n)按数字大小升序排序
OrderByDescending	根据指定的排序键将集合中的元素按降序排序并返回排序后的元素序列	numbers.OrderByDescending(n => n)按数字大小降序排序
Skip	跳过集合中指定数量的元素，并返回剩余的元素序列	numbers.Skip(3)跳过前三个元素
Take	从集合中获取指定数量的元素，并返回该指定数量的元素序列	numbers.Take(5)获取前五个元素
Any	判断集合中是否存在满足指定条件的元素。如果集合非空且至少有一个满足条件的元素，则返回 true；否则，返回 false	numbers.Any(n => n > 10)判断集合中是否存在大于 10 的元素
All	判断集合中所有元素是否都满足指定条件。如果集合为空或所有元素都满足条件，则返回 true；否则，返回 false	numbers.All(n => n > 0)判断集合中是否所有元素都大于 0

表 6-1 中仅列举了一部分常用的 LINQ 集合类扩展方法，还有其他更多方法可以根据自己的需要灵活运用。

在以上内容中，我们学习了使用 Where、Single、Count 等扩展方法进行数据查询，这种数据查询的写法被称为"方法语法"。除此之外，LINQ 还可以使用如下方式来编写代码。

```
var item1=list.Where(e=>e.Name=="耳机").Count();
```

或者使用如下"查询语法"来进行改写。

```
var item2=from e in list
where e.Name=="耳机".ToList().Count();
```

从本质上看，上述代码中的两种写法——方法语法和查询语法在运行时是没有区别的，因为 C#编译器会将查询语法编译成方法语法。因此，开发人员可以根据自己的习惯进行选择使用。从上述代码中可以看出，使用 LINQ 集合扩展类方法可以简化代码，提高代码的可读性，增强代码的灵活性。LINQ 集合扩展类方法采用了类似于 SQL 的查询语法，使代码更易读、易理解。通过使用方法链式调用的方式，可以按照自然语言的思维方式描述数据的处理逻辑，使代码更加清晰明了。

6.1.3　任务实施

1. Entity Framework Core 安装与配置

Entity Framework Core 框架主要用于连接、创建、初始化数据库，并通过程序包管理器进行管理。使用 Entity Framework Core 之前，我们需要先安装相关 Nuget 包。Entity Framework Core 框架包含以下几个主要的包，每个包都具有不同的作用。

(1) Microsoft.EntityFrameworkCore：其是 Entity Framework Core 的核心包。它包含了 Entity Framework Core ORM(对象关系映射)框架的基本组件，如 DbContext、DbSet、LINQ 查询等，用于在应用程序中进行数据访问。

(2) Microsoft.EntityFrameworkCore.SqlServer(或其他数据库提供程序)：这些是特定数据库提供程序的 Entity Framework Core 扩展包。例如，Microsoft.EntityFrameworkCore.SqlServer 包提供了针对 Microsoft SQL Server 数据库的支持。Entity Framework Core 支持多种常见的数据库系统，并通过不同的扩展包来提供相应的数据库提供程序支持。

(3) Microsoft.EntityFrameworkCore.Tools：该包包含了一组实用工具，用于在开发和部署过程中辅助 Entity Framework Core 应用程序的开发。其中包括命令行工具(CLI)和设计时服务，以及支持数据迁移、数据库脚本生成、数据库初始化等功能。

(4) Microsoft.EntityFrameworkCore.InMemory：该包提供了一个内存中的数据库提供程序，用于在单元测试或临时数据存储方面进行快速开发和测试。使用 InMemory 数据库可以避免与真实数据库的交互，提高测试效率和独立性。

(5) Microsoft.EntityFrameworkCore.Relational：该包包含了一些通用的关系型数据库相关的功能和 API，用于处理各种关系型数据库系统的特性。它提供了一些高级功能，如原始 SQL 查询和执行、事务管理等。

除了上述主要的包，Entity Framework Core 还提供了其他扩展包，如支持SQLite数据库的Microsoft.EntityFramework Core.Sqlite 等，开发人员可以根据需要选择相应的数据库提供程序包。

右击所创建的项目并选择【管理 NuGet 程序包(N)…】选项，如图 6-1 所示。

在弹出的如图 6-2 所示的界面中，单击【浏览】按钮，选择 Microsoft.EntityFrameworkCore.SqlServer 和 Microsoft.EntityFrameworkCore.Tools 安装包，单击【安装】按钮，界面如图 6-3 所示。由于 Entity Framework Core 需要对应的数据库提供程序才能与数据库进行交互，因此我们在此导入 Microsoft.EntityFrameworkCore.SqlServer 包。Entity Framework Core 对 Microsoft SQL Server 提供了全面的支持，该包可确保我们能够充分利用这一特性。无论使用哪种数据库，Entity Framework Core 的用法都是相似的。本单元任务也将主要使用 Microsoft SQL Server 进行讲解。如果想要使用其他类型的数据库，则需要对应安装不同的 Entity Framework Core 提供程序，例如：

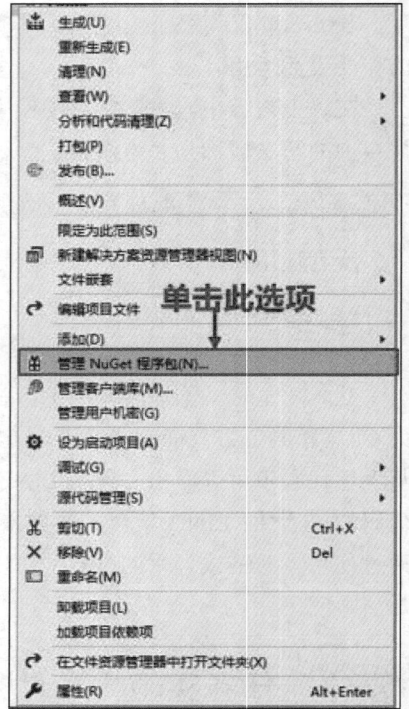

图 6-1　管理 NuGet 程序包

- Microsoft.EntityFrameworkCore.SqlServer
- Microsoft.EntityFrameworkCore.Sqlite
- Microsoft.EntityFrameworkCore.MySql
- Microsoft.EntityFrameworkCore.PostgreSQL
- Microsoft.EntityFrameworkCore.InMemory(内存数据库)

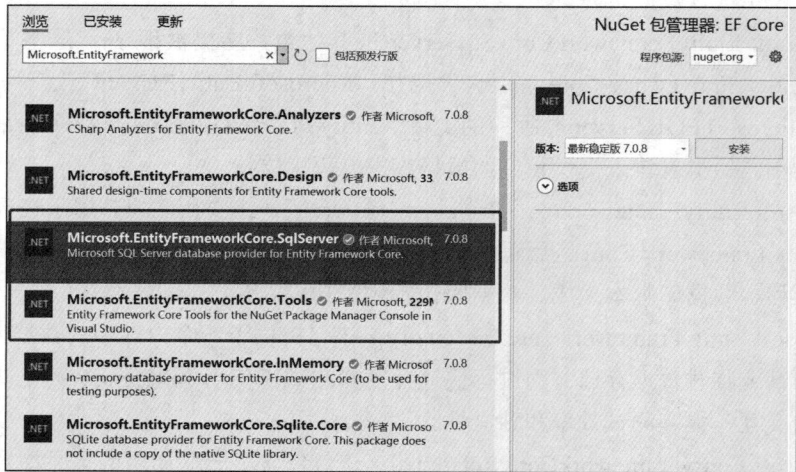

图 6-2　包资源管理器界面

单击【OK】按钮，进入如图 6-4 所示的安装许可界面。

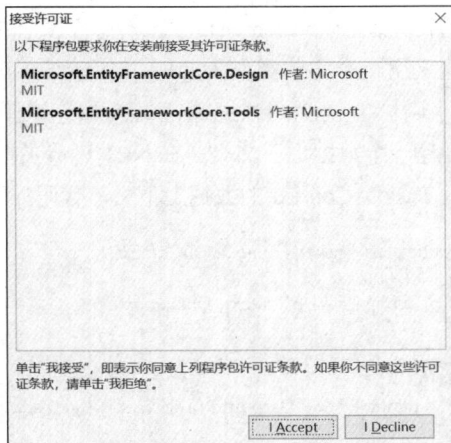

图 6-3　安装包　　　　　　　　　　　　图 6-4　安装许可

单击【I Accept】按钮，即可安装。安装完成后，可切换到【已安装】界面查看安装状态，如需继续安装，则重复上述步骤。安装完后的状态如图 6-5 所示。

图 6-5　安装完成

此时，我们可以在项目目录的【依赖项】中查看到刚刚安装的 Nuget 包，如图 6-6 所示。

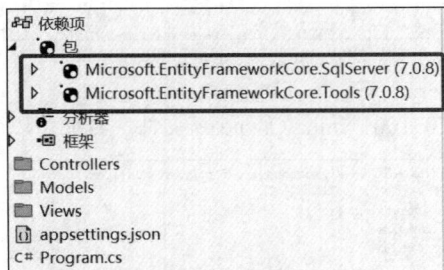

图 6-6　项目中的 Nuget 包

使用 Entity Framework Core 时，数据访问是通过使用模型来执行的。模型由实体类和表示数据库会话的上下文对象构成。上下文对象允许查询并保存数据。此时我们将在项目中创建一个 UsersInfo 实体类。代码如下所示。

```
public class UsersInfo
{
    public int Id { get; set; }
    public string? Name { get; set; }
    public string? Description { get; set; }
}
```

通常，在一个 Web 项目中会有多个实体类。为了学习 Entity Framework Core 的使用，我们这里先采用一个实体类作为示例。在 Entity Framework Core 中，上下文类负责查询数据并将其保存到实体类，且用于创建和管理数据库连接。因此，在使用 Entity Framework Core 之前，我们需先创建一个数据上下文类。在.NET Core 中，我们可以通过 DbContext 类来实现。例如，创建一个名为 TaskDbContext 的数据上下文，代码如下。

```
public class TaskDbContext: DbContext
{
    public TaskDbContext (DbContextOptions<TaskDbContext>  options) : base(options)
    {
    }

    public DbSet<UsersInfo> UsersInfos { get; set; }
}
```

需要注意的是，上述代码中，TaskDbContext 需要继承 DbContext 类。在构造函数中，需要传递一个 DbContextOptions 参数给父类构造函数。DbSet 属性用于表示数据库中的一个数据集合，例如，上述代码中使用了 DbSet 属性来表示数据库中的 Users 数据集合。

完成上下文类之后，若需要先执行一个数据迁移操作，在.NET Core 中，可以通过命令行工具来执行。例如，若要在 BlogDbContext 中添加 Blogs 数据集合的迁移，可以打开【视图】→【其他窗口(E)】→【程序包管理器控制台(o)】界面，在控制台中输入以下命令并执行。

```
add-migration InitMigration
```

该命令如果执行成功会在项目根目录中自动生成一个 Migrations 文件夹，并在其中创建一个名为 InitialCreate 的迁移文件。该文件包含了数据模式的定义、创建和删除操作，如图 6-7 所示。

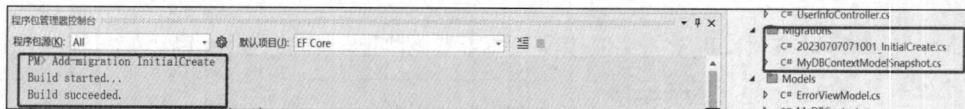

图 6-7　执行命令

打开图 6-7 中的 20230707071001_InitialCreate.cs 文件，我们可以看到文件内容如图 6-8 所示。

图 6-8　20230707071001_InitialCreate.cs 文件部分内容

在该文件中可以看到用来创建数据库表的表名和列名等代码。在执行完数据迁移操作后，我们需要将数据模式应用到数据库中，此时需要在【程序包管理器控制台】界面中输入并执行以下命令。

```
Update-database
```

Update-database 命令的作用是对当前连接的数据库执行所有尚未应用的迁移代码,一旦执行成功,该命令将会在数据库中创建所需的表和字段。

2. 使用 Entity Framework Core 执行 CRUD 操作

配置好 Entity Framework Core 后,我们可以使用其来进行常用的 CRUD 操作。在 Controllers 文件夹下新建控制器 UsersController.cs,在 UsersController 控制器中实例化 TaskDbContext 类,并通过构造方法注入 TaskDbContext,代码如下所示。

```
private readonly TaskDbContext _context;
public UsersController(TaskDbContext context)
{
    _context = context;
}
```

接着,编写一个数据查询的方法,代码如下所示。

```
public async Task<ActionResult> GetUsers()
{   //实现调用
    var list = await _context.UsersInfos.ToListAsync();
    return Ok(list);
}
```

在以上代码中,通过 _context.UsersInfos.ToListAsync()语句,我们获取了 Users 数据集合中所有的数据。执行该方法后,返回的对象类型为 List,其中包含了所有用户实体的数据。Entity Framework Core 中的方法既有同步版本,也有异步版本,本书中,我们优先使用异步版本的方法。了解完查询之后,接下来是一个简单的数据插入示例。

```
public async Task AddUsersAsync()
{
    var u1 = new UsersInfo() { Id = 1, Name = "张能心", Description = "EF core So easy" };
    _context.UsersInfos.Add(u1);
    await _context.SaveChangesAsync();
}
```

上面的代码执行成功后,我们就可以在数据库中看到刚才插入的数据。

使用 Entity Framework Core 还可以对已有的数据进行修改和删除操作。通常,如果我们要实现一个修改数据的功能,则需先将要修改的数据查询出来,然后再进行修改,最后执行 db.SaveChangesAsync 方法保存即可。例如,我们要修改编号 1001 的姓名为"张能能",则需先查询出 1001 这条记录,然后再修改姓名并保存,代码如下所示。

```
public async Task UpdateUsersAsync()
{
    var list = await _context.UsersInfos.ToListAsync();
    var a = _context.UsersInfos.Single(u => u.Id == 1);
    a.Name = "张能能";
    await _context.SaveChangesAsync();
}
```

同样,若要对数据进行删除操作,则需先查询出要删除的数据,然后调用 Remove 方法进行移除,再执行 SaveChangesAsync 方法进行保存,代码如下所示。

```
public async Task DeleteUsersAsync()
{
    var list = await _context.UsersInfos.ToListAsync();
    var a = _context.UsersInfos.Single(u => u.Id == 1);
    _context.UsersInfos.Remove(a);
    await _context.SaveChangesAsync();
}
```

需要注意的是，若要进行修改和删除操作，则需要先对数据进行查询。从上述代码中可以看出，使用 Entity Framework Core 帮助我们大大简化了访问数据库的代码，从而在一定程度上提升了开发效率。另外，Entity Framework Core 还支持多种主流数据库、对象关系映射、数据迁移等功能。

素养园地

加强创新驱动，推动数字化转型

党的二十大报告中明确指出，要推动高质量发展，加快建设现代化经济体系，并着力提高全要素生产率，推动经济实现质的有效提升和量的合理增长。这要求我们不断优化生产和管理方式，并提高工作效率，从而推动经济在质量、效率和动力方面实现全面变革。

在此背景下，数字化转型成为推动高质量发展的必然选择。党的二十大要求加快数字化转型，推动数字经济与实体经济深度融合，打造具有国际竞争力的数字产业集群。因此，我们需要积极适应数字化发展趋势，加强数字技术的研究与应用，提升数字化水平，并加速数字产业的发展。

最近，首款国产 3A 游戏《黑神话：悟空》的成功引发了广泛关注，其中融入的陕北说书这一传统艺术形式也再度焕发出光彩。当"黄风岭，八百里，曾是关外富饶地……"的悠扬唱词在游戏中响起时，玩家仿佛穿越时空，进入了一个充满魅力的文化之旅。游戏一经上线，陕北说书便获得了大量好评，成功"破圈"。"非遗+游戏"的结合，不仅为陕北说书注入了新的活力，也为其他非遗项目的现代化发展提供了宝贵的启示。

作为西北地区的文化瑰宝，陕北说书承载着深厚的历史和文化内涵，是首批国家级非物质文化遗产。然而，随着信息时代的迅猛发展，这一传统艺术曾一度面临困境。现代娱乐方式的多样化让人们对传统娱乐项目的兴趣逐渐减退，低收入和新人短缺等问题使得说书艺人逐渐减少，许多技艺面临失传的风险。而《黑神话：悟空》的出现，无疑为陕北说书带来了新的生机，犹如黑暗中的一盏明灯，为其指引了前行的道路。

那么，"游戏+非遗"的结合，究竟有哪些独特的魅力呢？从文化认同的角度来看，年轻一代对传统文化的兴趣并未消退，只是缺乏合适的方式来激发。根据《中国青年报》的调查，88.8%的受访青年表示会关注电子游戏中的传统文化元素，86.6%的受访青年喜欢包含传统文化元素的游戏。这表明，作为年轻人群主要娱乐方式之一的游戏，已经成为传统文化展示的理想平台。游戏是一个庞大的年轻人聚集地，而非遗项目的最大困境之一正是缺乏吸引年轻人的能力，两者结合，正好形成互补，通过跨越时空的"对话"，让古老的文化与现代科技完美融合，从而激发出源源不断的活力。

单元小结

- Entity Framework Core(EF Core)是一个轻量级、跨平台的对象关系映射(ORM)框架，为开发人员提供了许多优势和便利。
- LINQ(Language Integrated Query)是一种结合了编程语言和查询功能的技术，用于在代码中进行数据查询和操作。它是.NET 框架中的一项特性，可与 Entity Framework Core 一起使用。
- Entity Framework Core 支持数据库迁移、数据库查询与操作、对象关系映射(ORM)等功能。
- Entity Framework Core 支持多种数据库。
- 合理地使用框架可以提高工作效率、优化团队生产力。

单元自测

■ 选择题

1. 在 Entity Framework Core 中，下列选项中表示实体类的主键的是(　　　)。
   A. [Key]　　　　　　　　　　　　B. [Id]
   C. [Primary]　　　　　　　　　　D. [PrimaryKey]
2. 在 Entity Framework Core 中，下面用于将实体添加到数据库上下文进行跟踪的方法是(　　　)。
   A. Create()　　　　　　　　　　B. Insert()
   C. Add()　　　　　　　　　　　 D. Attach()
3. 在开始使用 Entity Framework Core 之前，下列选项中是必须执行的步骤是(　　　)。
   A. 创建数据库　　　　　　　　　B. 定义实体类
   C. 安装 NuGet 包　　　　　　　　D. 配置数据库连接字符串
4. LINQ 的主要目的是什么？(　　　)
   A. 简化对数据库的访问
   B. 提供一种统一的编程模型用于处理数据源
   C. 支持并发编程和线程管理
   D. 加速代码执行和优化性能
5. 下列选项中可以用于筛选数据源中满足特定条件的元素的是(　　　)。
   A. OrderBy　　　　　　　　　　B. Select
   C. Where　　　　　　　　　　　D. Join

■ 问答题

1. 简述 Entity Framework Core 的含义及其主要功能。
2. 简述 Entity Framework Core 的安装和配置步骤。
3. 简述 LINQ 的含义及其主要特点。

■ 上机目标

● 使用 Entity Framework Core 完成数据库的创建。
● 掌握使用 Entity Framework Core 完成数据库中数据的增删改查。
● 掌握 LINQ 常用方法的使用。

■ 上机练习

◆ 第一阶段◆

练习 1：使用 Entity Framework Core 完成创建课程管理项目的数据库 CourseDb。

【问题描述】

使用 Entity Framework Core 完成创建课程管理项目的数据库 CourseDb。

【问题分析】

(1) 在 CourseManagement 项目中安装 Microsoft.EntityFrameworkCore.SqlServer 和 Microsoft.EntityFrameworkCore.Tools 依赖包。

(2) 创建数据上下文类 CourseDbContext.cs。

(3) 在 appsettings.json 中配置数据库信息。

(4) 在 Program.cs 中获取数据库配置信息。

(5) 创建与初始化数据库并迁移。

【参考步骤】

(1) 在 CourseManagement 项目中安装 Microsoft.EntityFrameworkCore.SqlServer 和 Microsoft.EntityFrameworkCore.Tools 依赖包，参考本单元"6.1.3 任务实施"中"Entity Framework Core 安装与配置"中 NuGet 包的安装步骤。

(2) 创建数据上下文类 CourseDbContext.cs，代码如下所示。

```
namespace CourseManagement.Models
{
    public class CourseDbContext : DbContext
    {
        public CourseDbContext(DbContextOptions<CourseDbContext> options) : base(options) { }

        public DbSet<Course> Courses { get; set; }
        public DbSet<CourseSection> CourseSections { get; set; }
        protected override void OnModelCreating(ModelBuilder modelBuilder)
        {
            modelBuilder.Entity<Course>().ToTable("Course");
            modelBuilder.Entity<CourseSection>().ToTable("CourseSection");
        }
    }
}
```

(3) 在 appsettings.json 中配置数据库信息，代码如下所示。

```
{
    "ConnectionStrings": {
        "CourseDbContext": "server=.;database=CourseDb;uid=sa;pwd=123456;TrustServerCertificate=true;"
```

```
    },
    "Logging": {
      "LogLevel": {
        "Default": "Information",
        "Microsoft.AspNetCore": "Warning"
      }
    },
    "AllowedHosts": "*"
}
```

（4）在 Program.cs 中获取数据库配置信息，代码如下所示。

```
builder.Services.AddDbContext<CourseDbContextt>(options =>
options.UseSqlServer(builder.Configuration.GetConnectionString("CourseDbContext")));
```

（5）创建与初始化数据库并迁移，参考本单元"6.1.3　任务实施"中数据库迁移的步骤。

◆ 第二阶段 ◆

练习 2：使用 Entity Framework Core 实现数据的增删改查。

【问题描述】

使用 Entity Framework Core 实现课程信息的增删改查。

【问题分析】

（1）查询课程信息。

（2）添加课程信息。

（3）修改课程信息。

（4）删除课程信息。

【参考步骤】

（1）为了与之前写过的课程管理功能区分，新建一个控制器 CourseDBController.cs，在其中实现对数据库课程数据的增删改查，代码如下所示。

```
namespace CourseManagement.Controllers
{
    public class CourseDBController : Controller
    {
        private readonly CourseDbContext _db;

        public CourseDBController(CourseDbContext dbContext)
        {
            _db = dbContext;
        }
        public async Task<IActionResult> IndexAsync()
        {
            var list = await _db.Courses.ToListAsync();
            return View(list);
        }
        [HttpGet]
        public IActionResult Create()
        {
            return View();
        }
        [HttpPost]
        public async Task<IActionResult> CreateAsync(Course course)
        {
```

```
        if (!ModelState.IsValid)
        {
            return View(course);
        }
        _db.Courses.Add(course);
        await _db.SaveChangesAsync();
        return RedirectToAction("Index");
    }
    [HttpGet]
    public async Task<IActionResult> UpdateAsync(string courseNo)
    {
        var list = await _db.Courses.ToListAsync();
        var courseInfo = list.First(c => c.CourseNo == courseNo);
        return View(courseInfo);
    }
    [HttpPost]
    public async Task<IActionResult> UpdateAsync(Course course)
    {
        if (!ModelState.IsValid)
        {
            return View(course);
        }
        var list = await _db.Courses.ToListAsync();
        var courseInfo = list.First(c => c.CourseNo == course.CourseNo);
        courseInfo.CourseName = course.CourseName;
        courseInfo.StartDate = course.StartDate;
        courseInfo.Price = course.Price;
        courseInfo.Description = course.Description;
        await _db.SaveChangesAsync();
        return RedirectToAction("Index");
    }
    [HttpGet]
    public async Task<IActionResult> DeleteAsync(string courseNo)
    {
        if (!ModelState.IsValid)
        {
            return View();
        }
        var list = await _db.Courses.ToListAsync();
        var courseInfo = list.First(c => c.CourseNo == courseNo);
        _db.Courses.Remove(courseInfo);
        await _db.SaveChangesAsync();
        return RedirectToAction("Index");
    }
  }
}
```

(2) 新建 CourseDBController 控制器的 Index.cshtml 视图，实现数据库课程信息的展示，代码如下所示。

```
@model List<Course>

<h1>课程列表</h1>
@Html.ActionLink("添加课程", "Create", "CourseDB")
<table class="table">
    <thead>
        <tr>
            <th>课程编号</th>
            <th>课程名称</th>
            <th>开课时间</th>
            <th>课程价格</th>
```

```
                    <th>课程描述</th>
                    <th></th>
                </tr>
            </thead>
            <tbody>
                @foreach (var courses in Model)
                {
                    <tr>
                        <td>@courses.CourseNo</td>
                        <td>《@courses.CourseName》</td>
                        <td>@courses.StartDate</td>
                        <td>￥@courses.Price</td>
                        <td>@courses.Description</td>
                        <td>
                            <a href="CourseDB/Update?courseNo=@courses.CourseNo">编辑</a>  
                            <a href="CourseDB/Delete?courseNo=@courses.CourseNo" onclick="return confirm ('确定删
                                除吗？')">删除</a>
                        </td>
                    </tr>
                }
            </tbody>
        </table>
```

（3）新建 CourseDBController 控制器的 Create.cshtml 视图，实现数据库课程信息的添加，代码如下所示。

```
@model CourseManagement.Models.Course
<h2>添加课程</h2>
@Html.ActionLink("返回", "Index", "CourseDB")

<form asp-controller="CourseDB" asp-action="Create" method="post" class="form-horizontal" role="form"
enctype="multipart/form-data">
    <div class="form-group">
        <label asp-for="CourseNo" class="col-md-2 control-label">
            课程编号
        </label>
        <div class="col-md-5">
            <input asp-for="CourseNo" class="form-control" />
            <span asp-validation-for="CourseNo" class="text-danger"></span>
        </div>
    </div>
    <div class="form-group">
        <label asp-for="CourseName" class="col-md-2 control-label">
            课程名称
        </label>
        <div class="col-md-5">
            <input asp-for="CourseName" class="form-control" />
            <span asp-validation-for="CourseName" class="text-danger"></span>
        </div>
    </div>
    <div class="form-group">
        <label asp-for="StartDate" class="col-md-2 control-label">
            开课时间
        </label>
        <div class="col-md-5">
            <input asp-for="StartDate" class="form-control" />
            <span asp-validation-for="StartDate" class="text-danger"></span>
        </div>
    </div>
    <div class="form-group">
        <label asp-for="Price" class="col-md-2 control-label">
```

```
            课程价格
        </label>
        <div class="col-md-5">
            <input asp-for="Price" class="form-control" />
            <span asp-validation-for="Price" class="text-danger"></span>
        </div>
    </div>
    <div class="form-group">
        <label asp-for="Description" class="col-md-2 control-label">
            课程描述
        </label>
        <div class="col-md-5">
            <input asp-for="Description" class="form-control" />
        </div>
    </div>
    <div class="form-group">
        <div class="col-md-offset-2 col-md-5">
            <input type="submit" class="btn btn-primary" value="添加课程" />
        </div>
    </div>
</form>
```

(4) 新建 CourseDBController 控制器的 Update.cshtml 视图，实现数据库课程信息的修改，代码如下所示。

```
@model CourseManagement.Models.Course
<h2>修改课程</h2>
@Html.ActionLink("返回", "Index", "CourseDB")

<form asp-controller="CourseDB" asp-action="Update" method="post" class="form-horizontal" role="form" enctype="multipart/form-data">
    <div class="form-group">
        <label asp-for="CourseNo" class="col-md-2 control-label">
            课程编号
        </label>
        <div class="col-md-5">
            <input asp-for="CourseNo" class="form-control" />
            <span asp-validation-for="CourseNo" class="text-danger"></span>
        </div>
    </div>
    <div class="form-group">
        <label asp-for="CourseName" class="col-md-2 control-label">
            课程名称
        </label>
        <div class="col-md-5">
            <input asp-for="CourseName" class="form-control" />
            <span asp-validation-for="CourseName" class="text-danger"></span>
        </div>
    </div>
    <div class="form-group">
        <label asp-for="StartDate" class="col-md-2 control-label">
            开课时间
        </label>
        <div class="col-md-5">
            <input asp-for="StartDate" class="form-control" />
            <span asp-validation-for="StartDate" class="text-danger"></span>
        </div>
    </div>
    <div class="form-group">
        <label asp-for="Price" class="col-md-2 control-label">
            课程价格
```

```
            </label>
            <div class="col-md-5">
                <input asp-for="Price" class="form-control" />
                <span asp-validation-for="Price" class="text-danger"></span>
            </div>
        </div>
        <div class="form-group">
            <label asp-for="Description" class="col-md-2 control-label">
                课程描述
            </label>
            <div class="col-md-5">
                <input asp-for="Description" class="form-control" />
            </div>
        </div>
        <div class="form-group">
            <div class="col-md-offset-2 col-md-5">
                <input type="submit" class="btn btn-primary" value="修改课程" />
            </div>
        </div>
    </form>
```

◆ 第三阶段 ◆

练习 3：使用 LINQ 常用方法实现模糊查询、排序和数量统计，界面效果如图 6-9 所示。

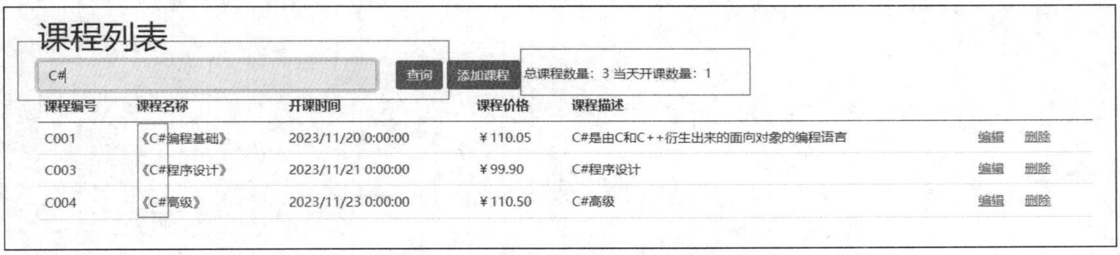
课程列表
C#
查询
添加课程
总课程数量：3 当天开课数量：1
课程编号
课程名称
开课时间
课程价格
课程描述
C001
《C#编程基础》
2023/11/20 0:00:00
¥110.05
C#是由C和C++衍生出来的面向对象的编程语言
编辑
删除
C003
《C#程序设计》
2023/11/21 0:00:00
¥99.90
C#程序设计
编辑
删除
C004
《C#高级》
2023/11/23 0:00:00
¥110.50
C#高级
编辑
删除

图 6-9　界面效果

【问题描述】

使用 LINQ 中的 Where 实现按课程名称模糊查询，使用 OrderBy 实现以开课时间升序排序，使用 Count 统计当前显示的课程数量，以及当前显示的课程中开课时间为当天日期的课程数量。

【问题分析】

(1) 使用 LINQ 中的 Where 实现按课程名称模糊查询。

(2) 使用 OrderBy 实现以开课时间升序排序。

(3) 使用 Count 统计当前显示的课程数量。

(4) 使用 Count 统计当前显示的课程中开课时间为当天日期的课程数量。

【参考步骤】

(1) 修改 CourseDBController.cs 中的 Index 方法，代码如下所示。

```
public async Task<IActionResult> IndexAsync(string courseName)
{
    var list = await _db.Courses.ToListAsync();
    if (!string.IsNullOrEmpty(courseName))
    {
        list = list.Where(c => c.CourseName.Contains(courseName)).OrderBy(c => c.CourseName). ToList();
```

```
        }
        ViewBag.Count= list.Count();
        ViewBag.CountNow = list.Where(c => c.StartDate.ToShortDateString() == DateTime.Now. ToShortDateString()).Count();
        return View(list);
    }
```

(2) 修改 CourseDBController.cs 对应的 Index 视图，代码如下所示。

```
@model List<Course>

<h1>课程列表</h1>

<form asp-controller="CourseDB" asp-action="Index" method="get">
    <div class="row">
        <div class="col-md-4">
            <input name="courseName" class="form-control" />
        </div>
        <div class="col-md-8">
            <input type="submit" class="btn btn-primary" value="查询" />
            <a href="CourseDB/Create" class="btn btn-primary">添加课程</a>
            <span>总课程数量：@ViewBag.Count</span>
            <span>当天开课数量：@ViewBag.CountNow</span>
        </div>
    </div>
</form>

<table class="table">
    <thead>
        <tr>
            <th>课程编号</th>
            <th>课程名称</th>
            <th>开课时间</th>
            <th>课程价格</th>
            <th>课程描述</th>
            <th></th>
        </tr>
    </thead>
    <tbody>
        @foreach (var courses in Model)
        {
            <tr>
                <td>@courses.CourseNo</td>
                <td>《@courses.CourseName》</td>
                <td>@courses.StartDate</td>
                <td>￥@courses.Price</td>
                <td>@courses.Description</td>
                <td>
                    <a href="CourseDB/Update?courseNo=@courses.CourseNo">编辑</a>  
                    <a href="CourseDB/Delete?courseNo=@courses.CourseNo" onclick="return confirm('确定删
                        除吗？')">删除</a>
                </td>
            </tr>
        }
    </tbody>
</table>
```

ASP.NET Core Web API

课程目标

项目目标

❖ 在任务管理系统中使用 Web API

❖ 将任务管理系统中的常用模块进行前后端分离设计

❖ 使用 Swagger 文档优化接口

技能目标

❖ 理解 ASP.NET Core Web API 的概念和特点

❖ 掌握 ASP.NET Core 构建可扩展、高性能的 Web API 应用程序

❖ 掌握创建和配置控制器，处理不同类型的 HTTP 请求

素养目标

❖ 培养全栈工程师必备的前后端分离设计思想

❖ 锻炼快速学习和适应能力

❖ 注重团队分工、优化团队结构

> ### 简介
>
> 至此，我们已经详细了解了如何使用ASP.NET Core MVC开发Web应用系统。ASP.NET Core MVC可以同时构建控制器与视图，并通过浏览器进行访问。随着时代的发展，客户端逐渐多样化，手机App、可穿戴设备等各种应用都需要进行数据交互，多样的客户端与服务器之间主要传递的是JSON等结构化的数据，这种提供结构化数据服务的接口叫作Web API。为了支持多端适配，前后端分离开发模式逐渐成为主流并受到青睐，其是将前端和后端的开发分为独立的两个模块，通过API接口进行通信。而ASP.NET Core Web API是基于ASP.NET Core框架的一种用于构建Web API的技术，它提供了一个简单、灵活、高效的方式来创建和发布可通过HTTP访问的API接口。本单元的目标是教授学员一项实用的技能，使其能够构建高质量、可扩展的Web API应用程序。通过学习本单元，我们可以提升自己的专业技能，并理解在快速变化的技术领域中，终身学习的重要性。

任务 7.1　构建 ASP.NET Core Web API 应用

7.1.1　任务描述

ASP.NET Core Web API 是一种构建 HTTP 服务的框架，它允许我们创建可以从客户端应用程序(如浏览器、移动应用等)访问的 RESTful 服务。本任务的目标是通过实践学习，了解前后端分离的主流趋势，掌握如何创建 ASP.NET Core Web API 项目，实现数据的增删改查等操作。

7.1.2　知识学习

1. 前后端分离主流趋势

在 Web 应用开发的传统前后端混合开发模式中，前端负责静态的 HTML 页面并交付给后端开发人员。这些静态页面可以在本地进行开发，无须预先考虑业务逻辑，只需要实现 View 即可。随后，开发人员使用模板引擎来嵌套这些页面模板，同时内嵌一些后端提供的模板变量和逻辑操作。接着进行前后端的集成对接，若遇到问题，前端和后端分别进行相应的调整。这一过程会反复进行，直至集成成功。这种模式使得前端调试时，需要安装一套完整的后端开发工具，将后端程序完全启动起来，而遇到问题时，要后端开发来进行调试。这直接导致了前后端严重耦合，后端人员需要掌握一些前端语言，前端页面中也嵌入了大量的后端代码，若后端换了一种语言，就需要重开发。这种工作流程增加了大量的沟通和调试等成本，并且前后端的开发进度相互影响，使得开发效率大大降低。

为了解决这个问题，传统开发模式逐渐演变为前后端分离的开发模式，这种开发模式也随之进入人们的视野。

严格来说，前后端分离并不只是一种开发模式，更是一种 Web 应用的架构模式。它将前端与后端独立开来进行开发，分别部署在两个不同的服务器上。这意味着前端和后端是两个不同的工程项目，拥有各自独立的代码库和开发人员。为了实现并行开发和测试，前后端工程师需要事先约定好交互接口。开发完成后，前端和后端将进行独立部署，前端通过接口调用后端的API，专注于页面的样式设计、动态数据的解析和渲染，而后端则专注于实现具体的业务逻辑。

前后端分离的演变如图 7-1 所示。

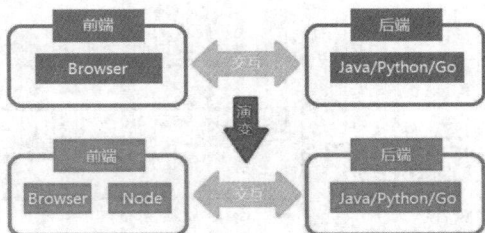

图 7-1　前后端分离的演变

ASP.NET Core Web API 是前后端开发的主流选择。

2. ASP.NET Core Web API 的概念

ASP.NET Core Web API 是一个用于构建基于 HTTP 协议的 Web 服务的框架。它是 ASP.NET Core 的一部分，专注于提供简单、轻量级和高性能的 API 开发体验，负责处理客户端发送的请求并返回响应数据。通过创建 API 控制器类并使用适当的特性标识其操作方法，可以定义不同的路由和处理逻辑。在 ASP.NET Core Web API 中，可以使用路由属性或配置文件来设置 API 的请求路由，从而将请求映射到相应的 API 控制器和操作方法上。另外，ASP.NET Core Web API 支持各种 HTTP 动词(如 GET、POST、PUT、DELETE 等)，可以根据请求的类型和内容执行不同的操作，常用的处理方式包括从 URL 中获取参数、从请求头部读取信息、解析请求正文中的数据等。API 控制器可以根据业务逻辑生成相应的响应数据。通常情况下，响应数据以 JSON 格式返回给客户端，但也可以选择其他格式，如 XML 或自定义的数据格式。

例如，我们可以编写一个日志中间件，当请求进入该中间件时，它会记录一些关键信息，如请求时间、URL 地址和用户的 IP 等。又如，我们可以编写一个错误处理中间件，当某个中间件发生错误时，它就会捕获错误信息，并返回适当的 HTTP 状态码及对应的错误页。

中间件不仅可以内置于框架(如身份验证、授权等)，还可以自行开发、使用扩展库并灵活组装为链，用于添加第三方库功能、跨域支持、App 生存性体验提升等各类特性。

通过配置 HTTP 请求管道并串联多个中间件，我们可以实现一个完整的 ASP.NET Core 应用程序。总之，ASP.NET Core Web API 的中间件机制使网络请求处理变得灵活和高效，能够有针对性地去处理各种需求。

7.1.3　任务实施

构建一个 ASP.NET Core Web API。在【Visual Studio】对话框的菜单栏中单击【文件(F)】→【新建(N)】→【项目】选项，在弹出的【创建新项目】对话框的搜索框中输入【Web API】，选择【ASP.NET Core Web API】选项，如图 7-2 所示。

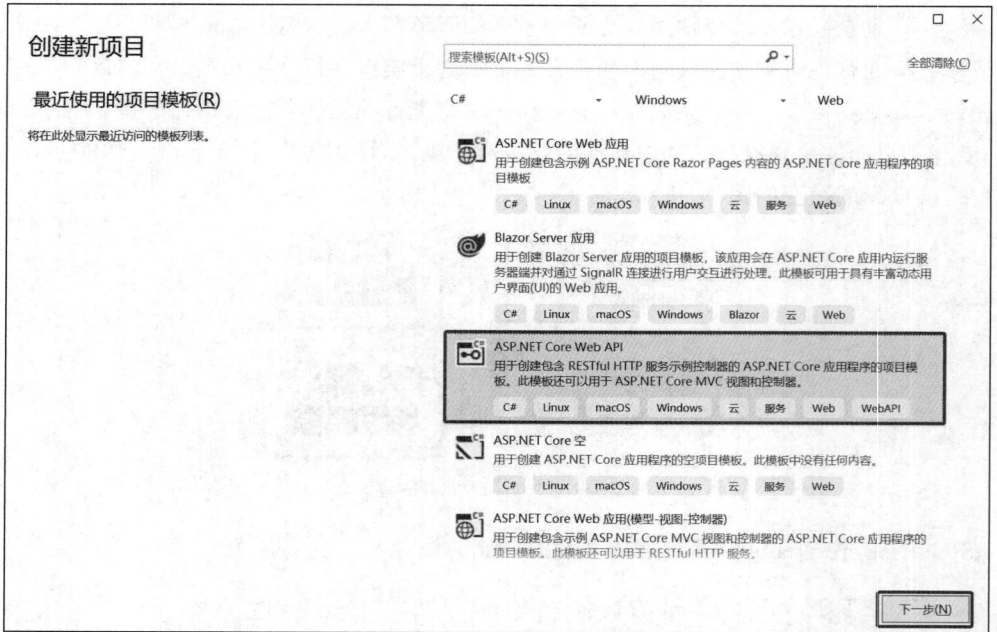

图 7-2　创建对话框

在【创建新项目】对话框中命名项目后，单击【下一步】按钮，打开【其他信息】对话框，在【框架】下拉列表框中选择【.NET 6.0(长期支持)】(或更高版本)选项，选中【使用控制器(取消选中以使用最小 API)】复选框，如图 7-3 所示，单击【创建】按钮。

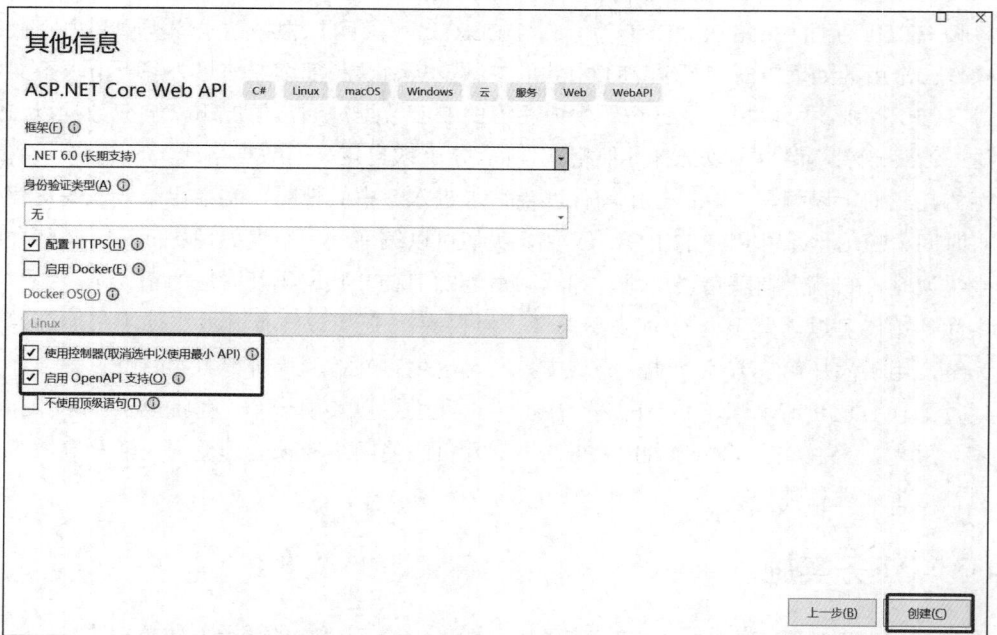

图 7-3　【其他信息】对话框

创建好后，项目结构如图 7-4 所示。

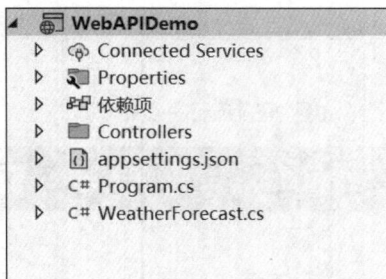

图 7-4　Web API 默认项目结构信息

通过项目结构信息我们可以看到，ASP.NET Core Web API 与 ASP.NET Core MVC 项目结构非常相似。不同的是，由于 Web API 直接返回的是结构化的数据，不需要提供展示数据的视图，因此 Web API 项目结构中不包含 Views 文件夹。基于控制器的 Web API 包含一个或多个派生自 ControllerBase 的控制器类。Web API 项目模板提供了一个入门版控制器 WeatherForecastController.cs。控制器中的主要代码如下所示。

```
[ApiController]
[Route("[controller]")]
public class WeatherForecastController : ControllerBase
{
    private static readonly string[] Summaries = new[]
    {
    "Freezing", "Bracing", "Chilly", "Cool", "Mild", "Warm", "Balmy", "Hot", "Sweltering", "Scorching"
    };

    private readonly ILogger<WeatherForecastController> _logger;

    public WeatherForecastController(ILogger<WeatherForecastController> logger)
    {
        _logger = logger;
    }

    [HttpGet(Name = "GetWeatherForecast")]
    public IEnumerable<WeatherForecast> Get()
    {
        return Enumerable.Range(1, 5).Select(index => new WeatherForecast
        {
            Date = DateTime.Now.AddDays(index),
            TemperatureC = Random.Shared.Next(-20, 55),
            Summary = Summaries[Random.Shared.Next(Summaries.Length)]
        })
        .ToArray();
    }
}
```

由上述代码可以看出，Web API 项目中的控制器类上方添加了[ApiController]属性，该属性表示启用一些 API 的固定行为，如属性路由要求，如果使用[ApiController]，则需要写[Route("[controller]")]，如下所示。

```
[ApiController]
[Route("[controller]")]
public class WeatherForecastController : ControllerBase
```

[Route("[controller]")]及方法上添加的[HttpGet]决定了当客户端向/WeatherForecast 路径发

送 GET 请求时，由 GET 方法处理。GET 方法返回的数据会自动进行 JSON 序列化返回给客户端。

运行项目，将在浏览器中看到如图 7-5 所示的页面。

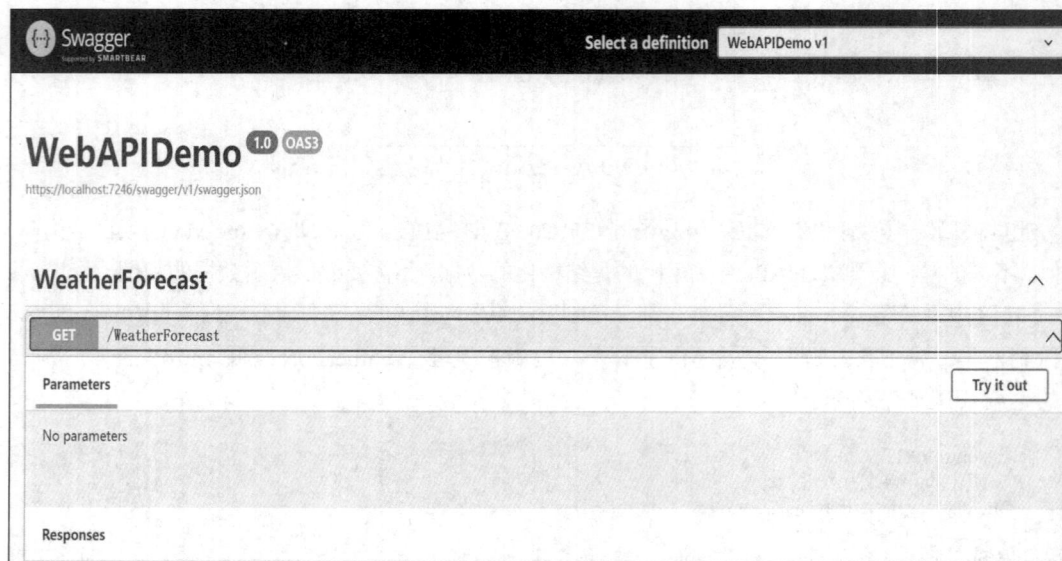

图 7-5　Web API 自带模板代码运行效果

单击页面中的【Get】→【Try it out】→【Execute】按钮，就可以向该接口发送请求。当单击【Execute】按钮时，浏览器会向 https://localhost:7246/WeatherForecast 路径提交 GET 请求，此时框架会调用 WeatherForecastcontroller 的 Get 方法进行处理，并且把方法返回的对象序列化为 JSON 字符串，如图 7-6 所示。

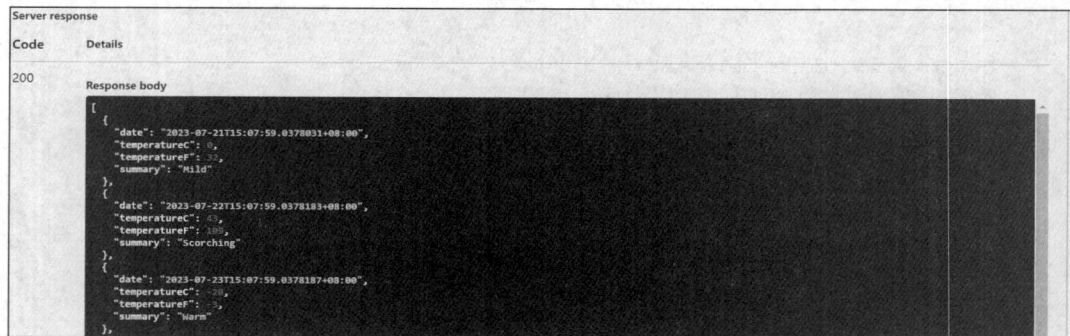

图 7-6　运行结果

从以上步骤我们可以看到，项目运行后，会自动打开浏览器并跳转到 swagger 页面，这是项目生成时默认设置的，我们可以通过修改 launchSettings.json 文件来设置默认启动页面和端口，如图 7-7 所示。

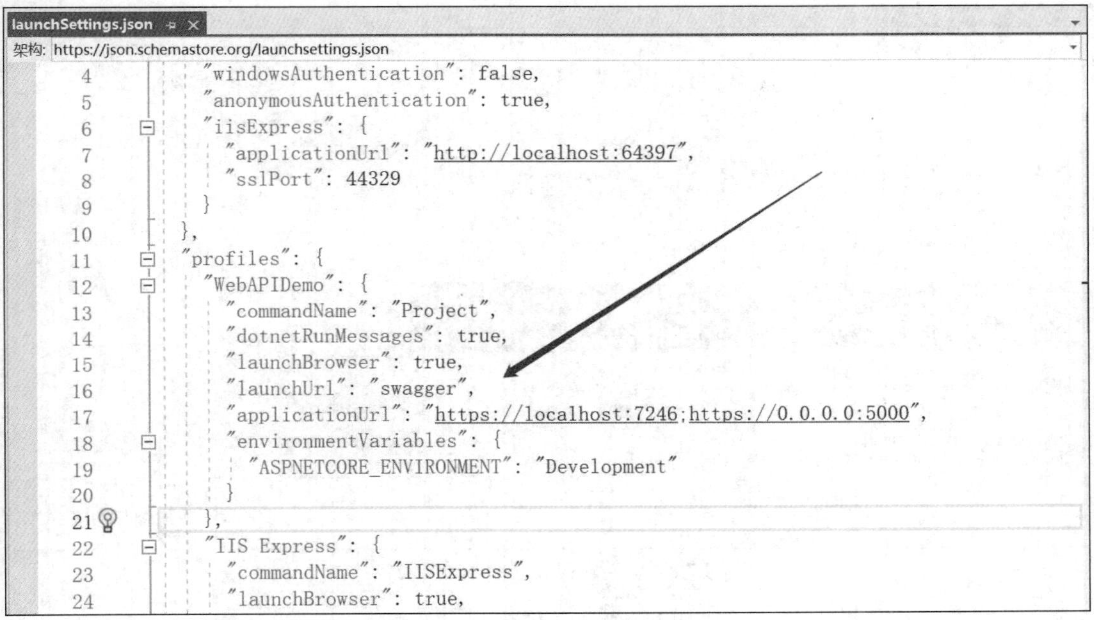

```
launchSettings.json  ☆ ×
架构: https://json.schemastore.org/launchsettings.json
  4              "windowsAuthentication": false,
  5              "anonymousAuthentication": true,
  6       ⊟     "iisExpress": {
  7                "applicationUrl": "http://localhost:64397",
  8                "sslPort": 44329
  9              }
 10            },
 11       ⊟   "profiles": {
 12       ⊟     "WebAPIDemo": {
 13                "commandName": "Project",
 14                "dotnetRunMessages": true,
 15                "launchBrowser": true,
 16                "launchUrl": "swagger",
 17                "applicationUrl": "https://localhost:7246;https://0.0.0.0:5000",
 18       ⊟       "environmentVariables": {
 19                  "ASPNETCORE_ENVIRONMENT": "Development"
 20                }
 21  💡          },
 22       ⊟     "IIS Express": {
 23                "commandName": "IISExpress",
 24                "launchBrowser": true,
```

图 7-7　修改及设置默认启动页面和端口

　　了解完 Web API 的默认版本之后，接下来我们开始新建自定义 Web API 接口。首先我们需要在项目目录中新建一个 Models 文件夹用于存放实体类，并在 Models 文件夹中添加一个 Order 类。代码如下所示。

```
public class Order
{
    public int ID { get; set; }
    /// <summary>
    /// 订单编号
    /// </summary>
    public string OrderNum { get; set; }
    /// <summary>
    ///
    /// 订单金额
    /// </summary>
    public decimal OrderAmount { get; set; }
    /// <summary>
    /// 订单时间
    /// </summary>
    public DateTime CreateTime { get; set; }
}
```

　　接下来我们需要创建数据库访问。通过 NuGet 工具包安装 Microsoft.EntityFrameworkCore.Sqlserver 等 Entity Framework Core 工具包，如图 7-8 所示。

图7-8   安装访问数据库所需要的包

安装好之后，我们需要配置数据库。在 appsetting.json 文件中，添加数据库连接代码，如下所示。

```
{
  "Logging": {
    "LogLevel": {
      "Default": "Information",
      "Microsoft.AspNetCore": "Warning"
    }
  },
  "AllowedHosts": "*",
  "ConnectionStrings":    {"connstring":    "Server=localhost;User=sa;Password=123;Database=OrderDB;Trusted_Connection
    =True;;TrustServerCertificate=true;MultipleActiveResultSets=true"}
}
```

新建一个 OrderContext 的数据库上下文类并继承 DbContext 类，代码如下。

```
using Microsoft.EntityFrameworkCore;
using OrderAPI.Models;
namespace OrderAPI
{
    public class OrderContext:DbContext
    {
        public OrderContext(DbContextOptions<OrderContext> options) : base(options) { }
        public DbSet<Order> Orders { get; set; }

    }
}
```

完成 OrderContext 数据上下文类之后，需要在 Program.cs 文件中注册数据库上下文，代码如下所示。

```
string constr = builder.Configuration.GetConnectionString("connstring");
builder.Services.AddDbContext<OrderContext>(x=>x.UseSqlServer(constr));
```

数据库配置好之后，对数据库进行迁移。单击【菜单栏】→【工具】→【NuGet 包管理器】→

【程序包管理器控制台】选项，执行 Add-Migration InitialCreate 命令。执行成功后，会在项目中看到生成的 Migrations 文件夹，并且在该文件夹下有两个文件。在【程序包管理器控制台】对话框中继续输入 Update-Database 等到数据迁移完成。完成之后，我们会在数据库中看到刚刚生成的 Orders 表。

　　右击【Controllers 文件夹】，单击【添加已搭建基架的新项】，选择【API】→【其操作使用 Entity Framework 的 API 控制器】选项，如图 7-9 所示。

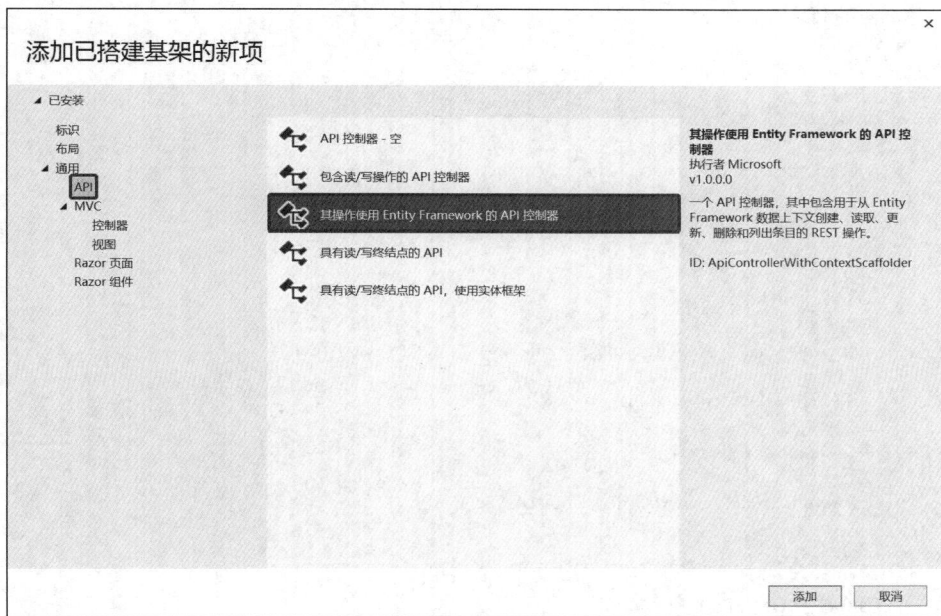

图 7-9　创建 API 控制器

　　单击【添加】按钮，在弹出的如图 7-10 所示的【控制器设置】对话框中，选择对应的【模型类】与【DbContext 类】，并填写【控制器名称】即可。

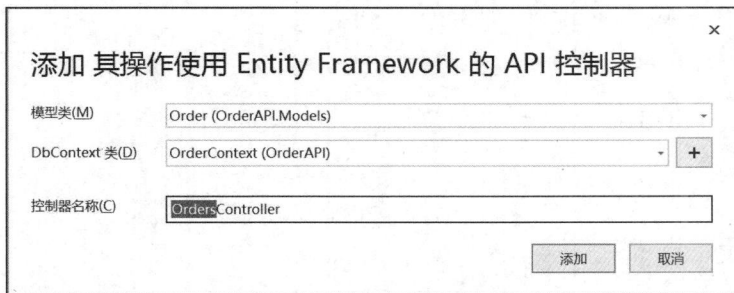

图 7-10　控制器设置

　　操作完后，Visual Studio 会帮助我们自动生成 CRUD 代码。在代码中，我们可以看到 HttpGet(查询)、HttpPut(修改)、HttpPost(新增)和 HttpDelete(删除)4 种接口请求方式。Route 中也带有 api 路径，我们的接口便在 api 目录下，代码如下所示。

```
using System;
using System.Collections.Generic;
```

```csharp
using System.Linq;
using System.Threading.Tasks;
using Microsoft.AspNetCore.Http;
using Microsoft.AspNetCore.Mvc;
using Microsoft.EntityFrameworkCore;
using OrderAPI;
using OrderAPI.Models;

namespace OrderAPI.Controllers
{
    [Route("api/[controller]")]
    [ApiController]
    public class OrdersController : ControllerBase
    {
        private readonly OrderContext _context;

        public OrdersController(OrderContext context)
        {
            _context = context;
        }

        // GET: api/Orders
        [HttpGet]
        public async Task<ActionResult<IEnumerable<Order>>> GetOrders()
        {
            if (_context.Orders == null)
            {
                return NotFound();
            }
            return await _context.Orders.ToListAsync();
        }

        // GET: api/Orders/5
        [HttpGet("{id}")]
        public async Task<ActionResult<Order>> GetOrder(int id)
        {
            if (_context.Orders == null)
            {
                return NotFound();
            }
            var order = await _context.Orders.FindAsync(id);

            if (order == null)
            {
                return NotFound();
            }

            return order;
        }

        // PUT: api/Orders/5
        // To protect from overposting attacks, see https://go.microsoft.com/fwlink/?linkid=2123754
        [HttpPut("{id}")]
        public async Task<IActionResult> PutOrder(int id, Order order)
        {
            if (id != order.ID)
            {
                return BadRequest();
            }

            _context.Entry(order).State = EntityState.Modified;
```

```
            try
            {
                await _context.SaveChangesAsync();
            }
            catch (DbUpdateConcurrencyException)
            {
                if (!OrderExists(id))
                {
                    return NotFound();
                }
                else
                {
                    throw;
                }
            }

            return NoContent();
        }

        // POST: api/Orders
        // To protect from overposting attacks, see https://go.microsoft.com/fwlink/?linkid=2123754
        [HttpPost]
        public async Task<ActionResult<Order>> PostOrder(Order order)
        {
            if (_context.Orders == null)
            {
                return Problem("Entity set 'DemoContext.Orders'   is null.");
            }
            _context.Orders.Add(order);
            await _context.SaveChangesAsync();

            return CreatedAtAction("GetOrder", new { id = order.ID }, order);
        }

        // DELETE: api/Orders/5
        [HttpDelete("{id}")]
        public async Task<IActionResult> DeleteOrder(int id)
        {
            if (_context.Orders == null)
            {
                return NotFound();
            }
            var order = await _context.Orders.FindAsync(id);
            if (order == null)
            {
                return NotFound();
            }

            _context.Orders.Remove(order);
            await _context.SaveChangesAsync();

            return NoContent();
        }

        private bool OrderExists(int id)
        {
            return (_context.Orders?.Any(e => e.ID == id)).GetValueOrDefault();
        }
    }
}
```

此时，运行后便可在 Swagger 中看到刚才新增的接口，如图 7-11 所示。

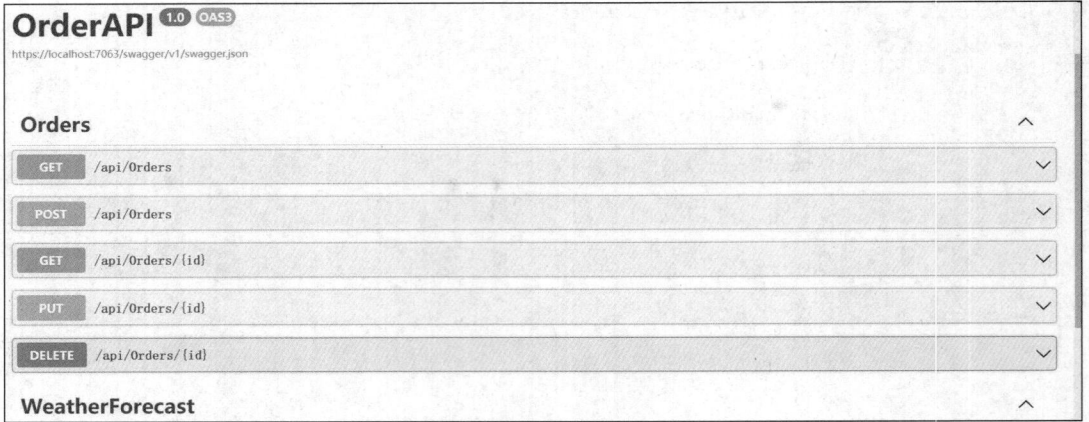

图 7-11　OrderAPI 运行结果

我们可以通过 POST 请求 api/Orders 新增一条数据，如图 7-12 所示。设置后，单击【Execute】按钮执行。

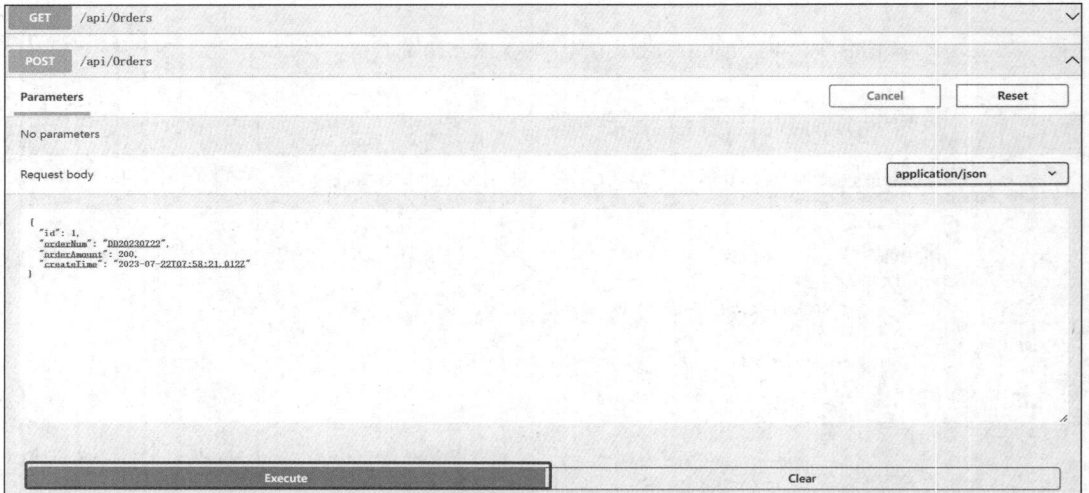

图 7-12　测试添加数据

通过 GET 请求 api/orders 来查看数据，如图 7-13 所示。

图 7-13　测试 GET 获取数据

任务 7.2　Swagger(Open API)

7.2.1　任务描述

Swagger 是一种用于描述、构建和使用 RESTful API 的开源工具集。它提供了一组规范及工具，可以帮助开发人员设计、编写和测试 API，以及生成易于阅读的文档。通过 Swagger，开发人员可以定义 API 的端点、请求方法、参数、响应格式等信息，并自动生成交互式 API文档。本任务的目标是学会在 ASP.NET Core Web API 项目中集成 Swagger，指导我们安装和配置 Swagger 中间件，编写 Swagger 注释来丰富 API 文档，利用 Swagger 来生成和展示API 文档。

7.2.2　知识学习

1. RESTful 风格

REST(Representational State Transfer)是一种软件架构风格，强调基于资源(Resource)的概念，通过对资源的状态和操作进行抽象来进行通信。RESTful 风格的 API 接口是一种设计风格和原则，用于构建网络应用程序中的 Web 服务。它遵循一组统一的原则和约定，以实现简洁、可扩展、易于理解和互操作性强的 API 接口。

在 RESTful 风格中，每个资源都有唯一的 URL 地址，通过使用 HTTP 方法(如 GET、POST、PUT 和 DELETE)来表示对资源的不同操作。

GET 表示获取，POST 表示新建，PUT 表示更新，DELETE 表示删除，而这些方法表示其实仅仅是语义的，不做强制要求。客户端通过请求来获取资源的表述，常用的表述格式包括JSON、XML 等。服务器返回对应资源的状态和数据，通过 HTTP 状态码来表示操作结果。每个 API 请求都是独立的，服务器不会保留客户端的上下文信息，因此客户端需要提供完整的请求信息。RESTful API 接口应使用统一的接口设计原则，包括可读性好的 URL 结构、合适的HTTP 方法选择、正确的状态码返回等。通过使用 RESTful 风格的 API 接口，开发人员能够更加清晰地定义和设计网络应用程序的接口，使其易于使用、扩展和维护。此外，RESTful API接口也有助于不同系统之间的集成和相互操作。例如，我们要制作一个简单订单管理系统的API 设计，使用 RESTful 风格可以将获取的所有订单设置为 GET，将新创建的订单设置为 POST。通过 RESTful 风格设计，利用 HTTP 动词和 URL 路径来清晰地表示资源和操作，从而使接口具备明确且易于理解的语义。

总的来说，RESTful 风格本身并没有创造新的技术、组件或服务。REST 指的是一组架构约束条件和原则，如果一个架构符合 RESTful 的约束条件和规则，我们就称它为 RESTful 架构，它的主要规则就是资源与 URL。REST 风格设计统一了资源接口，其具有幂等性，即对同一 REST接口的多次访问，得到的资源是相同的。传统 URL 格式请求如下。

```
http://localhost/user/query/1    GET 根据用户 id 查询数据
http://localhost/user/add        POST 新增用户
http://localhost/user/update     POST 修改用户信息
http://localhost/user/delete     DELETE GET/POST 删除用户
```

而 RESTful 请求格式如下。

```
http://localhost/user/1          GET 根据用户 id 查询数据
http://localhost/user            POST 新增用户
http://localhost/user            POST 修改用户信息
http://localhost/user            DELETE GET/POST 删除用户
```

虽然 RESTful 风格具有诸多优势，但也有一定的限制性。RESTful 架构主要基于 HTTP 协议，因此对于不支持 HTTP 协议的场景，如消息队列、实时通信等，RESTful 风格的接口可能无法满足需求。当接口发生变化时，客户端可能需要适应新的接口版本，而版本管理可能带来一定的复杂性。RESTful 架构对服务器的设计和实现有一定的要求，特别是在处理大量并发请求和复杂业务逻辑时，对服务器的性能和扩展性要求较高。综合来看，RESTful 架构具有简易性、可读性、可扩展性、松耦合性和缓存支持等优势，但也存在限制性、安全性挑战、版本管理问题和对服务器要求高等缺点。在实际应用中，我们需要根据具体场景和需求权衡利弊，选择合适的接口设计方式。

2. Swagger

Swagger 的核心规范是 Open API Specification(OAS)，它是一个 API 描述语言，基于 JSON 或 YAML 格式，用于定义 API 的结构和行为。在定义 API 时，开发人员可以使用 OAS 来规定 API 的路由、操作、输入输出等详细信息。

除了 API 定义，Swagger 还提供了各种工具来支持 API 开发。其中包括 Swagger UI，它能够将 API 文档以交互式的方式展示出来，开发人员可以通过 Swagger UI 浏览 API 的不同端点、发送请求并查看响应。另外，还有 Swagger Editor，它提供了一个可视化的界面让开发人员编辑和验证 API 定义。

总的来说，Swagger 是一个强大的工具集，能够帮助开发人员设计、构建和管理 RESTful API，并提供自动生成文档和交互式界面的功能，提升了 API 的可读性、可测试性和可维护性。

7.2.3　任务实施

在 ASP.NET Core Web API 中使用 Swagger，需先添加相关的 NuGet 包，然后在 Program.cs 中添加 Swagger 服务。

```
services.AddSwaggerGen(c =>
{
    c.SwaggerDoc("v1", new OpenApiInfo { Title = "My API", Version = "v1" });
});
```

启用 Swagger 中间件，代码如下所示。

```
app.UseSwagger();
app.UseSwaggerUI(c =>
{
    c.SwaggerEndpoint("/swagger/v1/swagger.json", "My API V1");
});
```

在控制器方法上添加注释。在需要生成 Swagger 文档的控制器或控制器方法上添加注释。例如：

```
/// <summary>
/// 获取所有任务
/// </summary>
/// <returns>任务列表</returns>
[HttpGet]
public IEnumerable<Product> GetAllTasks()
{
    // 实现逻辑
}
```

运行应用程序。启动应用程序并访问/swagger 路径，在浏览器中将看到自动生成的交互式 Swagger 文档和 API 的端点信息。

通过以上步骤，可以在 ASP.NET Core Web API 项目中成功集成并使用 Swagger 来自动生成 API 文档和交互式界面，如图 7-14 所示。注意，在使用 Swagger 时，需要先为相关的控制器和方法添加注释来描述它们的作用和返回结果等信息。

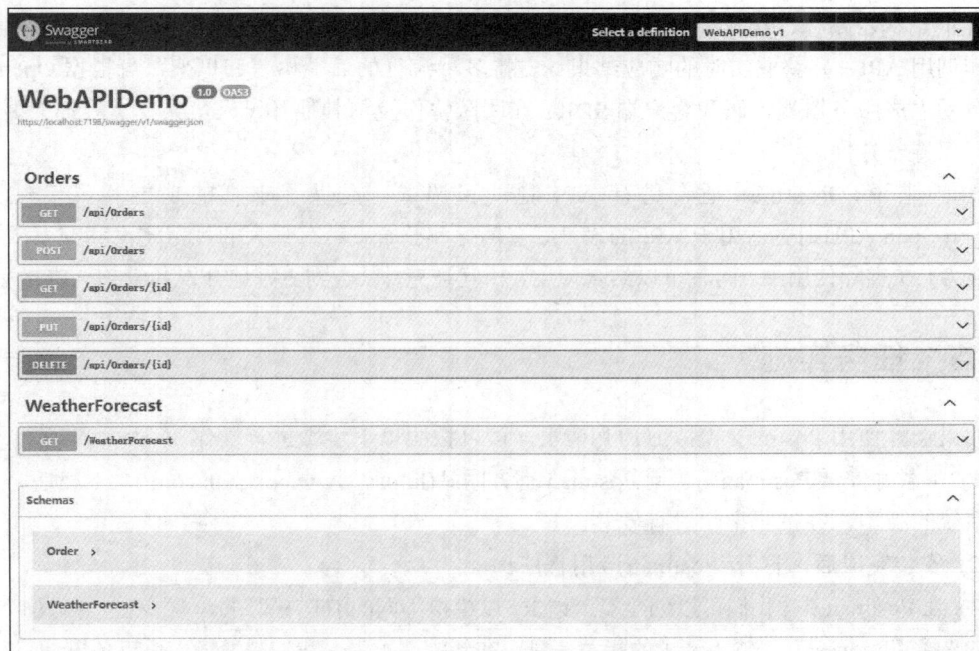

图 7-14　Swagger 文档界面

任务 7.3　Postman

7.3.1　任务描述

通过前面的内容我们已经初步了解了 Swagger。除了 Swagger，Postman 作为一个调试的工具，也极受市场欢迎。Postman 是一款流行的 API 开发工具，用于测试、调试和文档化 API。它提供了一个可视化的界面，让开发人员可以方便地模拟发送 HTTP 请求，并查看服务器返回的响应结果。

7.3.2　知识学习

Postman 和 Swagger 是两种常用的 API 开发工具，它们具有一些不同的特点和功能，具体如下。

Postman 是一款功能强大的 API 测试和调试工具，支持模拟发送各种类型的 HTTP 请求，并查看响应结果；可以方便地创建、管理和共享 API 请求集合，通过集合中的请求和环境变量可以进行自动化测试和批量操作；提供断言测试、监视器、脚本编写等高级功能，可用于自动化测试和性能监控；可以生成 API 文档，但相对于 Swagger，其文档展示和交互性相对较弱。

Swagger(Open API)是一个用于设计、构建、文档化和调用 RESTful 风格的 Web 服务的开源框架；具有强大的规范定义和详细的文档生成能力，可以通过编写 YAML 或 JSON 文件来描述 API 的结构、路径、参数等信息；提供了可视化的交互式文档界面，用户可以直接在网页中测试和调用 API，并获取实时的响应结果；支持多种流行的后端语言和框架，可根据 Open API 规范自动生成服务器端代码和客户端 SDK；在团队协作及与其他开发人员共享 API 时，更容易维护和保持一致性。

总的来说，Postman 适合进行 API 测试和调试，提供了丰富的功能和灵活性；而 Swagger(Open API)则更适用于 API 的设计、文档化和整合，具有强大的规范定义和交互式文档展示能力。在实际使用中，两者可以结合使用，相互补充，以达到更好地开发和管理 API 的效果。

7.3.3　任务实施

如果选择使用 Postman 模拟 HTTP 请求，可以按照以下步骤进行操作。

(1) 下载并安装 Postman。访问 Postman 官方网站(https://www.postman.com/)，下载适合自己操作系统的版本，并按照指示进行安装。

(2) 安装完成后，打开 Postman 应用程序。

(3) 在 Postman 中，我们可以创建多个请求，以模拟不同的 HTTP 请求。单击左上角的【+ New】按钮，选择【Request】，输入请求的相关信息。在新的请求中，我们需要输入以下关键信息。

- 请求的 URL：在地址栏中输入目标 URL。
- HTTP 方法：选择适当的 HTTP 方法(如 GET、POST、PUT 等)。
- 请求头(可选)：如果需要在请求中添加头部信息，可以单击【Headers】标签，并填写相关的键值对。
- 请求体(可选)：在【Body】标签中，根据请求需要选择相应的格式(如 JSON、表单等)，并提供请求体数据。

当输入上述关键信息之后，单击右侧的【Send】按钮发送请求，发送后，Postman 将向目标服务器发送请求，并在接收到响应后显示响应的状态码、头部信息和响应体。此时我们就可以在界面上查看和分析响应内容，如图 7-15 所示。

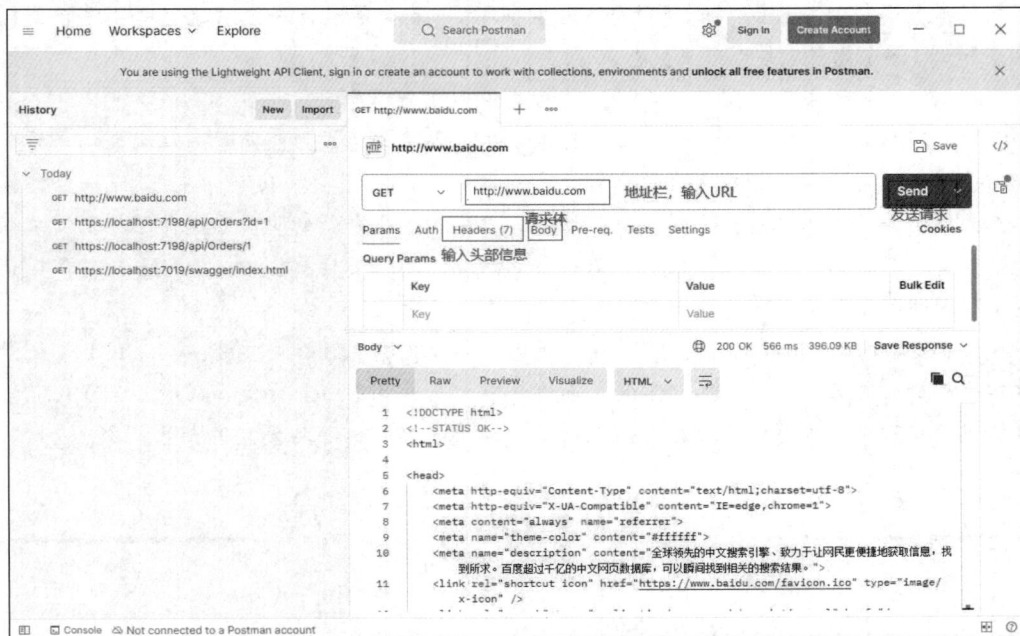

图 7-15　Postman 界面

通过以上步骤，我们可以在 Postman 中模拟发送各种类型的 HTTP 请求，并查看其响应。此外，Postman 还提供了其他有用的功能，如断言测试、环境变量管理、自动化脚本等，以帮助我们更加灵活和高效地进行 API 测试及调试工作。

━━━━━━━━ 素养园地 ━━━━━━━━

守正创新，踔厉奋发

中国共产党第二十次全国代表大会，是在全党全国各族人民迈上全面建设社会主义现代化国家新征程、向第二个百年奋斗目标进军的关键时刻召开的一次十分重要的大会。大会的主题是：高举中国特色社会主义伟大旗帜，全面贯彻新时代中国特色社会主义思想，弘扬伟大建党精神，自信自强、守正创新，踔厉奋发、勇毅前行，为全面建设社会主义现代化国家、全面推进中华民族伟大复兴而团结奋斗。

全国各选举单位选举产生并经中央批准公布代表共2296名。经二十大代表资格审查委员会审查，确认2296名代表资格有效。大会明确宣示党在新征程上举什么旗、走什么路、以什么样的精神状态、朝着什么样的目标继续前进，对全面建成社会主义现代化强国两步走战略安排进行宏观展望，科学谋划未来 5 年乃至更长时期党和国家事业发展的目标任务和大政方针。

华为创立于 1987 年，是全球领先的 ICT(信息与通信)基础设施和智能终端提供商。目前该公司共有 20.7 万名员工，遍及 170 多个国家和地区，为全球 30 多亿人口提供服务。华为的愿景是把数字世界带入每个人、每个家庭、每个组织，构建万物互联的智能世界。为了更好地创建一个可持续(Sustainability)的数字未来，提出了 S.H.A.R.E 理念，希望通过技术普惠实现最大限度的平等和包容(All-inclusiveness)，用安全可信(Reliability)的 ICT 基础设施和服务为数字世界保驾护航，通过科技创新实现社会发展与生态环境(Environment)平衡共进，并携手产业链伙伴共筑和谐(Harmony)健康的商业生态。

2013 年，华为 ICT 学院项目启动。随后，华为在全球范围内与多所高校展开合作，共建 ICT 学院。2024 年 11 月，兰州大学领先级华为 ICT 学院揭牌成立。同年，江南大学与华为技术有限公司共同宣布了一个重大合作计划：共同建设"领先级华为 ICT 学院"。这一合作标志着江南大学与华为在人工智能和计算机领域的合作进入了一个新的阶段，提升了物联网工程学院的就业竞争力，为学生提供了接触前沿科技的机会，增强了毕业生的技能水平，对于提升物联网工程学院的就业质量具有重要意义。

截至 2024 年底，华为已与全球 3000 多所院校合作共建华为 ICT 学院。华为 ICT 学院累计培养学生超过 130 万人，其中不少学生在华为 ICT 大赛等竞赛中取得优异成绩。华为 ICT 学院通过提供课程资源、人才培养体系和认证标准，助力高校培养了大量 ICT 专业人才。

单元小结

- ASP.NET Core Web API 专注于提供简单、轻量级和高性能的 API 开发体验。
- REST(Representational State Transfer)是一种软件架构风格。
- Postman 适合进行 API 测试和调试，提供了丰富的功能和灵活性；而 Swagger(Open API) 则更适用于API 的设计、文档化和整合，具有强大的规范定义和交互式文档展示能力。在实际使用中，两者可以结合使用，相互补充，以达到更好地开发和管理 API 的效果。

单元自测

■ 选择题

1. 在 ASP.NET Core Web API 中，下列特性中用于标识 API 控制器类的是(　　)。

   A. [HttpGet]　　　　　　　　　　　　B. [ApiController]

   C. [Route]　　　　　　　　　　　　　D. [FromBody]

2. 下列选项中，描述 RESTful 风格的 Web API 的特点的是(　　)。

   A. 使用 SOAP 协议进行通信

   B. 完全基于二进制数据传输

   C. 采用 URL 定位资源和 HTTP 动词执行操作

   D. 依赖严格的类型定义和强制参数校验

3. 下列中最准确地说明了 Web API 的作用的是(　　)。

   A. 用于构建用户界面　　　　　　　　B. 用于访问和操作数据

   C. 用于加密数据传输　　　　　　　　D. 用于处理数据库查询

4. Swagger 和 Postman 主要用于(　　)方面的 API 开发工作。

    A. 数据库管理

    B. 前端界面设计

    C. API 测试、调试和文档化

    D. 网络安全防护

5. Swagger 和 Postman 在文档生成方面的特点有所不同，下列描述正确的是(　　)。

    A. Postman 提供交互式的文档页面，支持实时测试和调用 API

    B. Swagger 生成的文档更容易维护和保持一致性，适合团队协作与共享

    C. Swagger 可以自动生成服务器端代码和客户端 SDK

    D. Postman 提供强大的规范定义和详细的文档生成能力

■ 问答题

1. 请简要解释一下 ASP.NET Core Web API 是什么，并提供一个示例用途。

2. ASP.NET Core Web API 中间件的作用是什么？请举例说明一个常用的中间件。

3. 请简述 Postman 与 Swagger 用于测试的区别。

上机实战

■ 上机目标

独自完成一个 ASP.NET Core Web API 项目。

■ 上机练习

◆ 第一阶段 ◆

练习 1：实现一个 ASP.NET Core Web API 项目。

【问题描述】

你司新来了一位专门开发前端的同事，开发经理决定把在线学习平台项目前后端分离，项目前端交由新同事开发，你只需要提供项目后端的 API 接口。请在你的项目解决方案中添加一个 ASP.NET Core Web API 项目 CourseManagementAPI。

【问题分析】

根据问题描述，你需要在项目解决方案中添加一个 ASP.NET Core Web API 项目 CourseManagementAPI。

【参考步骤】

可参考本单元"任务 7.1 构建 ASP.NET Core Web API 应用"下"7.1.3 任务实施"内容中的步骤实现。

◆ 第二阶段 ◆

练习 2：实现课程数据的 API 接口。

【问题描述】

在你的 ASP.NET Core Web API 项目 CourseManagementAPI 中，添加课程 Model 类(Course.Cs)，创建带有基架的 API，实现课程数据增删改查的 API 接口。

【问题分析】

根据问题描述，你需要在 CourseManagementAPI 项目中新建 Models 文件夹，并添加课程 Model 类(Course.Cs)，使用 Entity Framework Core 创建并初始化数据库，最后在 Controller 文件夹下添加带有基架的 API 控制器。

【参考步骤】

(1) 在你的 CourseManagementAPI 项目中新建 Models 文件夹，并添加课程 Model 类 Course.Cs，代码如下所示。

```
namespace CourseManagementAPI.Models
{
    public class Course
    {
        /// <summary>
        /// 课程编号
        /// </summary>
        [Required]
        [StringLength(4)]
        [Key]
        public string CourseNo { get; set; }
        /// <summary>
        /// 课程名称
        /// </summary>
        [Required]
        public string CourseName { get; set; }
        /// <summary>
        /// 开课时间
        /// </summary>
        [DataType(DataType.Date)]
        public DateTime StartDate { get; set; }
        /// <summary>
        /// 课程价格
        /// </summary>
        [Range(0, 999.99)]
        public decimal Price { get; set; }
        /// <summary>
        /// 课程描述
        /// </summary>
        public string? Description { get; set; }
    }
}
```

(2) 安装 Microsoft.EntityFrameworkCore.SqlServer 与 Microsoft.EntityFrameworkCore.Tools 依赖包，参考单元六中"6.1.3 任务实施"下"EF Core 安装与配置"中 NuGet 包的安装步骤。

(3) 在 appsetting.json 文件中，添加数据库连接代码，如下所示。

```
{
"ConnectionStrings": {
```

```
      "CourseDbContext": "Data Source=.;Initial Catalog=CourseAPIDb;User Id=sa;Password=123456;TrustServerCertificate=true;"
   },
}
```

（4）在 Models 文件夹下，创建数据上下文类 CourseDbContext.cs，代码如下所示。

```
namespace CourseManagementAPI.Models
{
    public class CourseDbContext : DbContext
    {
        // 无参数构造函数
        public CourseDbContext()
        {
        }

        // 添加带有 DbContextOptions 参数的构造函数
        public CourseDbContext(DbContextOptions<CourseDbContext> options) : base(options)
        {
        }

        public DbSet<Course> Courses { get; set; }
        protected override void OnModelCreating(ModelBuilder modelBuilder)
        {
            modelBuilder.Entity<Course>().ToTable("Course");
        }
    }
}
```

（5）在 Program.cs 文件中，注册数据库上下文，代码如下所示。

```
using CourseManagementAPI.Models;
using Microsoft.EntityFrameworkCore;
var builder = WebApplication.CreateBuilder(args);
// Add services to the container.
builder.Services.AddControllers();
// Learn more about configuring Swagger/OpenAPI at https://aka.ms/aspnetcore/swashbuckle
builder.Services.AddEndpointsApiExplorer();
builder.Services.AddSwaggerGen();
builder.Services.AddDbContext<CourseDbContext>(options =>
options.UseSqlServer(builder.Configuration.GetConnectionString("CourseDbContext")));
var app = builder.Build();
// Configure the HTTP request pipeline.
if (app.Environment.IsDevelopment())
{
    app.UseSwagger();
    app.UseSwaggerUI();
}
app.UseHttpsRedirection();
app.UseAuthorization();
app.MapControllers();
app.Run();
```

（6）在【菜单栏】→【工具】→【NuGet 包管理器】→【程序包管理器控制台】中，执行【Add-Migration InitialCreate】命令。执行成功后，我们会在项目中看到生成了 Migrations 文件夹，并且在该文件夹下有两个文件。在【程序包管理器控制台】中继续输入【Update-Database】到数据迁移完成。

（7）在项目中的 Controllers 文件夹中新建一个 API 控制器。选择【API】→【其操作使用 Entity Framework 的 API 控制器】选项，可自动生成相应的 API 接口代码。

ASP.NET Core角色与授权

课程目标

项目目标

❖ 为任务管理系统实现身份验证功能

❖ 在项目中安装好 JWT

❖ 使用 JWT 做身份验证

技能目标

❖ 理解 ASP.NET Core 授权与身份认证的概念

❖ 掌握如何在网站中实现身份验证功能

❖ 理解 JWT 概念与相关使用

素养目标

❖ 提高我们识别和预防潜在风险的能力

❖ 培养遵循最佳实践和规范的开发意识

❖ 具备安全编程能力，保持竞争优势

通过前面单元任务的学习,我们已经掌握了 ASP.NET Core MVC 与 Web API 的使用方法。在进行网站开发时,网站通常涉及用户的注册与登录授权问题。在 ASP.NET Core 6 中提供了强大的身份验证(Authentication)与授权(Authorization)功能。身份验证和授权是现代 Web 应用程序开发中至关重要的安全机制。在身份验证方面,ASP.NET Core 6 提供了多种身份验证的选项,包括基于 Cookie 等认证。这些身份验证选项可以让应用程序验证用户的身份,并确保只有经过身份验证的用户才能访问受保护的资源。在授权方面,ASP.NET Core 6 提供了灵活且可扩展的授权策略,可以定义各种角色和权限,并根据用户的角色和权限来限制其对资源的访问。通过授权策略,我们可以精确地控制不同用户的访问权限,确保系统的安全性和完整性。在大数据时代,法律合规和信息安全是一个重要的问题。ASP.NET Core 授权与认证学习可以帮助我们更好地理解和应用相关的技术手段,提高我们识别和预防潜在风险的能力。掌握授权与认证技术的原理和应用,有助于我们审视信息泄露等问题,树立正确使用技术的价值观和道德观。

任务 8.1　ASP.NET Core Identity

8.1.1　任务描述

程序员陈华所在的公司正在开发一个基于 ASP.NET Core 框架的在线银行网站项目。该网站需要确保只有经过身份验证的用户才能访问敏感信息或执行敏感操作,如查看银行账户详细信息、转账或申请贷款等。

为了实现这个目标,该网站采用了 ASP.NET Core 的认证系统。在用户首次访问网站时,会被要求提供一个有效的用户名和密码。一旦用户提供了正确的凭据,将被身份验证为合法用户,并随后跳转到受保护的页面。

在用户成功登录后,网站会根据角色或权限来授予他们相应的访问权限。例如,普通用户可能只具有查看银行账户信息和转账的权限,而管理员用户可能具有额外的权限,如查看敏感报告、编辑用户信息和审批贷款等。

为了实现这些功能,该网站使用了 ASP.NET Core 的授权系统。它根据角色或权限来限制用户对网站的访问权限。在每个受保护的页面或操作之前,网站会检查用户是否具有足够的权限来执行该操作。如果用户没有足够的权限,则将会被拒绝访问该页面或执行该操作。

通过采用 ASP.NET Core 的认证和授权系统,该在线银行网站确保了只有经过身份验证的用户才能访问敏感信息或执行敏感操作。这有助于保护用户的数据安全和隐私,同时使用户能够更加信任和使用该网站。

整个在线银行网站使用了 ASP.NET Core 的认证和授权功能,解决了数据安全和隐私问题,那么这里提到的认证是什么呢？通俗来说，认证是项目安全体系的第一道屏障，当访问者请求进入时，认证体系通过验证对方的凭证来确认其真实身份，认证通过后，才允许进入。虽然ASP.NET Core 提供了多种认证方式，但这些方式的实现都是基于同一个认证模型的。

ASP.NET Core 的认证功能是通过内置一个认证组件来提供，该组件在处理分发给它的请求时，会按照指定的认证方案从请求中提取能够验证用户真实身份的数据，我们一般把这种数据称为安全令牌。认证组件的实现流程如图 8-1 所示。

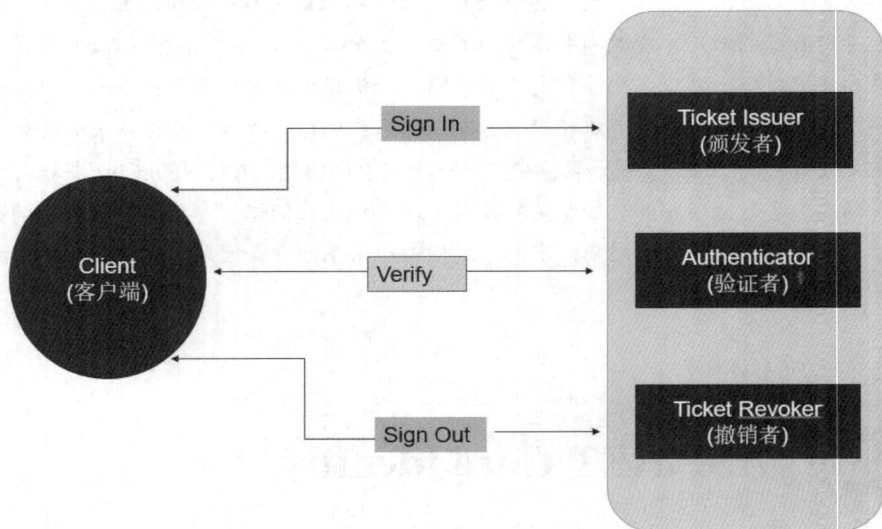

图 8-1　认证组件的实现流程

本任务的目标是通过实践学习，掌握 ASP.NET Core Identity 的使用和配置方法，学习如何实现用户注册、登录等常见的身份验证功能，并实现根据用户角色授权访问的功能。

8.1.2　知识学习

ASP.NET Core Identity 框架

ASP.NET Core MVC 和 ASP.NET MVC 对于身份验证和用户授权的区别在于，虽然两者都使用框架进行实现，但 ASP.NET Core MVC 的依赖注入系统允许更加灵活的身份验证和授权配置，并且使用内置的身份验证和授权中间件，而 ASP.NET MVC 则使用基于外部系统的认证。ASP.NET Core MVC 允许自定义的用户实体和验证流程，它取消了对默认实体类型的限制，提供更加灵活的验证策略。因此，ASP.NET Core MVC 在身份验证和用户授权方面比 ASP.NET MVC 更加灵活和强大。

ASP.NET Core 提供了多种方式来实现身份验证和授权，其中最常用的方法是使用 ASP.NET Core Identity 框架和基于声明的授权。ASP.NET Core Identity 框架是用于构建身份验证和授权功能的开发工具包，它是 ASP.NET Core 的一部分，提供了用户管理、角色管理、登录认证、访问控制等功能，并且能够在数据库中对存储的密码进行安全加密，以及对邮箱进行认证。同时，它也提供了身份验证和授权两个功能。

身份验证的目的是确认用户的身份，以确保只有经过授权的用户可以访问特定的资源、功能或信息。例如，当我们进入一个带有门禁系统的大楼时，通常需要出示一张有效的身份证件(如工作证、学生证或驾驶证)来验证我们的身份。门禁系统会检查我们所提供的身份证件和其中的信息，并与之前存储的授权列表进行比较。如果我们的身份被确认为有效且被授权进入该大楼，则门禁系统将会打开大门并允许进入。在这个例子中，门禁系统就是用于身份验证的系统，而我们提供的身份证件是用作验证身份的凭证。门禁系统通过检查我们的身份证件并与它自己的授权列表进行对比来决定是否让我们进入大楼。这样一来，只有持有有效证件并列示在授权列表上的人才能够通过身份验证并获得进入权限。类似地，计算机和网络系统也利用身份验证来确认用户的身份。用户需要提供正确的用户名和密码，或者使用其他身份验证方式(如指纹、面部识别、二次验证等)，以便系统能够验证他们的身份并授予相应的访问权限。这样可以确保只有合法授权的用户能够登录、访问敏感数据或执行特定操作，从而保护系统安全并防止未经授权的访问。

用户授权的目的是允许用户对其个人数据、隐私和资源进行管理和控制，以及为特定的应用程序、服务或平台提供权限和访问权。例如，当一个团队领导希望将一些特定任务分配给团队成员完成时，其不希望每个成员都拥有完全的权限来访问所有任务和机密信息。在这种情况下，可以使用用户授权来限制每个团队成员所能访问和执行的任务。该团队领导可以为每个成员分配特定的角色或权限级别，并根据责任和需要确定他们可以执行的操作。例如，当指派某个成员为项目经理时，可赋予他管理整个项目的权限，包括创建任务、分配任务给其他成员、查看进度和汇报等。而其他成员可能只被授权执行特定任务，如编写报告、上传文档或提交工作成果，不能管理整个项目或查看其他成员的任务。

通过使用 ASP.NET Core Identity 框架，我们可以方便地实现各种身份验证方法，如用户名/密码认证、外部登录(社交媒体账户等)。该框架还支持自定义用户属性及持久化存储方式，能够灵活地处理用户和角色数据。另外，ASP.NET Core Identity 框架还提供了许多有用的功能，如密码哈希、电子邮件确认、两步验证、重置密码、锁定用户账户等，并且它还支持基于声明的授权和角色管理，以便更好地控制用户的访问权限。

ASP.NET Core Identity 的主要组件如下。

- User(用户)：表示应用程序中的用户，可以包含用户名、密码及其他个人信息。
- Role(角色)：表示用户所属的角色或权限组，用于进行访问控制和权限管理。
- UserManager：用于管理用户，提供创建、删除、修改用户等功能，可用于验证用户凭据、重置密码、发送确认电子邮件等操作。
- SignInManager：负责处理用户登录和注销功能。它可以验证用户的身份凭据，生成和验证标识令牌，管理用户的身份状态等。
- Claims(声明)：声明是关于用户的属性或身份信息的键值对。它用于存储和传递用户的身份特征，如用户名、角色、权限等。
- DbContext：代表应用程序的数据库上下文。它用于将用户和角色信息存储在数据库中。

这些组件协同工作，为应用程序提供身份认证和授权功能，并支持灵活的用户和角色管理。借助这些组件，我们可以轻松实现用户注册、登录、访问控制和身份验证等功能。因此，在.NET 6.0中，我们可以通过使用 ASP.NET Core Identity 框架来实现身份验证和授权等功能。

8.1.3 任务实施

1. 身份验证

当需要使用 ASP.NET Core Identity 框架进行身份验证和授权时，应确保已在计算机中安装了 Microsoft.AspNetCore.Identity 包。另外，为了能让数据库支持身份验证，还需要在 NuGet 包管理库中安装 Microsoft.AspNetCore.Identity.EntityFrameworkCore 包。安装成功后，如图 8-2 所示。

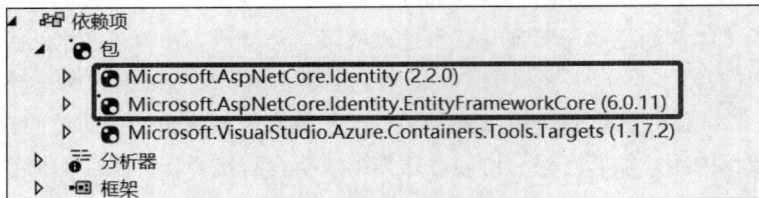

图 8-2　安装验证所需包

安装好所需的包后，我们在项目中创建一个自定义的 User 类，该类需要继承自 IdentityUser，代码如下所示。

```
using Microsoft.AspNetCore.Identity;
namespace Chapter08.Models
{
    public class Users: IdentityUser
    {

    }
}
```

如果要支持数据库验证，则需让 DataBase Context 类继承自 IdentityDbContext<T>类，其中 T 表示 User 类。在应用程序中，我们会使用该 User 类，而 IdentityDbContext 则通过 Entity Framework Core 与数据库进行交互。在 Models 文件夹下创建一个 AppIdentityDbContext 类并继承 IdentityDbContext <User>类，代码如下所示。

```
namespace Chapter08.Models
{
    public class AppIdentityDbContext: IdentityDbContext<User>
    {
        public AppIdentityDbContext(DbContextOptions<AppIdentityDbContext> options):
            base(options)
        { }
    }
}
```

ASP.NET Core Identity 数据库连接字符串(包含数据库名、用户名和密码)通常存储在根目录下的 appsettings.json 文件中。如果项目已经包含了这个文件，我们可以在其中添加以下配置信息。

```
"ConnectionStrings": {
    "DefaultConnection": "Server=(localdb)\\MSSQLLocalDB;Database=IdentityDB;Trusted_Connection=True;
        MultipleActiveResultSets=true"
}
```

在上述连接字符串中，Server 指定 SQL Server 的 LocalDB，Database 指定数据库名称 IdentityDB，Trusted_Connection 设置为 true。由于项目通过使用 Windows 认证链接到数据库，因此我们不需要提供用户名和密码。MultipleActiveResultSets特性表示允许在单个连接中执行多个批处理，使 SQL 语句执行得更快，因此我们将它设置为 true，即 MultipleActiveResultSets=true。

使用 AddDbContext()方法添加 AppIdentityDbContext 类，并指定它使用 SQL Server 数据库，同时在配置文件中获取连接字符串，代码如下所示。

```
builder.Services.AddDbContext<AppIdentityDbContext>(
    options =>options.UseSqlServer(builder.Configuration["ConnectionStrings:DefaultConnection"])
    );
```

接下来，我们需要在 Program.cs 中配置 AspNetCore.Identity 服务启用和授权中间件，示例代码如下所示。

```
using Microsoft.AspNetCore.Identity;
using Microsoft.EntityFrameworkCore;

var builder = WebApplication.CreateBuilder(args);

// 配置数据库连接字符串
var connectionString = builder.Configuration.GetConnectionString("DefaultConnection");

// 添加 AspNetCore.Identity 服务
builder.Services.AddDbContext<AppIdentityDbContext>(options =>
{
    options.UseSqlServer(connectionString);
});
builder.Services.AddIdentity<User, IdentityRole>()
    .AddEntityFrameworkStores<AppIdentityDbContext>();

// 其他服务配置...

var app = builder.Build();

// 中间件配置...
app.UseAuthentication();
app.UseAuthorization();

// 控制器和视图的配置...
app.Run();
```

配置 ASP.NET Core Identity 的相关服务，代码如下。

```
builder.Services.AddIdentity<User, IdentityRole>().
AddEntityFrameworkStores<AppIdentityDbContext>().
```

配置好服务之后，创建一个 LoginViewModel 类用于接收用户登录输入，代码如下。

```
public class LoginViewModel
{
    public string UserName { get; set; }
    public string Password { get; set; }
    public bool RememberMe { get; set; }
}
```

创建一个 AccountController 控制器类处理用户登录验证，代码如下。

```
using Microsoft.AspNetCore.Mvc;
using Microsoft.AspNetCore.Identity;
using System.Threading.Tasks;

public class AccountController : Controller
{
    private readonly UserManager
    private readonly SignInManager

    public AccountController(UserManager<User> userManager, SignInManager<User> signInManager)
    {
        _userManager = userManager;
        _signInManager = signInManager;
    }

    // 显示登录表单
    public IActionResult Login()
    {
        return View();
    }

    // 处理用户登录请求
    [HttpPost]
    public async Task<IActionResult> Login(LoginViewModel model)
    {
        if (ModelState.IsValid)
        {
            var user = await _userManager.FindByNameAsync(model.UserName);
            if (user != null)
            {
                var result = await _signInManager.PasswordSignInAsync(user, model.Password, model.RememberMe,
                        lockoutOnFailure: false);
                if (result.Succeeded)
                {
                    // 登录成功，执行相应操作
                    return RedirectToAction("Index", "Home");
                }
            }

            ModelState.AddModelError("", "用户名或密码不正确。");
        }

        // 若验证失败，则返回登录页面
        return View(model);
    }
}
```

创建一个 Login.cshtml 视图文件来显示登录表单，代码如下。

```
@model LoginViewModel

<form asp-action="Login" method="post">
    <div class="form-group">
        <label for="UserName">用户名：</label>
        <input type="text" class="form-control" id="UserName" name="UserName" required>
    </div>
    <div class="form-group">
        <label for="Password">密码：</label>
        <input type="password" class="form-control" id="Password" name="Password" required>
```

```
    </div>
    <div class="form-group">
        <label for="RememberMe">记住我：</label>
        <input type="checkbox" id="RememberMe" name="RememberMe">
    </div>
    <button type="submit" class="btn btn-primary">登录</button>
</form>
```

以上就是使用 ASP.NET Core Identity 框架实现登录验证的简单示例。

2. 用户授权

通过上述内容我们了解到 ASP.NET Core Identity 框架提供了身份验证与用户授权的功能。前面我们已经使用 ASP.NET Core Identity 框架实现了身份验证，而授权是指确认用户拥有足够的权限来访问请求的资源，如允许用户创建文档库、添加文档、编辑文档和删除文档。在授权过程中，如果用户提供的数据与存储的数据匹配，则身份验证成功，可以执行已向其授权的操作。授权也可以看作是用户对该空间内的对象执行的操作。在登录成功之后，我们可以实现只允许用户访问菜单，而不能访问任务进度页面的效果。为了实现这一点，可以使用【Authorize】特性对任务进度页面进行授权。前提条件是，我们需要像在身份验证中一样，在 Program.cs 文件中注册 Identity 服务，并配置授权策略，代码如下所示。

```
// 配置授权策略
services.AddAuthorization(options =>
{
    options.AddPolicy("RequireAdminRole", policy =>
        policy.RequireRole("Admin"));
});
```

其中 RequireAdminRole 是一个授权策略的名称，表示只有拥有【Admin】角色的用户才能访问被该策略保护的资源。我们可以根据需求配置其他授权策略，如在控制器或 Action 方法上使用[Authorize(Policy = "RequireAdminRole")]特性进行授权限制，代码如下所示。

```
using Microsoft.AspNetCore.Authorization;
using Microsoft.AspNetCore.Mvc;

public class HomeController : Controller
{
    [Authorize(Policy = "RequireAdminRole")]
    public IActionResult AdminOnlyAction()
    {
        // 仅允许具有"Admin"角色的用户访问该 Action
        return View();
    }
}
```

综上，我们创建了一个需要管理员权限的 Action，并学习了如何通过集成 ASP.NET Core Identity 框架在网站中构建注册与登录视图页面，以此来实现用户身份验证。同时，我们也掌握了利用 Authorzation 框架进行用户授权的方法。这为今后在企业网站中添加身份验证与授权功能奠定了基础。

任务 8.2 　JWT

8.2.1　任务描述

除 ASP.NET Core Identity 框架可用于身份验证与用户授权外，目前在企业中使用 JWT(JSON Web Token)进行鉴权和授权也是十分主流的一种方式。在上一任务中，我们已经学习了 Identity 的认证和授权方式。本任务的目标是学习和实践 JWT 在 ASP.NET Core 中的应用，并学习如何生成和验证 JWT，以及了解其结构和工作原理。此外，我们还将学习如何在 ASP.NET Core 应用程序中实现基于 JWT 的身份验证和授权机制。通过配置中间件和编写认证逻辑，我们将掌握如何在用户登录后生成 JWT，并在用户请求时验证其有效性。

8.2.2　知识学习

1. 什么是 JWT

在 Web 2.0 时代，实现用户登录功能的经典做法是用 Session。但是随着时代的发展，Session 认证的缺点日益明显，例如，如果使用分布式部署应用，则 Session 将面临不能共享及难以扩展的问题。随着 Restful API 和微服务的兴起，基于 token 的认证已越来越普遍。基于 token 的用户认证是一种服务端无状态的认证方式，即 token 本身包含登录用户所有的相关数据，而客户端在认证后的每次请求都会携带 token，因此服务器端无须存放 token 数据。采用 token 认证方式的流程与 Session 流程类似，不同之处在于其保存的是一个 token，而非 session 数据。在实际应用中，我们会将这个 token 存储在 Redis 中，并为其设置一个过期时间。每次客户端请求服务时，都会在请求头中带上该 token。后端接收到 token 后，会查询 Redis 以验证其是否存在，如果存在，则表示用户已认证；如果不存在，则跳到登录界面让用户重新登录，登录成功后返回一个 token 值给客户端。采用基于 token 的用户认证方式的优点是解决了传统 Session 共享、容易扩展的问题，缺点是每次请求都需要查询一次 Redis，频繁的请求增加了服务器的压力，且每登录一个用户都会消耗 Redis 的存储空间。鉴于此，JWT 作为一种更好的方式，得到了广泛应用。

JWT 是一种基于 token 认证的交互机制，它定义了一种紧凑且自包含的方式，使用 JSON 格式来保存令牌信息。JWT 由三部分组成，即头部(Header)、载荷(Payload)和签名(Signature)，每部分都使用 Base64 编码，并通过点号连接起来。JWT 机制不是将用户的登录信息保存在服务器端，而是将登录信息(也叫作令牌)保存在客户端。为了防止客户端的数据造假，需对保存在客户端的令牌进行签名处理，而签名的密钥只有服务器端才知道，每次服务器端收到客户端提交的令牌时都要检查一下签名，如果发现数据被篡改，则拒绝接收客户端提交的令牌。通常使用 JWT 实现登录的流程为：客户端向服务器发送用户名、密码等请求登录，服务器端校验用户名、密码，如果校验成功，则从数据库中取出该用户的 ID、角色等相关信息。服务器端采用只有服务器端才知道的密钥来对用户信息的 JSON 字符串进行签名，形成签名数据。服务器端将用户信息的 JSON 字符串和签名拼接到一起形成 JWT 后，发送给客户端。客户端保存服务器端返回的 JWT，并且在客户端每次向服务器端发送请求时都带上该 JWT。每次服务器端收到浏览器请求中携带的 JWT 后，服务器端用密钥对 JWT 的签名进行校验，如果校验成功，服务器端则从 JWT 的 JSON 字符串中读取用户的信息。我们可以通过如图 8-3 所示的 JWT 流程图来详细了解一下。

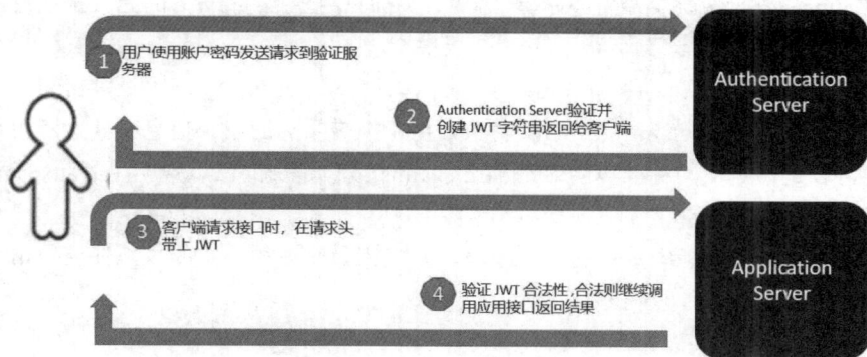

图 8-3 JWT 流程图

图 8-3 中，首先，用户使用账号、密码请求登录，登录的请求发送到 Authentication Server 后，进行用户验证；其次，创建 JWT 字符串并将其返回给客户端，客户端在后续请求接口时，需在请求头中带上该 JWT；最后，Application Server 对 JWT 的合法性进行验证，如果合法，则继续调用应用接口返回结果。通过流程我们可以发现，JWT 是将数据存储在客户端，不需要依赖 Redis。

由于 JWT 包含了所有需要的信息，因此，服务器不需要在后端存储任何会话信息。这样可以有效地减轻服务器的负载，并使得构建可扩展的系统更加容易。另外，服务器可以验证令牌的签名来确保内容未被篡改，并确保仅受信任的发行者能够生成令牌。总的来说，JWT 具有轻量级、跨平台、无状态、安全性强和可扩展性等优势，这使得其成为当前市场上广泛应用于身份验证和授权的标准机制。

2. JWT 的基本使用

JWT 通常呈现为一个由“.”分隔的字符串，该字符串包含三个部分，即头部(Header)、载荷(Payload)和签名(Signature)，如下所示。

aaaaa.bbbbb.ccccc

1) 头部

JWT 的头部部分是一个 JSON 对象，用于描述 JWT 的元数据信息。头部通常包含两个字段：alg(Algorithm)和 typ(Type)。

(1) alg 字段。

alg 字段表示使用的签名算法。常见的算法有以下两种。

- HS256：HMAC-SHA256，使用对称加密算法生成签名。
- RS256：RSA-SHA256，使用非对称加密算法生成签名。

(2) typ 字段。

typ 字段表示 JWT 的类型，一般为"JWT"。例如，一个 JWT 的头部可以表示如下。

```
{
    "alg": "HS256",
    "typ": "JWT"
}
```

在实际应用中，头部需要经过 Base64 编码后放在 JWT 的第一部分，即 header.payload. signature 中的 header 部分。需要注意的是，JWT 头部只用于描述 JWT 的元数据信息，并不包含实际的用户信息或授权信息。

2) 载荷

载荷是一个包含声明(claim)的 JSON 对象，用于携带实际的用户信息和其他相关数据。载荷中的声明可以是预定义的标准声明(Standard Claims)或自定义的私有声明(Private Claims)。

(1) 标准声明。

标准声明是 JWT 规范中定义的常用字段，开发人员应遵循一定的规范使用。常用的标准声明有如下几个。

- iss(Issuer)：表示 JWT 的签发者。
- sub(Subject)：表示 JWT 所面向的用户或主题。
- aud(Audience)：表示 JWT 的接收者。
- exp(Expiration Time)：表示 JWT 的过期时间。
- nbf(Not Before)：表示 JWT 的生效时间。
- iat(Issued At)：表示 JWT 的签发时间。
- jti(JWT ID)：表示 JWT 的唯一标识符。

(2) 私有声明。

如果需要自定义，则可以进行私有声明。开发人员可以根据自己的需求定义和使用私有声明，但应注意避免与标准声明冲突。例如，一个包含标准声明的 JWT 载荷如下所示。

```
{
    "iss": "example.com",
    "sub": "user123",
    "exp": 1699999999
}
```

在实际应用中，载荷需要经过 Base64 编码后放在 JWT 的第二部分，即 header.payload. signature 中的 payload 部分。需要注意的是，虽然 JWT 的载荷可以携带用户信息和其他相关数据，但为了安全考虑，敏感的信息(如密码)应避免存储在 JWT 中的载荷部分，而应使用安全的方式进行传输和处理。

3) 签名

签名用于验证 JWT 的可靠性和完整性。

签名是将头部和载荷进行特定处理后，再使用密钥对其进行加密生成的。验证时，接收方使用相同的密钥再次对头部和载荷进行处理，并与 JWT 中的签名进行比较，如果相同，则表示 JWT 是有效的。需要注意的是，签名并不加密 JWT 的内容，只是用于验证 JWT 是否被篡改。因此，在需要保护敏感信息的情况下，还应使用额外的加密机制来保护数据的机密性。

签名的作用是确保 JWT 在传输过程中没有被篡改或伪造。只有拥有正确密钥的人才能生成有效的签名，并且接收方可以通过比较签名来验证 JWT 的真实性。

8.2.3 任务实施

在 Chapter08 的解决方案中添加 ASP.NET Core Web API 项目 Chapter08_jwt，我们将在此项目中练习 JWT 身份验证的使用。

使用 JWT 身份验证需要先安装 Microsoft.AspNetCore.Authentication.JwtBearer 包，并在 Program.cs 文件中添加 JWT 身份验证服务。代码如下所示。

```
var builder = WebApplication.CreateBuilder(args);
// 添加身份验证服务
builder.Services.AddAuthentication(JwtBearerDefaults.AuthenticationScheme)
    .AddJwtBearer(options =>
    {
        options.TokenValidationParameters = new TokenValidationParameters
        {
            ValidateIssuer = true,
            ValidateAudience = true,
            ValidateLifetime = true,
            ValidateIssuerSigningKey = true,
        ValidIssuer = "your-issuer",
        ValidAudience = "your-audience",
        IssuerSigningKey = new SymmetricSecurityKey(Encoding.UTF8.GetBytes("your-secret-key"))
        };
    });
builder.Services.AddSwaggerGen(c =>
{
    c.AddSecurityDefinition("Bearer", new OpenApiSecurityScheme
    {
        Description = "直接在下拉框中输入 JWT 生成 Token，格式为 Bearer [token],注意两者之间需要有空格",
        Name = "Authorization",
        In = ParameterLocation.Header,
        Type = SecuritySchemeType.ApiKey,
        BearerFormat = "JWT",
        Scheme = "Bearer"
    });
    c.AddSecurityRequirement(new OpenApiSecurityRequirement{
        {
            new OpenApiSecurityScheme{
                Reference =new OpenApiReference{
                Type=ReferenceType.SecurityScheme,
                Id="Bearer"
                }
            },new string[]{ }
        }
    });
});
builder.Services.AddControllers();
builder.Services.AddEndpointsApiExplorer();
var app = builder.Build();
if (app.Environment.IsDevelopment())
{
    app.UseSwagger();
    app.UseSwaggerUI();
}
app.UseHttpsRedirection();
```

```
app.UseAuthentication();        // 认证中间件
app.UseAuthorization();         //授权中间件
app.MapControllers();
app.Run();
```

在上述代码中，我们可以将 your-issuer、your-audience 和 your-secret-key 替换成实际的业务值。这些参数将用于验证 JWT 令牌的颁发者、接收者和签名。

接下来，我们需要生成 JWT。示例如下。

```
public string GenerateToken(User user)
{
    var tokenHandler = new JwtSecurityTokenHandler();
    var key = Encoding.ASCII.GetBytes("your_secret_key_here");
    var tokenDescriptor = new SecurityTokenDescriptor
    {
        Issuer = " your-issuer ",
        Audience = " your-audience ",
        Subject = new ClaimsIdentity(new Claim[]
        {
            new Claim(ClaimTypes.Name, user.Username),
            new Claim(ClaimTypes.Email, user.Email)
        }),
        Expires = DateTime.UtcNow.AddDays(7),
        SigningCredentials = new SigningCredentials(new SymmetricSecurityKey(key), Security Algorithms.
            HmacSha256Signature)
    };
    var token = tokenHandler.CreateToken(tokenDescriptor);
    return tokenHandler.WriteToken(token);
}
```

在上面的代码中，我们使用 JwtSecurityTokenHandler 类生成 JWT。另外，我们还使用了 SecurityTokenDescriptor 类来设置 JWT 的主题、过期时间和签名凭据。

使用 JWT 进行身份验证，示例如下。

```
[Authorize]
[ApiController]
[Route("[controller]")]
public class UserController : ControllerBase
{
    [HttpGet]
    public IActionResult Get()
    {
        var user = HttpContext.User.Identity.Name;
        return Ok(user);
    }
}
```

在上面的代码中，我们使用了 Authorize 属性来标记 Get 方法，以确保只有经过身份验证的用户才能访问该方法。此外，我们还使用了 HttpContext.User.Identity.Name 来获取当前用户的用户名。

使用 JWT 进行授权可以按照如下代码操作。

```
[HttpGet]
[Route("GetRole")]
[Authorize(Roles = "Admin")]
public IActionResult GetRole()
{
    return Ok("Hello Admin!");
}
```

在上面的代码中，我们使用了Authorize属性来标记GetRole方法，并指定只有具有Admin角色的用户才能访问该方法。此外，我们还使用了Ok方法返回"Hello Admin!"消息。

通过以上示例可知，在ASP.NET Core中可利用JWT实现身份验证与授权。在实际应用中，我们可以根据业务需求，选择使用ASP.NET Core Identity框架或JWT来进行身份验证和授权。

素养园地

安全和风险意识——软件开发的生命线

党的二十大中报告中明确指出，推进国家安全体系和能力现代化的总体要求包括以下几个方面：

（五）以军事、科技、文化、社会安全为保障。军事手段是维护国家安全的保底手段，科技是国家强盛的基石，文化是一个民族、一个国家的灵魂，社会安全关乎经济发展和人民福祉。在推进国家安全体系和能力现代化的过程中，我们要积极应对军事、科技、文化、社会等领域出现的新情况和新问题，遵循各领域的特点和规律，建立完善强基固本、化险为夷的各项对策措施，为维护国家安全提供硬实力和软实力保障。

（六）以促进国际安全为依托。经济全球化时代，各国安全相互关联、相互影响，没有任何一个国家能够脱离国际安全的大环境而实现自身安全。因此，在推进国家安全体系和能力现代化的进程中，我们需要积极推动树立共同、综合、合作、可持续的全球安全观，加强国际上的安全合作，共同构建普遍安全的人类命运共同体，为我国现代化建设营造一个良好的外部安全环境。

启明星辰信息技术集团股份有限公司成立于1996年，由留美博士严望佳女士创建，该公司既是网络安全产业中主力经典产业板块的龙头企业，也是新兴前沿产业板块的引领企业，还是可持续健康业务模式和健康产业生态的支柱企业。

作为2008年北京奥组委核心信息安全产品、服务及解决方案提供商，启明星辰得到了国家主管部门的高度认可。之后，启明星辰历经世博会、亚运会、G20峰会、一带一路峰会、上合峰会、博鳌亚洲论坛、国庆70周年、建党100周年及嫦娥号、天宫号、玉兔号等众多国家级重大安保项目洗礼，积累了丰富的实战经验，成为国家网络安全事业不可或缺的主力军。

2024年1月，启明星辰正式由中国移动实控，标志着公司迈入全新的发展阶段。中国移动致力于推动信息通信技术服务经济社会民生，以创世界一流企业、做网络强国、数字中国、智慧社会主力军为目标，已成为全球网络规模最大、客户数量最多、盈利能力和品牌价值领先、市值排名前列的电信运营企业。

多年来，启明星辰持续深耕于信息安全行业，始终以用户的需求为根本动力，将场景化安全思维融入客户的实际业务环境中，不断进行创新实践，帮助客户建立完善的安全保障体系，逐渐成为政府、金融、能源、运营商、税务、交通、制造等国内高端企业级客户的首选品牌。启明星辰入侵检测/入侵防御、统一威胁管理、安全管理平台、数据安全、运维安全审计、数据库安全审计与防护、漏洞扫描、工业防火墙、硬件WAF、托管安全服务等十余款产品持续多年保持第一品牌。

习近平总书记强调，没有网络安全就没有国家安全，没有信息化就没有现代化。启明星辰将在中国移动的引领下，充分发挥自身安全禀赋和中国移动云网等资源优势，携手构建全新的大网信安全板块，并致力于成为该领域的缔造者与领军者，为推动我国大网信安全事业的进步贡献强大力量。

单元小结

- ASP.NET Core Identity 是一个用于身份验证和授权的开发框架，专门为 ASP.NET Core 应用程序设计。它提供了一套功能强大的身份管理系统，使开发人员能够轻松实现用户注册、登录、角色管理、权限控制等核心身份认证和授权功能。
- JWT(JSON Web Token)是一种用于在网络上安全传输信息的开放标准。它由三部分组成，即头部(Header)、载荷(Payload)和签名(Signature)。每部分都使用 Base64 编码，并通过点号连接，形成一个紧凑且自包含的字符串。
- JWT 提供了身份验证和授权的安全性，将数据保存在客户端，使得用户可以访问受保护资源而不需要再次提供用户名和密码。
- ASP.NET Core 授权与认证可以帮助我们更好地理解和应用相关的技术手段，提高我们识别和预防潜在风险的能力。

单元自测

■ 选择题

1. 在 ASP.NET Core Identity 中，下列可以在控制器中验证用户是否具有特定的角色权限的是(　　)。

　　A. User.IsAuthenticated　　　　　　　　B. User.HasRole("Admin")

　　C. AuthorizeAttribute　　　　　　　　　D. User.Claims

2. 在 ASP.NET Core Identity 中，下列用于管理用户角色信息及判断用户是否属于某个角色的组件是(　　)。

　　A. UserManager<TUser>　　　　　　　　B. RoleManager<TRole>

　　C. SignInManager<TUser>　　　　　　　D. ClaimsPrincipal

3. 在 ASP.NET Core Identity 中，下列可以限制只有具有特定角色的用户才能访问某个控制器动作方法的是(　　)。

　　A. [AllowAnonymous]　　　　　　　　　B. [Authorize(Roles = "Admin")]

　　C. [Authorize(Policy = "AdminOnly")]　　D. [Authorize]

4. JWT 的全称是(　　)。

　　A. JavaScript Web Token　　　　　　　B. JSON Web Transfer

　　C. JSON Web Token　　　　　　　　　　D. 认证令牌

5. 在 JWT 中，(　　)包含了用于验证和解析 JWT 的签名信息。

　　A. Header　　　　　　　　　　　　　　B. Payload

　　C. Signature　　　　　　　　　　　　　D. Claims

■ 问答题

1. ASP.NET Core Identity 的主要组件有哪些?
2. JWT 的优点是什么?
3. 请简要解释一下 JWT 的工作原理。

上机实战

■ 上机目标

使用 ASP.NET Core Identity 框架实现用户注册和登录。

■ 上机练习

练习：使用 ASP.NET Core Identity 框架实现 CourseManagement 项目的注册和登录功能，界面分别如图 8-4 和图 8-5 所示。

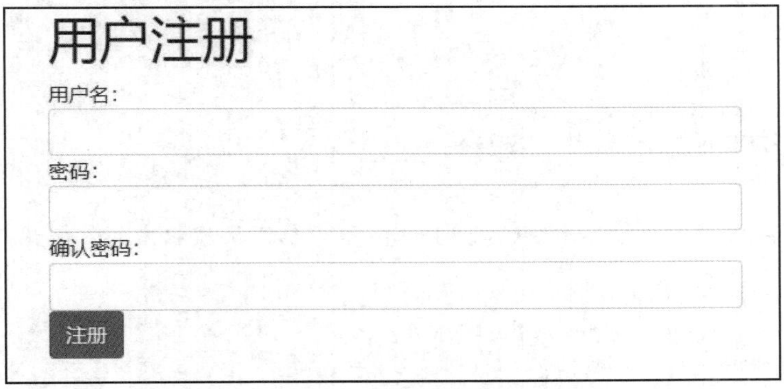

图 8-4 用户注册界面

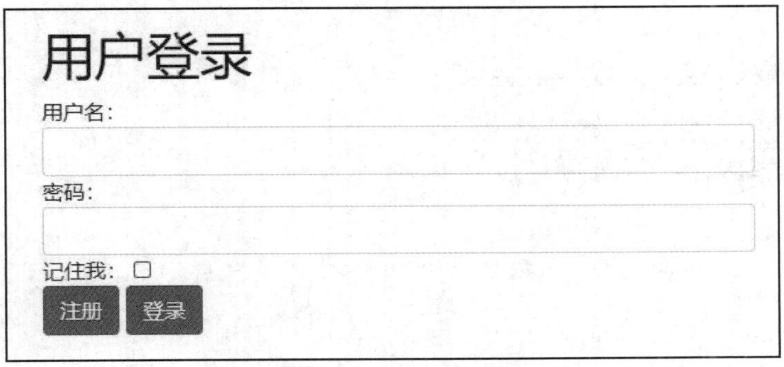

图 8-5 用户登录界面

【问题描述】

使用 ASP.NET Core Identity 框架实现 CourseManagement 项目的注册和登录功能。

【问题分析】

(1) 在 NuGet 包管理库安装 Microsoft.AspNetCore.Identity.EntityFrameworkCore 包。

(2) 使 CourseDbContext 类继承 IdentityDbContext 类。

(3) 在 Program.cs 中配置 AspNetCore.Identity 服务启用和授权中间件。

(4) 创建 RegisterViewModel 类用于接收用户注册输入。

(5) 创建 LoginViewModel 类用于接收用户登录输入。

(6) 创建 AccountController 控制器类处理用户注册和登录验证。

(7) 创建 Register.cshtml 视图作注册界面。

(8) 创建 Login.cshtml 视图作登录界面。

【参考步骤】

(1) 在 NuGet 包管理库中安装 Microsoft.AspNetCore.Identity.EntityFrameworkCore 包。

(2) 使 CourseDbContext 类继承 IdentityDbContext 类，代码如下所示。

```
public class CourseDbContext : IdentityDbContext<IdentityUser>
{
    // 添加带有 DbContextOptions 参数的构造函数
    public CourseDbContext(DbContextOptions<CourseDbContext> options) : base(options)
    {
    }

    public DbSet<Course> Courses { get; set; }
    public DbSet<CourseSection> CourseSections { get; set; }
}
```

(3) 在 Program.cs 中配置 AspNetCore.Identity 服务启用和授权中间件，代码如下所示。

```
using CourseManagement.Models;
using Microsoft.AspNetCore.Authentication.JwtBearer;
using Microsoft.AspNetCore.Identity;
using Microsoft.EntityFrameworkCore;
using Microsoft.IdentityModel.Tokens;
using System.Text;

var builder = WebApplication.CreateBuilder(args);

// Add services to the container.
builder.Services.AddControllersWithViews();

//设置并注册 Session 服务
builder.Services.AddDistributedMemoryCache(); //通常在使用分布式时开启

builder.Services.AddSession(options =>
{
    options.IdleTimeout = TimeSpan.FromSeconds(10);//设置默认超时时间
    options.Cookie.HttpOnly = true;
    options.Cookie.IsEssential = true;
});

builder.Services.AddDbContext<CourseDbContext>(options =>
```

```
options.UseSqlServer(builder.Configuration.GetConnectionString("CourseDbContext")));

builder.Services.AddIdentity<IdentityUser, IdentityRole>().AddEntityFrameworkStores<CourseDbContext>();

// 配置授权策略
builder.Services.AddAuthorization(options =>
{
    options.AddPolicy("RequireAdminRole", policy =>
        policy.RequireRole("Admin"));
});

var app = builder.Build();

// Configure the HTTP request pipeline.
if (!app.Environment.IsDevelopment())
{
    app.UseExceptionHandler("/Home/Error");
    // The default HSTS value is 30 days. You may want to change this for production scenarios, see https://aka.ms/aspnetcore-hsts.
    app.UseHsts();
}

app.UseHttpsRedirection();
app.UseStaticFiles();

app.UseRouting();

app.UseAuthentication();
app.UseAuthorization();

//注册 Session 中间件
app.UseSession();

app.MapControllerRoute(
    name: "default",
    pattern: "{controller=Home}/{action=Index}/{id?}");

app.Run();
namespace CourseManagementAPI.Models
```

(4) 创建 RegisterViewModel 类用于接收用户注册输入，代码如下所示。

```
public class RegisterViewModel
{
    [Required]
    public string UserName { get; set; }
    [Required]
    [DataType(DataType.Password)]
    public string Password { get; set; }
    [DataType(DataType.Password)]
    [Compare("Password", ErrorMessage = "密码与确认密码不一致，请重新输入.")]
    public string ConfirmPassword { get; set; }
}
```

(5) 创建 LoginViewModel 类用于接收用户登录输入，代码如下所示。

```
public class LoginViewModel
{
    [Required]
    public string UserName { get; set; }
    [Required]
    [DataType(DataType.Password)]
    public string Password { get; set; }
    public bool RememberMe { get; set; }
}
```

(6) 创建 AccountController 控制器类处理用户注册和登录验证，代码如下所示。

```
public class AccountController : Controller
{
    private UserManager<IdentityUser> _userManager;
    private SignInManager<IdentityUser> _signInManager;

    public AccountController(UserManager<IdentityUser> userManager, SignInManager<IdentityUser> signInManager)
    {
        _userManager = userManager;
        _signInManager = signInManager;
    }

    [HttpGet]
    public IActionResult Register()
    {
        return View();
    }

    [HttpPost]
    public async Task<IActionResult> Register(RegisterViewModel model)
    {
        if (ModelState.IsValid)
        {
            var user = new IdentityUser
            {
                UserName = model.UserName,
            };
            var result = await _userManager.CreateAsync(user, model.Password);
            if (result.Succeeded)
            {
                await _signInManager.SignInAsync(user, isPersistent: false);
                return RedirectToAction("Login");
            }
            foreach (var error in result.Errors)
            {
                ModelState.AddModelError(string.Empty, error.Description);
            }
        }

        return View(model);
    }

    [HttpGet]
    public IActionResult Login()
    {
```

```
            return View();
        }

        [HttpPost]
        public async Task<IActionResult> Login(LoginViewModel model)
        {
            if (ModelState.IsValid)
            {
                var user = await _userManager.FindByNameAsync(model.UserName);
                if (user != null)
                {
                    var result = await _signInManager.PasswordSignInAsync(user, model.Password, model.RememberMe,
                        lockoutOnFailure: false);
                    if (result.Succeeded)
                    {
                        // 登录成功，执行相应操作
                        return RedirectToAction("Index", "CourseDB");
                    }
                }

                ModelState.AddModelError("", "用户名或密码不正确。");
            }

            // 若验证失败，则返回登录页面
            return View(model);
        }

        [HttpPost]
        public async Task<IActionResult> Logout()
        {
            await _signInManager.SignOutAsync();
            return RedirectToAction("index", "home");
        }
    }
}
```

(7) 创建 Register.cshtml 视图作注册界面，代码如下所示。

```
@model RegisterViewModel

<h1>用户注册</h1>
<form asp-action="Register" method="post">
    <div class="form-group col-md-5">
        <label for="UserName">用户名：</label>
        <input type="text" class="form-control" id="UserName" name="UserName" required>
    </div>
    <div class="form-group col-md-5">
        <label for="Password">密码：</label>
        <input type="password" class="form-control" id="Password" name="Password" required>
    </div>
    <div class="form-group col-md-5">
        <label for="Password">确认密码：</label>
        <input type="password" class="form-control" id="ConfirmPassword" name="ConfirmPassword" required>
    </div>
    <button type="submit" class="btn btn-primary">注册</button>
</form>
```

(8) 创建 Login.cshtml 视图作登录界面，代码如下所示。

```
@model LoginViewModel

<h1>用户登录</h1>
<form asp-action="Login" method="post">
    <div class="form-group col-md-5">
        <label for="UserName">用户名：</label>
        <input type="text" class="form-control" id="UserName" name="UserName" required>
    </div>
    <div class="form-group col-md-5">
        <label for="Password">密码：</label>
        <input type="password" class="form-control" id="Password" name="Password" required>
    </div>
    <div class="form-group col-md-5">
        <label for="RememberMe">记住我：</label>
        <input type="checkbox" id="RememberMe" name="RememberMe">
    </div>
    <a href="Register" class="btn btn-primary">注册</a>
    <button type="submit" class="btn btn-primary">登录</button>
</form>
```

ASP.NET Core发布与部署

课程目标

项目目标
❖ 将任务管理系统以本地文件夹形式发布
❖ 将项目部署到 IIS 中并测试
❖ 模拟任务管理系统跨平台创建与发布

技能目标
❖ 掌握发布应用程序到本地文件夹的方式
❖ 掌握部署应用程序到 IIS 服务器的方式
❖ 掌握 ASP.NET Core 项目在 Linux 上的创建和发布

素养目标
❖ 具有跨平台的思维方式
❖ 具备程序员跨平台设计能力
❖ 具有程序员的基本素养

简介

至此，我们已经可以完成一个完整的项目应用，本单元我们将学习如何发布和部署 ASP.NET Core 应用程序。ASP.NET Core 作为一种新型的 Web 开发框架，具有跨平台、高效率、轻量级和模块化等特点，已成为国内外广泛使用的技术之一。在开发过程中，ASP.NET Core Web 的发布与部署是关键环节，对保证项目的质量和效率具有重要意义。学完本单元，我们将能够掌握 ASP.NET Core Web 的发布与部署，并能够正确配置 Web 应用，将其打包并部署到服务器上，确保应用的稳定性和安全性。此外，读者通过本单元还将了解和掌握一些常见的性能优化技巧，以提高 Web 应用的性能，这将为我们今后从事 Web 开发工作打下坚实的基础，同时为在相关领域的发展提供有力的支持。

任务 9.1　发布程序到本地文件夹

9.1.1　任务描述

发布 ASP.NET Core 应用程序到本地文件夹是将构建的应用程序及其依赖项复制到一个指定的文件夹中，以便在没有源代码的环境中运行。本任务的目标是通过实践学习如何将 ASP.NET Core 项目发布到本地文件夹。我们将学习如何使用 Visual Studio 来执行发布过程，并了解如何配置发布设置以满足特定的部署需求。完成此任务后，我们将能够在本地计算机的文件夹中找到一个包含发布后应用程序的文件集合，这些文件可以部署到其他服务器或环境中。

9.1.2　知识学习

当新建一个网站后，为了让用户更好地访问该网站，我们需要将应用程序部署到互联网上，让用户可以通过互联网访问和使用该网站。将程序部署到生产环境之后，可以进一步测试和优化，以确保应用程序的稳定性和性能。ASP.NET Core Web 应用程序可以跨平台运行，因此可以将应用程序部署到不同的操作系统和服务器上，以充分利用不同的硬件和软件资源。在部署应用程序之前，我们需要先发布应用程序。

发布是指将软件的新版本发布到生产环境中，使用户可以访问和使用。发布通常包括编译、测试、打包和部署等步骤。在 ASP.NET Core 中，发布是指将编译好的代码和相关资源(如视图、静态文件等)打包成部署单元(如发布包或容器)后，将其部署到目标环境中。

部署是指将软件的新版本安装并运行在目标环境中。在 ASP.NET Core 中，部署通常包括将发布包或容器部署到目标服务器上，并将其运行在特定的环境(如开发、测试、生产等)中。部署过程可能需要配置应用程序的各个方面，如 URL 路由、数据库连接字符串、环境变量等。

9.1.3　任务实施

在发布应用程序时，首先在 Visual Studio 中选中项目，右击选择【发布(B)...】选项，如图 9-1 所示，弹出【发布】项目窗口。

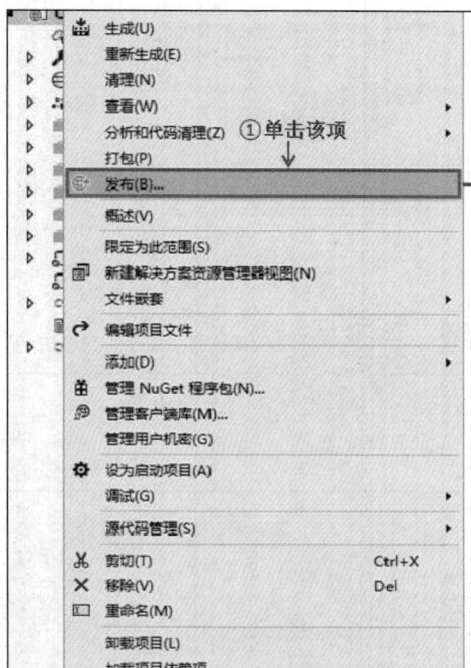

图 9-1　选择【发布】选项

在【发布】窗口中选择【文件夹】，如图 9-2 所示。

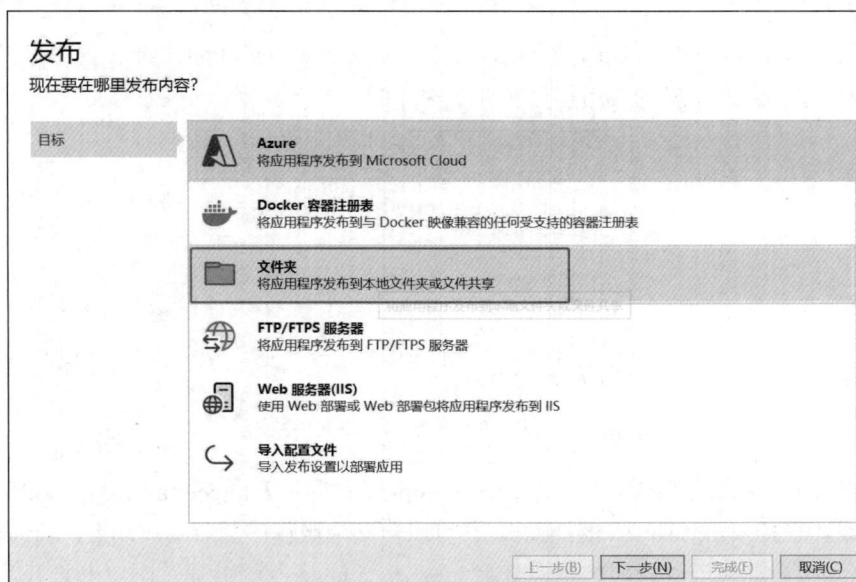

图 9-2　【发布】窗口

做完上述操作并确定文件发布的位置后，单击【完成】按钮，如图 9-3 所示。

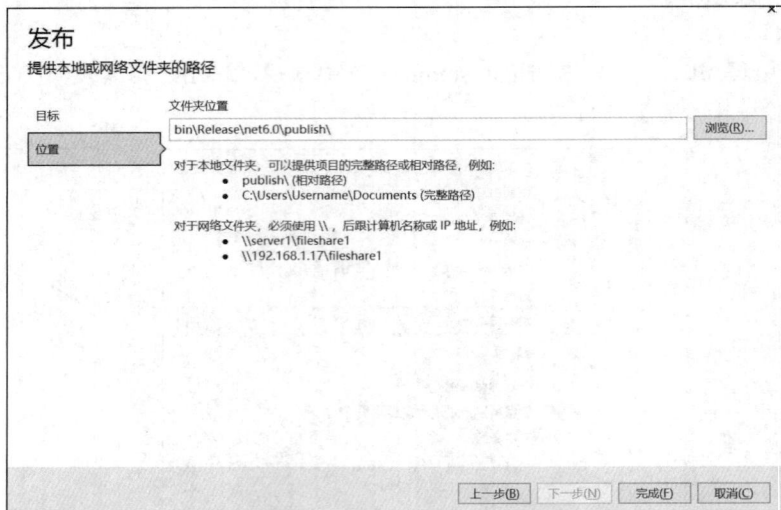

图 9-3　发布目标位置

发布完成后输出，如图 9-4 所示。

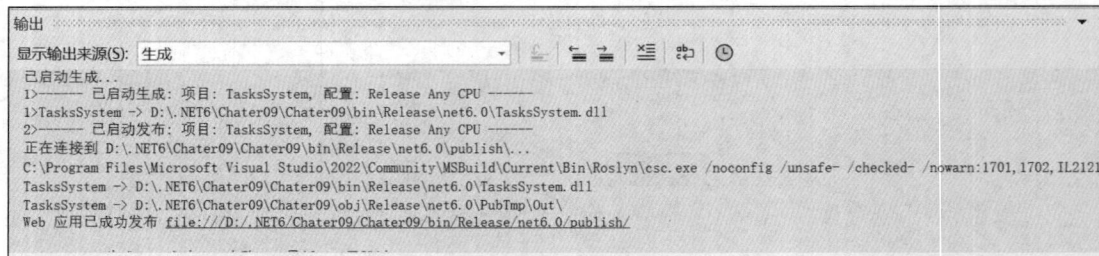

图 9-4　发布成功

此时，在 file:///D:/.NET6/Chater09/Chater09/bin/Release/net6.0/publish/位置中可查看我们发布好的应用程序。发布完成的应用程序文件结构如图 9-5 所示。

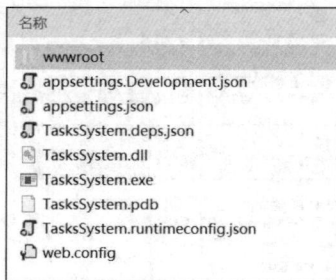

图 9-5　发布完成的应用程序文件结构

在发布好的文件夹地址栏中，打开 cmd 命令窗口，输入【dotnet TasksSytem.dll】命令，按 Enter 键，或者直接双击 TasksSystem.exe，都可以启动应用程序。启动成功后，会在 cmd 命令窗口中输出一些启动应用成功的信息，复制 http://localhost:5001 并通过浏览器打开，可访问发布好的应用程序，如图 9-6 所示。

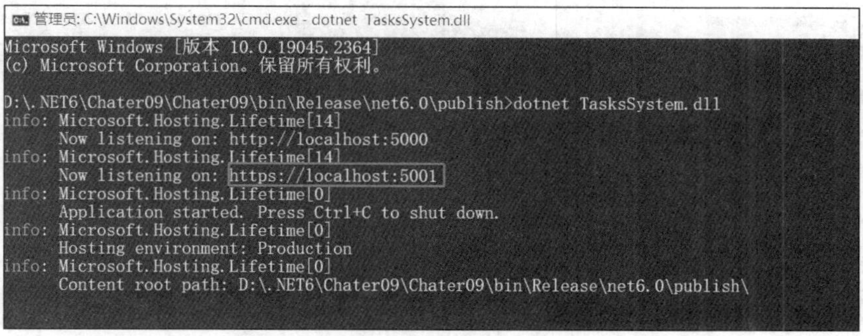

图 9-6　检测发布结果

任务 9.2　在 IIS 中部署项目

9.2.1　任务描述

IIS(Internet Information Services，互联网信息服务)是微软公司提供的一种基于运行 Microsoft Windows 的互联网基本服务，它是一种 Web(网页)服务组件，包含了 Web 服务器、FTP 服务器、NNTP 服务器和 SMTP 服务器，分别用于网页浏览、文件传输、新闻服务和邮件发送等方面。IIS 服务器使得在网络(包括互联网和局域网)上发布信息成了一件很容易的事。在部署之前，我们需先在 Windows 上配置好 IIS，然后再将 ASP.NET Core 项目部署到 IIS 上。

本任务的目标是将 ASP.NET Core 项目部署到 IIS 服务器上，我们将学习如何配置 IIS 来托管 ASP.NET Core 应用程序，包括安装必要的 IIS、设置应用程序池、配置网站和应用程序设置等，实现发布应用程序到 IIS 服务器中。

9.2.2　任务实施

1. 在 Windows 服务器上配置 IIS

在 Windows 系统中，打开【控制面板】→【程序】→【启用或关闭 Windows 功能】，在弹出的如图 9-7 所示的对话框中，依次单击【下一步】按钮。

按提示进行下一步操作，进入【选择服务器角色】面板，选中【Web 服务器(IIS)】选项来安装 IIS 服务管理器，如图 9-8 所示。

完成 IIS 服务器安装后，进行 ASP.NET Core 应用程序运行环境的配置。需要注意的是，在此处有时也会面临失败的问题，如果配置 IIS 失败，则需先排除当前的系统是否是家庭版，因为 Windows 家庭版不支持 IIS。若排除这些问题后仍不能解决 IIS 启用失败的问题，则可以尝试使用管理员身份启动命令提示符窗口，并在窗口输入【dism/online/enable-feature/all/featurename: IIS-WebServer/NoRestart】命令进行启用，如图 9-9 所示。

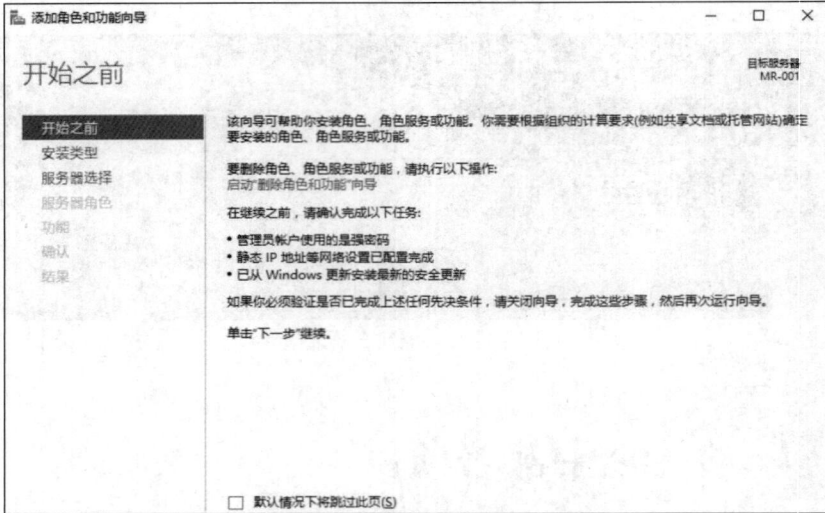

图 9-7　添加角色对话框

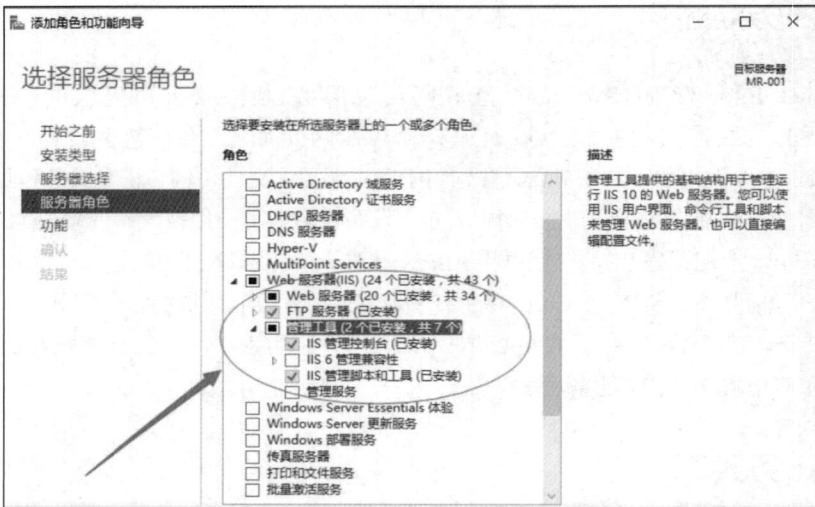

图 9-8　服务器选项

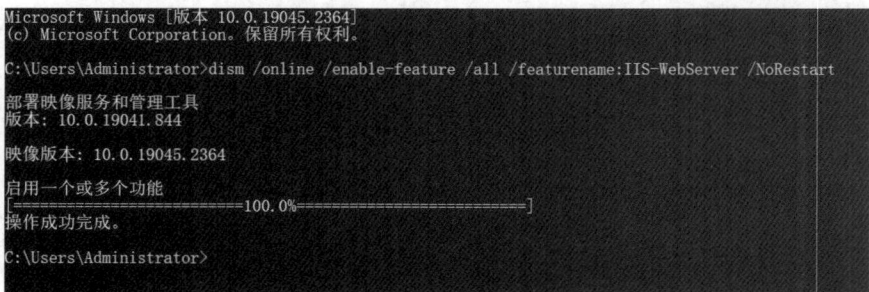

图 9-9　使用命令启用 IIS 服务器

　　启用后，我们可以打开浏览器，在地址栏中输入 localhost 或 127.0.0.1 来检测是否能成功访问，当看到的访问页面如图 9-10 所示时，表示 IIS 启用成功。如果仍然"失败"，则需要打开

Windows 服务，并确保所有 IIS 服务都处于"已启动"状态。我们可以通过打开【控制面板】→【管理工具】→【服务】来实现这一点。在服务窗口中，我们需要找到所有以 W3SVC 开头的服务，并确保它们处于【已启动】状态。若需要，可进行多次排除，直至成功。

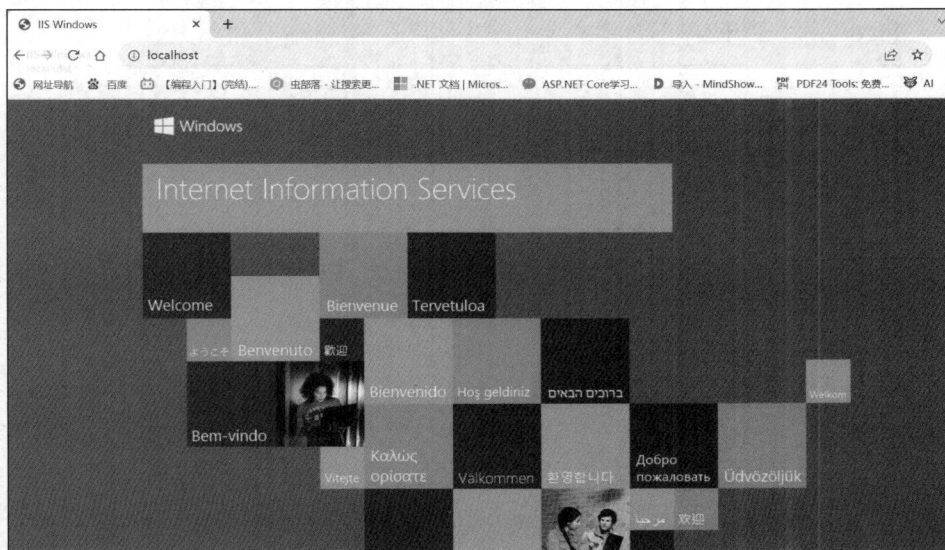

图 9-10 IIS 安装完成

成功配置完 IIS 后，还需要从微软官方主页(Download .NET (Linux, macOS, and Windows))下载捆绑包，并在 IIS 服务器上安装.NET Core 托管捆绑包，该捆绑包可以安装.NET Core 运行时、.NET Core 库和.NET Core 模块，.NET Core 模块允许.NET Core 应用程序在 IIS 服务器后台运行。下载.NET Core 托管捆绑包安装程序后，该安装程序是一个名为 dotnet-hosting-6.0.21-win.exe 的文件，如图 9-11 所示。

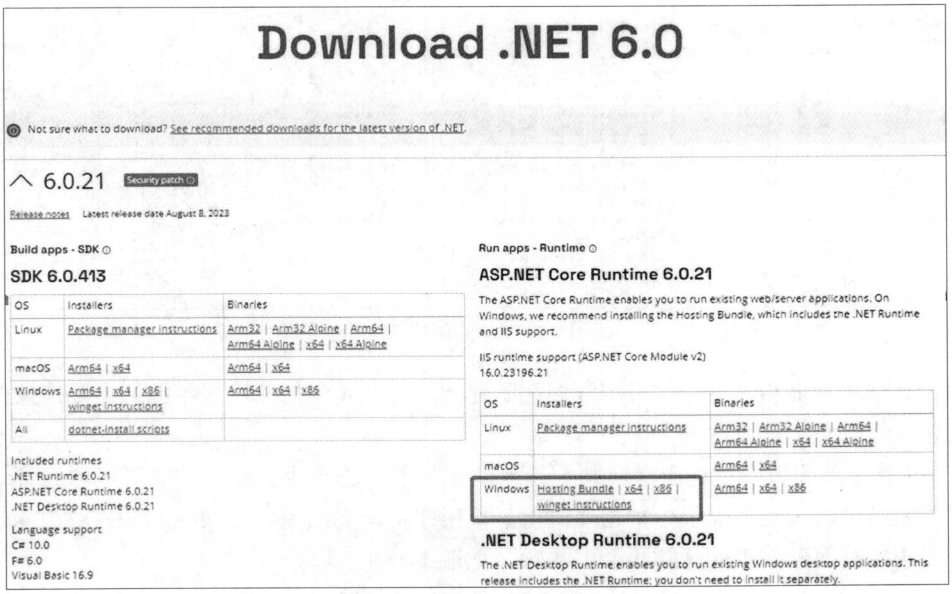

图 9-11 选择运行时版本

在 Windows 服务器中执行安装下载好的 dotnet-hosting-6.0.21-win.exe 安装包。完成安装后，重启系统或重启 IIS 服务即可，此时 IIS 环境已配置好。

2. IIS 部署步骤

IIS 安装成功后，打开 IIS 管理器主页中的【模块】，如图 9-12 所示。

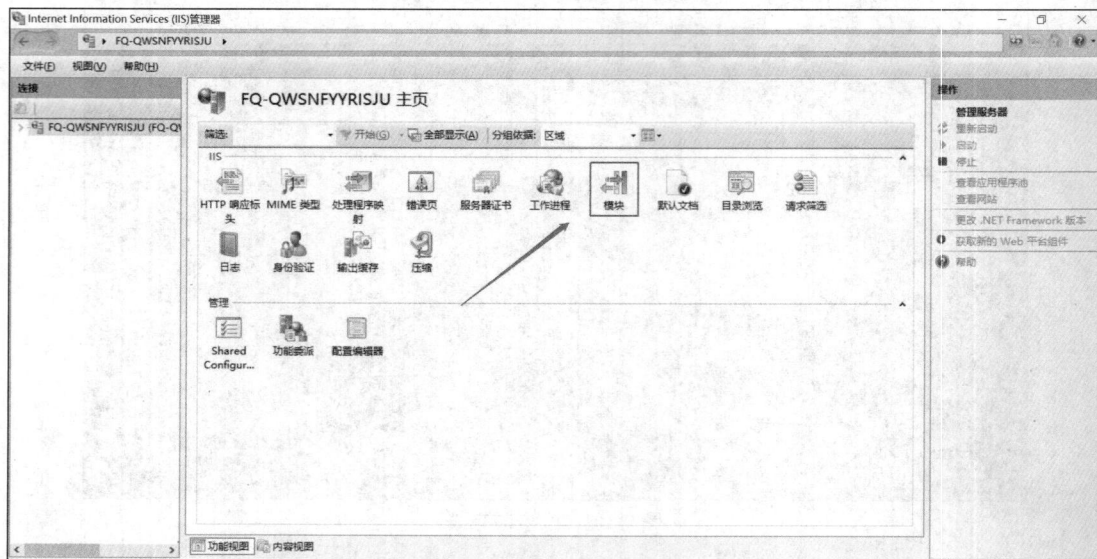

图 9-12　IIS 管理器主页面板

我们会在【模块】功能列表中看到如图 9-13 所示的 AspNetCoreModuleV2 模块。

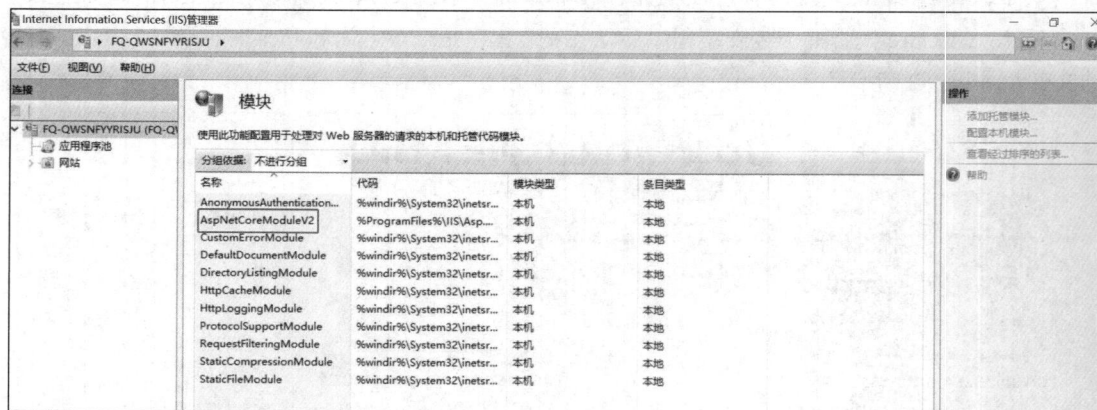

图 9-13　功能模块列表

确定好模块功能后，选中【应用程序池】选项，打开【添加应用程序池】窗口，按图 9-14 所示设置。

在 IIS 管理器面板中，选中【网站】选项，打开【添加网站】窗口，按图 9-15 所示设置。

设置完成后，在主页面板中单击【浏览】按钮即可访问部署好的网站。若需要内网访问，则要打开【控制面板】中的【防火墙】选项，如图 9-16 所示。

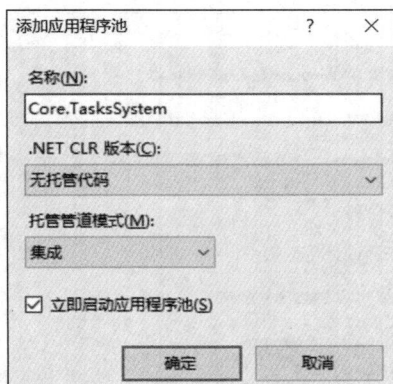

图 9-14　添加应用程序池

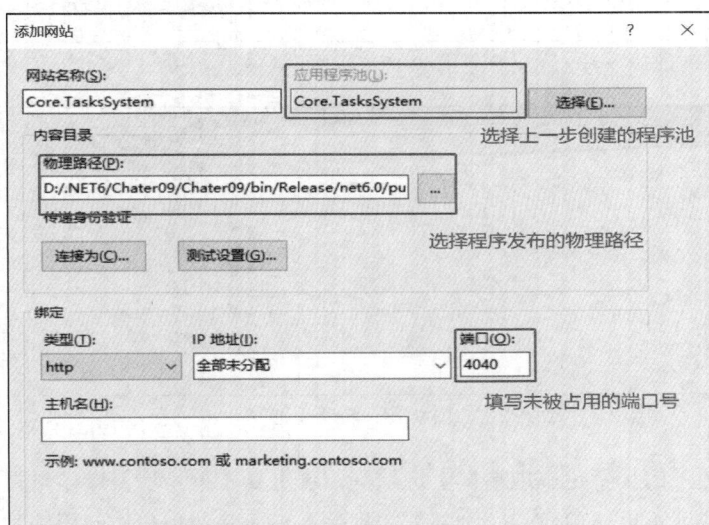

图 9-15　添加网站

图 9-16　控制面板防火墙

进入【高级设置】界面，如图 9-17 所示。

单击【入站规则】→【新建规则】选项，如图 9-18 所示。

图 9-17　高级设置

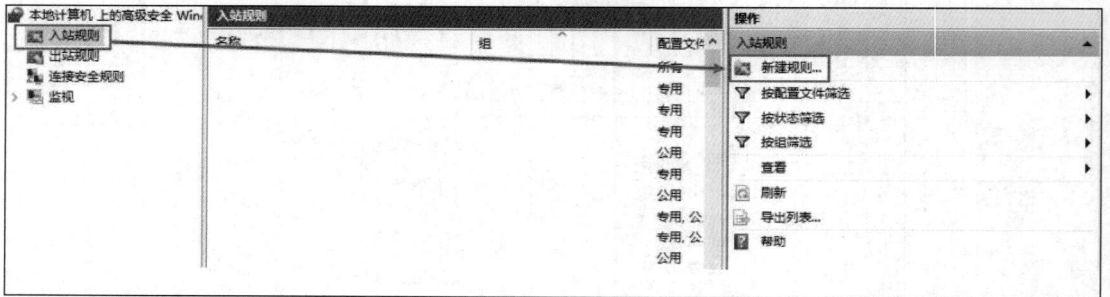

图 9-18　新建规则

找到【端口】中的【特定本地端口】选项，一直重复【下一步】操作，直到最后填写完名称，内网的小伙伴就可以访问我们刚刚部署的程序了。而其他用户访问程序时，则需要加入当前服务器的 ipv4 地址。操作步骤如图 9-19 和图 9-20 所示。

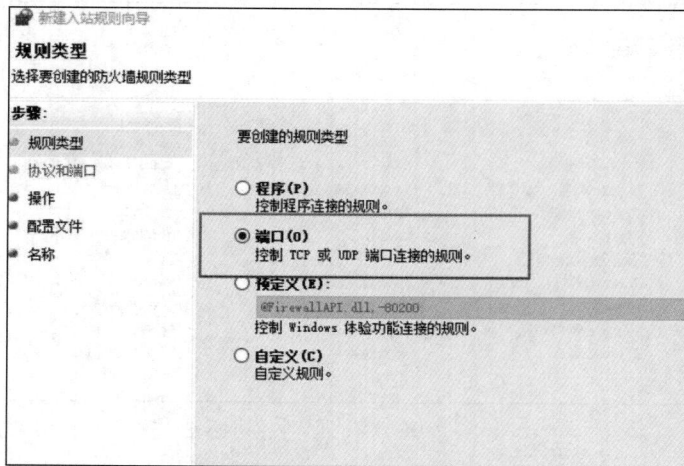

图 9-19　端口

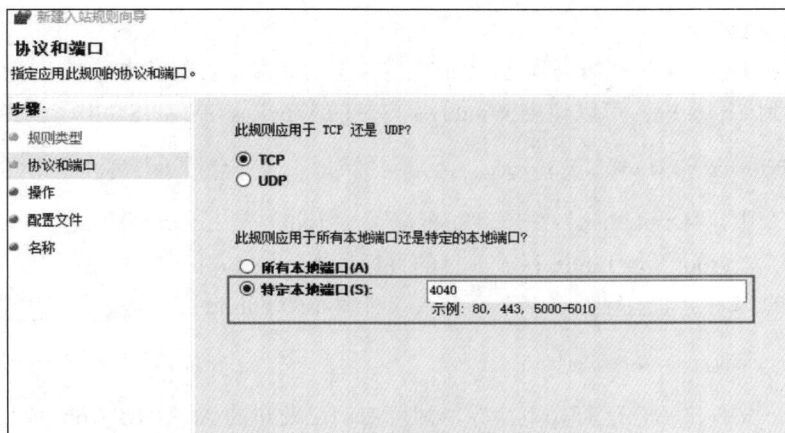

图 9-20　特定本地端口

至此，已经可以将我们所发布的应用程序部署到 Windows 的 IIS 上了。

任务 9.3　在 Linux 中部署项目

9.3.1　任务描述

在前面单元任务的学习中，我们已了解到 ASP.NET Core 是一个跨平台的开发框架，可以在 Windows、Linux 和 macOS 上运行。其中，Linux 以其高度的性能和稳定性而闻名，在 Linux 上部署 ASP.NET Core 项目，我们可以充分利用操作系统的优越性能，确保应用在高负载情况下依然能够保持卓越的响应速度。

本任务的目标是学习和实践在 Linux 环境中部署 ASP.NET Core 应用程序的过程，我们将学习如何使用部署工具将应用程序发布到 Linux 服务器中，并配置服务器以运行 ASP.NET Core 应用程序。

9.3.2　任务实施

1. 在 Linux 上配置.NET 环境

在安装.NET 之前，需要将 Microsoft 包签名密钥添加到受信任密钥列表，并添加 Microsoft 包存储库，打开 Linux 终端，运行以下命令。

```
sudo rpm -Uvh https://packages.microsoft.com/config/centos/7/packages-microsoft-prod.rpm
```

在安装 ASP.NET Core 运行时，为使用.NET 开发的应用程序提供运行环境，打开 Linux 终端，运行以下命令。

```
sudo yum install aspnetcore-runtime-6.0
```

2. Linux 部署步骤

我们已经在【任务9.1　发布程序到本地文件夹】中完成项目的发布，接下来需要将发布好的项目文件放到 Linux 中，可以使用 Windows 自带的 Windows PowerShell，运行以下命令。

```
Scp -r D:\publish root@192.168.10.135:/root
```

在上述命令中，"D:\publish"是项目发布位置，"root"是 Linux 用户名，"192.168.10.135"是主机 IP 地址，":/root"是 Linux 存放项目的目标位置。

在 Linux 的终端中，运行如下命令，进入项目发布的 public 文件夹。

```
cd /home/fontmiddleground/admin/publish
```

进入 public 文件夹后，运行如下命令，即可启动已发布的 ASP.NET Core 项目。

```
dotnet TasksSystem.dll --urls="http://*:8001"
```

在上述命令中，"TasksSystem.dll"是发布项目的可执行文件，"8001"是发布的端口。

完成以上操作后，接下来需要配置 Linux 的防火墙，允许外网或局域网访问.NET Core 站点。在 Linux 终端中，运行如下命令。

```
#开放 8001 端口
sudo firewall-cmd --zone=public --add-port=8001/tcp --permanent
#重启防火墙
sudo firewall-cmd --reload
```

到此，我们便成功完成外网访问 Linux 发布的项目了。

素养园地

跨平台部署，多平台协调发展

党的二十大报告中明确指出，要推动多平台协调发展，着力构建高水平社会主义市场经济体制。报告强调，坚持和完善社会主义基本经济制度，既要巩固和发展公有制经济，又要鼓励、支持非公有制经济的发展，发挥市场在资源配置中的决定性作用，同时更加充分地发挥政府的作用。

在此基础上，报告提出了多个关键发展方向，其中包括建设现代化产业体系。我国将经济发展的着力点放在实体经济上，推进新型工业化，加快制造强国、质量强国、航天强国等多维度的国家战略布局。此外，还将促进区域协调发展，推动京津冀协同发展、长江经济带发展及成渝地区双城经济圈建设等，同时推动绿色发展，建设生态友好型社会。

这些举措突显了我国在经济发展过程中对于多平台协调的重视，旨在实现经济高质量发展与社会可持续发展。

在这一背景下，徐工汉云作为徐工集团孵化的专业工业互联网公司，成立于 2014 年，并迅速成为中国工业互联网行业的领先者。公司致力于通过工业物联网和智能制造技术，推动企业数字化转型，构建智能工业世界。徐工汉云自主研发的工业互联网平台——汉云平台，成为国内首个跨行业、跨领域的工业互联网平台，并已连续五年跻身行业前列，2023

年更是跃升至全球前十。

　　徐工汉云通过建设高质量的复合型人才队伍，专注于嵌入式软件、工业互联网核心技术与智能制造产品的研发。公司设有多个研发中心，并积极参与国家级标准的制定和重大项目的建设，获得了大量行业奖项，进一步巩固了其在行业中的领先地位。

　　目前，徐工汉云以"云-边-端"一体化的数字化能力为全球用户提供智能制造与工业物联网解决方案，业务覆盖装备制造、建筑施工、核心零部件等多个领域，并且在"一带一路"沿线80个国家和地区取得了显著的市场成绩。

　　这一切展示了我国在推动多平台协调发展，特别是在工业互联网和智能制造领域的积极探索和成效。

单元小结

- 使用 Linux 开发和配置 ASP.NET Core 应用程序可以帮助开发人员学习更多关于 Linux 的知识和技能。
- 发布 ASP.NET Core 应用程序时需要安装与配置 IIS 和 ASP.NET Core 运行时环境。
- 学习单元中的多种发布和部署方式并能够顺利地将 Web 应用发布到服务器上。这将为今后从事 Web 开发工作打下坚实的基础。

单元自测

■ 选择题

1. 下列中是正确的 ASP.NET Core 6.0 部署方式的是(　　)。

    A. 使用 Visual Studio 的发布功能进行部署

    B. 使用命令行界面进行部署

    C. 手动将应用程序文件复制到目标服务器

    D. 以上都是

2. 关于使用 IIS 部署 ASP.NET Core 6.0，下列选项中正确的是(　　)。

    A. 需要安装.NET Core Runtime 和.NET Core SDK

    B. 需要安装 Visual Studio

    C. IIS 必须安装在与应用程序相同的服务器上

    D. IIS 必须具有与应用程序相同的权限

3. 下列中用于存储 ASP.NET Core 6.0 应用程序的发布文件的文件夹是(　　)。

    A. /bin   B. /wwwroot

    C. /App_Data   D. /inetpub/wwwroot

4. 在 Linux 上安装 ASP.NET Core 运行时时，使用(　　)命令。

    A. sudo yum install dotnet-sdk-6.0

    B. sudo yum install aspnetcore-runtime-6.0

    C. sudo rpm install aspnetcore-runtime-6.0

    D. sudo apt install aspnetcore-runtime-6.0

5. 在 Linux 中，使用(　　)命令启动 ASP.NET Core 项目。

    A. dotnet run TasksSystem.dll --urls="http://*:8001"

    B. dotnet start TasksSystem.dll --urls="http://*:8001"

    C. dotnet TasksSystem.dll --urls="http://*:8001"

    D. ./TasksSystem.dll --urls="http://*:8001"

■ 问答题

1. 如何使用 Visual Studio 发布 ASP.NET Core Web 应用程序？

2. 如何在 Linux 中部署 ASP.NET Core Web 应用程序？

3. 请简述什么是发布和部署。

上机实战

■ 上机目标

- 发布应用程序到本地文件夹。

- 将 ASP.NET Core 项目部署在 IIS 中。

- 将 ASP.NET Core 项目部署在 Linux 中。

■ 上机练习

◆ 第一阶段 ◆

练习 1：将 CourseManagement 项目发布到本地文件夹。

【问题描述】

CourseManagement 项目的功能已经基本实现，现在需要我们实现项目的发布。

【问题分析】

根据问题描述，我们需要将 CourseManagement 项目发布到本地文件夹。

【参考步骤】

可参考本单元【任务 9.1　发布程序到本地文件夹】内容中的步骤实现。

◆第二阶段◆

练习 2：将 CourseManagement 项目部署在 IIS 中。

【问题描述】

CourseManagement 项目发布完成后，请将其部署在 IIS 中。

【问题分析】

根据问题描述，我们需要将 CourseManagement 项目部署在 IIS 中。

【参考步骤】

可参考本单元【任务 9.2   在 IIS 中部署项目】内容中的步骤实现。

◆第三阶段◆

练习 3：将 CourseManagement 项目部署在 Linux 中。

【问题描述】

ASP.NET Core 的跨平台特性使其项目不仅可以在 Windows 中部署，还可以在 Linux 中部署，请尝试将 CourseManagement 项目在 Linux 中部署。

【问题分析】

根据问题描述，我们需要将 CourseManagement 项目部署在 Linux 中。

【参考步骤】

可参考本单元【任务 9.3   在 Linux 中部署项目】内容中的步骤实现。

综合项目——设备管理系统

课程目标

项目目标

❖ 了解设备管理系统的功能和模块结构

❖ 掌握设备管理系统的数据库设计

❖ 自主实现设备管理系统的功能

技能目标

❖ 熟练使用 ASP.NET Core MVC 框架

❖ 实现设备管理系统的前后端交互

❖ 掌握 Entity Framework Core 的运用

素养目标

❖ 培养团队协作能力

❖ 培养解决问题与调试的思维

简介

通过对前面几个单元的学习，我们掌握了 ASP.NET Core MVC 项目的开发流程，学会了如何应用 ASP.NET Core MVC 框架实现不同的系统功能，本单元我们将深入探讨并实现一个高效的设备管理系统。该项目不只是一个简单的演练，更是一个全面的实战，涵盖 ASP.NET Core MVC 的多个关键概念和技术，希望通过该项目能够进一步提升我们的开发技能。

任务 10.1 需求分析和项目构建

10.1.1 任务描述

A 公司拥有大量的设备，需要一款高效的设备管理系统来管理设备信息、设备维护记录和设备采购记录。该设备管理系统旨在为该公司提供一套直观、易用的工具，帮助用户轻松管理设备、记录维护历史、管理员工信息并追踪采购记录。

该设备管理系统一共分为以下五大模块。

(1) 设备类型管理：实现设备类型的增删改查。

(2) 供应商管理：实现供应商信息(包括名称、联系方式、联系人、地址)的增删改查。

(3) 设备采购：实现设备采购管理，可登记采购的设备信息(包括设备名称、类型、制造商、生产日期等)，以及采购信息(包括采购日期、采购供应商、数量、单价、总价等)。其中，设备信息中的设备类型可从设备类型管理所录入的设备类型中选择，供应商可从供应商管理所录入的供应商中选择。

(4) 员工管理：实现员工信息(包括姓名、职位、联系方式、入职日期、地址)的增删改查。

(5) 设备管理：实现设备维护，能够修改设备信息，登记设备维护记录(维护人员、维护日期、维护内容、维护费用、维护结果等)，以及查看设备历史维护记录。

A 公司设备管理系统模块如图 10-1 所示。

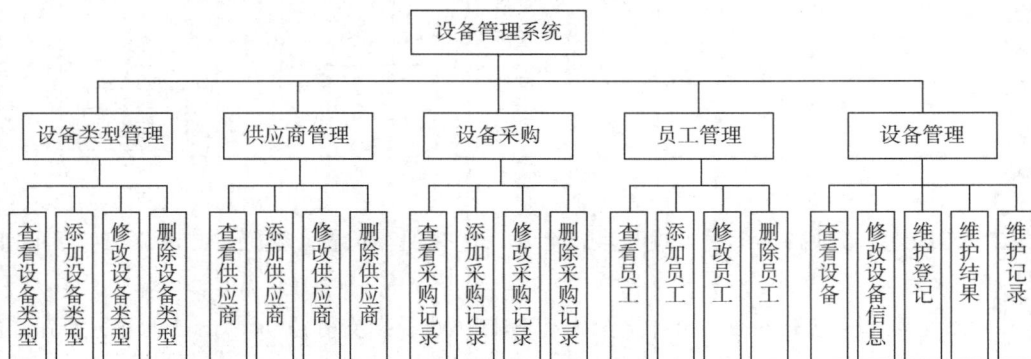

图 10-1　A 公司设备管理系统模块

该设备管理系统的开发环境要求如下。

(1) 开发环境：.NET 6。

(2) 运行环境：Windows 7 版本或以上。

(3) 数据库：SQL Server 2012 版本或以上。

(4) 开发工具：Visual Studio 2022 版本。

该设备管理系统的实现要求如下。

(1) 使用 ASP.NET Core MVC 作为 Web 应用程序的框架。

(2) 使用 C#作为开发语言。

(3) 数据库访问使用 Entity Framework Core。

10.1.2　任务实施

基于以上要求，现在开始搭建项目。

1. 创建 ASP.NET Core Web 应用

(1) 在 Visual Studio 2022 中，创建新项目，选择【ASP.NET Core Web 应用(模型-视图-控制器)】模板，如图 10-2 所示。

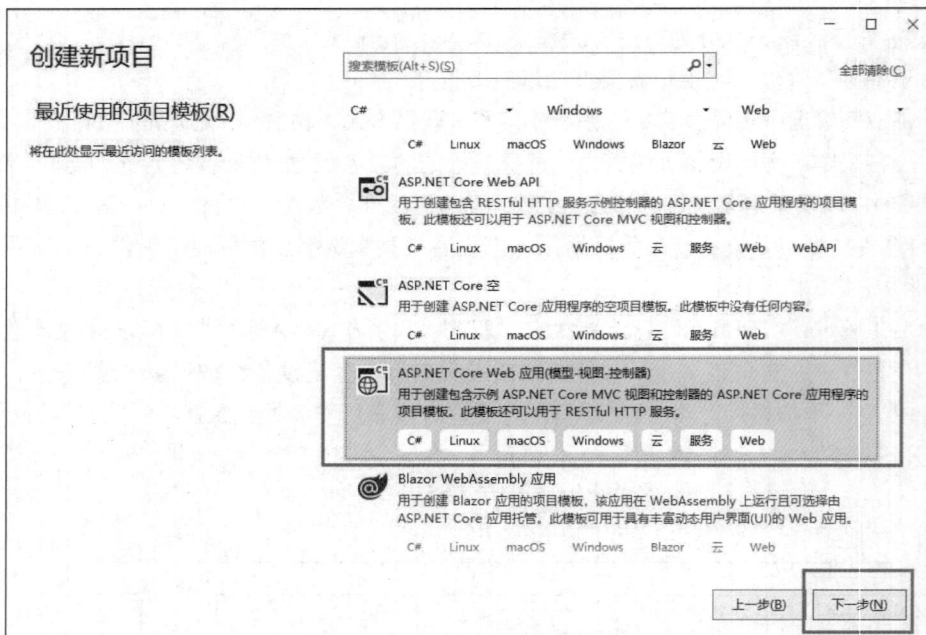

图 10-2　选择项目模板

(2) 在【配置新项目】页面，输入项目名称，选择保存位置，然后单击【下一步】按钮，如图 10-3 所示。

(3) 在【其他信息】页面，选择框架为【.NET 6.0(长期支持)】，单击【创建】按钮，如图 10-4 所示。

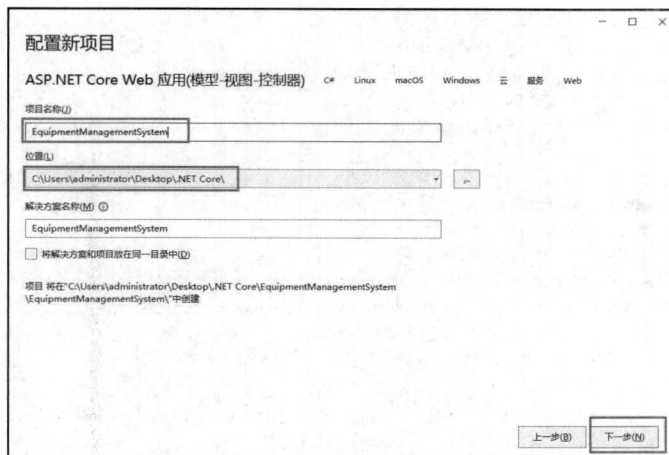

图 10-3　配置项目信息

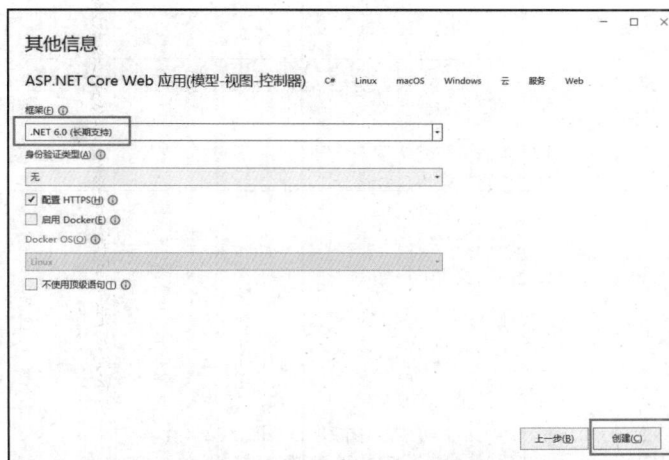

图 10-4　配置其他信息

2. 修改首页视图

至此，该项目已经创建好了，接下来我们修改 Views\Home\Index.cshtml 视图，实现如图 10-5 所示的首页界面。

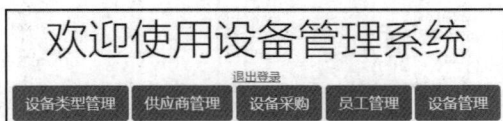

图 10-5　系统首页

Views\Home\Index.cshtml 代码如下所示。

```
@{
    ViewData["Title"] = "Home Page";
    Layout = null;
}
<head>
    <meta charset="utf-8" />
    <meta name="viewport" content="width=device-width, initial-scale=1.0" />
```

```
            <title>@ViewData["Title"] - 设备管理系统</title>
            <a href="/Account/Logout">退出登录</a>
            <link rel="stylesheet" href="~/lib/bootstrap/dist/css/bootstrap.min.css" />
            <link rel="stylesheet" href="~/css/site.css" asp-append-version="true" />
            <link rel="stylesheet" href="~/EquipmentManagementSystem.styles.css" asp-append-version="true" />
        </head>
        <div class="text-center">
            <h1 class="display-4">欢迎使用设备管理系统</h1>
            <div>
                <a href="/EquipmentTypes" class="btn btn-lg btn-primary ">设备类型管理</a>
                <a href="/Suppliers" class="btn btn-lg btn-primary ">供应商管理</a>
                <a href="/PurchaseRecords" class="btn btn-lg btn-primary ">设备采购</a>
                <a href="/Employees" class="btn btn-lg btn-primary ">员工管理</a>
                <a href="/Equipments" class="btn btn-lg btn-primary ">设备管理</a>
            </div>
        </div>
```

3. 修改布局视图

除了需要修改首页视图，我们还需要修改 Views\Shared_Layout.cshtml 布局视图，实现如图 10-6 所示的导航菜单。

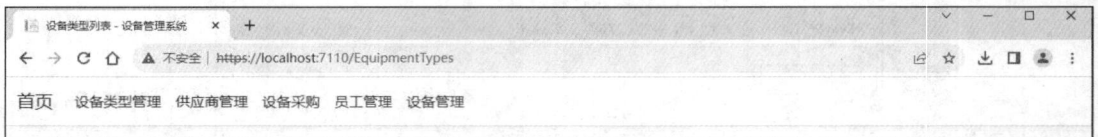

图 10-6　导航菜单

Views\Shared_Layout.cshtml 代码如下所示。

```
<!DOCTYPE html>
<html lang="en">
<head>
    <meta charset="utf-8" />
    <meta name="viewport" content="width=device-width, initial-scale=1.0" />
    <title>@ViewData["Title"] - 设备管理系统</title>
    <link rel="stylesheet" href="~/lib/bootstrap/dist/css/bootstrap.min.css" />
    <link rel="stylesheet" href="~/css/site.css" asp-append-version="true" />
    <link rel="stylesheet" href="~/EquipmentManagementSystem.styles.css" asp-append-version="true" />
</head>
<body>
    <header>
        <nav class="navbar navbar-expand-sm navbar-toggleable-sm navbar-light bg-white border-bottom box-shadow mb-3">
            <div class="container-fluid">
                <a class="navbar-brand" asp-area="" asp-controller="Home" asp-action="Index">首页</a>
                <button class="navbar-toggler" type="button" data-bs-toggle="collapse" data-bs-target=".navbar-collapse" aria-controls="navbarSupportedContent"
                        aria-expanded="false" aria-label="Toggle navigation">
                    <span class="navbar-toggler-icon"></span>
                </button>
                <div class="navbar-collapse collapse d-sm-inline-flex justify-content-between">
                    <ul class="navbar-nav flex-grow-1">
                        <li class="nav-item">
                            <a class="nav-link text-dark" asp-area="" asp-controller="EquipmentTypes" asp-action="Index">设备类型管理</a>
                        </li>
                        <li class="nav-item">
                            <a class="nav-link text-dark" asp-area="" asp-controller="Suppliers" asp-action=
```

```
"Index">供应商管理</a>
                                </li>
                                <li class="nav-item">
                                    <a class="nav-link text-dark" asp-area="" asp-controller="PurchaseRecords" asp-action=
"Index">设备采购</a>
                                </li>
                                <li class="nav-item">
                                    <a class="nav-link text-dark" asp-area="" asp-controller="Employees" asp-action=
"Index">员工管理</a>
                                </li>
                                <li class="nav-item">
                                    <a class="nav-link text-dark" asp-area="" asp-controller="Equipments" asp-action=
"Index">设备管理</a>
                                </li>
                        </ul>
                    </div>
                </div>
            </nav>
        </header>
        <div class="container">
            <main role="main" class="pb-3">
                @RenderBody()
            </main>
        </div>

        <footer class="border-top footer text-muted">
            <div class="container">
                &copy; 2023 - 设备管理系统
            </div>
        </footer>
        <script src="~/lib/jquery/dist/jquery.min.js"></script>
        <script src="~/lib/bootstrap/dist/js/bootstrap.bundle.min.js"></script>
        <script src="~/js/site.js" asp-append-version="true"></script>
        @await RenderSectionAsync("Scripts", required: false)
    </body>
</html>
```

任务 10.2　创建数据库

10.2.1　任务描述

根据项目需求，现分析出该设备管理系统需要六张数据表，分别用于管理设备类型、设备信息、维护记录、员工信息、供应商信息、采购记录，这六张数据表的表结构如下所示。

(1) 设备类型表(EquipmentTypes)，其字段及数据类型如表 10-1 所示。

表 10-1　设备类型表

字段显示	字段名	数据类型	主键	自动增长	是否可空
类型编号	EquipmentTypeID	int	TRUE	TRUE	
类型名称	EquipmentTypeName	varchar(50)			

(2) 设备表(Equipments)，其字段及数据类型如表 10-2 所示。

表 10-2　设备表

字段显示	字段名	数据类型	主键	自动增长	是否可空
设备编号	EquipmentId	varchar(20)	TRUE		
设备类型	EquipmentTypeID	int			
设备名称	EquipmentName	varchar(50)			
制造商	Manufacturer	varchar(50)			
生产日期	ProductionDate	datetime			
采购日期	PurchaseDate	datetime			
设备状态	Status	varchar(20)			

(3) 维护记录表(MaintenanceRecords)，其字段及数据类型如表 10-3 所示。

表 10-3　维护记录表

字段显示	字段名	数据类型	主键	自动增长	是否可空
维护记录编号	MaintenanceRecordId	int	TRUE	TRUE	
设备编号	EquipmentId	varchar(20)			
维护员工编号	EmployeeId	varchar(20)			
维护内容	MaintenanceContent	varchar(500)			TRUE
维护日期	MaintenanceDate	datetime			TRUE
结束标记	FinishFlag	int			
维护费用	Cost	decimal(18,2)			TRUE
维护结果	Result	varchar(500)			TRUE

(4) 员工表(Employees)，其字段及数据类型如表 10-4 所示。

表 10-4　员工表

字段显示	字段名	数据类型	主键	自动增长	是否可空
员工编号	EmployeeId	varchar(20)	TRUE		
登录密码	LoginPwd	varchar(50)			
是否管理员	IsManager	int			
员工姓名	EmployeeName	varchar(20)			
员工职位	Position	varchar(20)			
联系电话	ContactNumber	varchar(20)			
入职日期	JoinDate	datetime			
地址	Address	varchar(50)			

(5) 供应商表(Suppliers)，其字段及数据类型如表 10-5 所示。

表 10-5 供应商表

字段显示	字段名	数据类型	主键	自动增长	是否可空
供应商编号	SupplierId	int	TRUE	TRUE	
供应商名称	SupplierName	varchar(50)			
联系电话	ContactNumber	varchar(20)			
联系人	ContactPerson	varchar(20)			
地址	Address	varchar(50)			

(6) 采购记录表(PurchaseRecords)，其字段及数据类型如表 10-6 所示。

表 10-6 采购记录表

字段显示	字段名	数据类型	主键	自动增长	是否可空
采购记录编号	PurchaseRecordId	int	TRUE	TRUE	
设备编号	EquipmentId	varchar(20)			
供应商编号	SupplierId	int			
采购日期	PurchaseDate	datetime			
采购数量	Quantity	int			
设备单价	UnitPrice	decimal(18,2)			
采购总价	TotalPrice	decimal(18,2)			

接下来，根据以上数据库设计来创建数据库及数据库表。

10.2.2 任务实施

在单元六中，我们学习了 Entity Framework Core 的使用，在本项目中，我们同样使用该框架实现数据库及数据库表的创建。

1. 添加 Model 实体类

根据上述设计的数据表结构，我们在项目的 Models 文件夹下添加各个数据表的 Model 实体类。

(1) 添加 EquipmentType.cs 类，代码如下所示。

```
public class EquipmentType
{
    public int EquipmentTypeID { get; set; }

    [StringLength(50)]
    [DisplayName("类型名称")]
    public string EquipmentTypeName { get; set; }
}
```

(2) 添加 Equipment.cs 类，代码如下所示。

```
public class Equipment
{
    [StringLength(20)]
```

```
        [DisplayName("设备编号")]
        public string EquipmentID { get; set; }

        [DisplayName("设备类型")]
        public int EquipmentTypeID { get; set; }

        [StringLength(50)]
        [DisplayName("设备名称")]
        public string EquipmentName { get; set; }

        [StringLength(50)]
        [DisplayName("制造商")]
        public string Manufacturer { get; set; }

        [DataType(DataType.Date)]
        [DisplayName("生产日期")]
        [DisplayFormat(DataFormatString = "{0:yyyy-MM-dd}", ApplyFormatInEditMode = true)]
        public DateTime ProductionDate { get; set; }

        [DataType(DataType.Date)]
        [DisplayName("采购日期")]
        [DisplayFormat(DataFormatString = "{0:yyyy-MM-dd}", ApplyFormatInEditMode = true)]
        public DateTime PurchaseDate { get; set; }

        [StringLength(20)]
        [DisplayName("设备状态")]
        public string EquipmentStatus { get; set; }
    }
```

(3) 添加 MaintenanceRecord.cs 类，代码如下所示。

```
public class MaintenanceRecord
{
        [DisplayName("维护记录编号")]
        public int MaintenanceRecordID { get; set; }

        [StringLength(20)]
        [DisplayName("设备编号")]
        public string EquipmentID { get; set; }

        [StringLength(20)]
        [DisplayName("维护员工编号")]
        public string EmployeeID { get; set; }

        [StringLength(500)]
        [DisplayName("维护内容")]
        public string? MaintenanceContent { get; set; }

        [DataType(DataType.Date)]
        [DisplayName("维护日期")]
        [DisplayFormat(DataFormatString = "{0:yyyy-MM-dd}", ApplyFormatInEditMode = true)]
        public DateTime? MaintenanceDate { get; set; }

        [DefaultValue(0)]
        [DisplayName("结束标记")]
        public int FinishFlag { get; set; }

        [DefaultValue(0)]
        [DisplayName("维护费用")]
        public decimal Cost { get; set; }

        [StringLength(500)]
```

```
            [DisplayName("维护结果")]
            public string? Result { get; set; }
}
```

(4) 添加 Employee.cs 类，代码如下所示。

```
public class Employee
{
        [DisplayName("员工编号")]
        [StringLength(20)]
        [Required(ErrorMessage = "请输入员工编号")]
        public string EmployeeID { get; set; }

        [DisplayName("登录密码")]
        [StringLength(50)]
        [Required(ErrorMessage = "请输入员工登录密码")]
        public string LoginPwd { get; set; }

        [DisplayName("是否管理员")]
        [Required(ErrorMessage = "请选择该员工是否管理员")]
        public int IsManager { get; set; }

        [StringLength(20)]
        [DisplayName("员工姓名")]
        [Required(ErrorMessage = "请输入员工姓名")]
        public string EmployeeName { get; set; }

        [StringLength(20)]
        [DisplayName("员工职位")]
        [Required(ErrorMessage = "请输入员工职位")]
        public string Position { get; set; }

        [StringLength(20)]
        [DisplayName("联系电话")]
        [Required(ErrorMessage = "请输入联系电话")]
        public string ContactNumber { get; set; }

        [DisplayName("入职日期")]
        [DataType(DataType.Date)]
        [DisplayFormat(DataFormatString = "{0:yyyy-MM-dd}", ApplyFormatInEditMode = true)]
        [Required(ErrorMessage = "请选择入职日期")]
        public DateTime JoinDate { get; set; }

        [StringLength(50)]
        [DisplayName("地址")]
        [Required(ErrorMessage = "请输入地址")]
        public string Address { get; set; }
}
```

(5) 添加 Supplier.cs 类，代码如下所示。

```
public class Supplier
{
        public int SupplierID { get; set; }

        [Required]
        [StringLength(50)]
        [DisplayName("供应商名称")]
        public string SupplierName { get; set; }

        [Required]
```

```
        [StringLength(20)]
        [DisplayName("联系电话")]
        public string ContactNumber { get; set; }

        [Required]
        [StringLength(20)]
        [DisplayName("联系人")]
        public string ContactPerson { get; set; }

        [Required]
        [StringLength(50)]
        [DisplayName("地址")]
        public string Address { get; set; }
}
```

(6) 添加 PurchaseRecord.cs 类，代码如下所示。

```
public class PurchaseRecord
{
        [DisplayName("采购记录编号")]
        public int PurchaseRecordID { get; set; }

        [StringLength(20)]
        [DisplayName("设备编号")]
        public string EquipmentID { get; set; }

        [DisplayName("供应商编号")]
        public int SupplierID { get; set; }

        [DataType(DataType.Date)]
        [DisplayName("采购日期")]
        [DisplayFormat(DataFormatString = "{0:yyyy-MM-dd}", ApplyFormatInEditMode = true)]
        public DateTime PurchaseDate { get; set; }

        [DisplayName("采购数量")]
        public int Quantity { get; set; }

        [DisplayName("设备单价")]
        public decimal UnitPrice { get; set; }

        [DisplayName("采购总价")]
        public decimal TotalPrice { get; set; }
}
```

2. 使用 Entity Framework Core 初始化数据库

(1) 安装 Microsoft.EntityFrameworkCore.SqlServer 与 Microsoft.EntityFrameworkCore.Tools 依赖包，可参考单元六【6.1.3　任务实施】的【Entity Framework Core安装与配置】中 NuGet 包的安装步骤。

(2) 创建数据上下文类 EquipmentDbContext.cs，代码如下所示。

```
public class EquipmentDbContext : IdentityDbContext<IdentityUser>
{
        public EquipmentDbContext(DbContextOptions<EquipmentDbContext> options) : base(options)
        {
        }

        public DbSet<EquipmentType> EquipmentTypes { get; set; }
        public DbSet<Equipment> Equipments { get; set; }
        public DbSet<MaintenanceRecord> MaintenanceRecords { get; set; }
```

```
public DbSet<Employee> Employees { get; set; }
public DbSet<Supplier> Suppliers { get; set; }
public DbSet<PurchaseRecord> PurchaseRecords { get; set; }
}
```

(3) 在 appsettings.json 中配置数据库信息，代码如下所示。

```
{
  "ConnectionStrings": {
    "DefaultConnectionString":  "Server=.;Database=EquipmentDb;User  Id=sa;Password=123;Trusted_Connection=
True;;TrustServerCertificate=true;MultipleActiveResultSets=true"
  },
  "Logging": {
    "LogLevel": {
      "Default": "Information",
      "Microsoft.AspNetCore": "Warning"
    }
  },
  "AllowedHosts": "*"
}
```

(4) 在 Program.cs 中获取数据库配置信息，代码如下所示。

```
//注入数据库框架
builder.Services.AddDbContext<EquipmentDbContext>(options  =>      options.UseSqlServer(builder.Configuration.
GetConnectionString ("DefaultConnectionString")));
```

(5) 创建与初始化数据库并迁移，参考单元六【6.1.3 任务实施】中的数据库迁移步骤。

任务 10.3 登录功能实现

10.3.1 任务描述

本次任务，我们需要完成如图 10-7 所示的登录页面，在该页面中输入正确的员工编号和登录密码后，要能够实现登录进入如图 10-5 所示的系统首页，单击系统首页中的【退出登录】按钮，可返回登录页面。

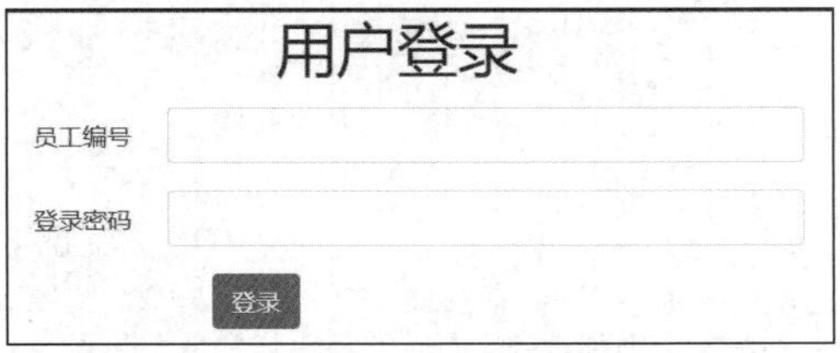

图 10-7 用户登录页面

10.3.2 任务实施

1. 添加 Session 服务和中间件

由于系统的登录功能需要用到 Session 服务和中间件，因此，我们需先在 Program.cs 中进行配置，代码如下所示。

```
builder.Services.AddSession();//添加 Session 的服务
var app = builder.Build();
app.UseSession();//注册 Session 中间件
```

2. 添加视图模型

在 Models 文件夹下添加视图模型 LoginViewModel.cs，代码如下所示。

```
public class LoginViewModel
{
    [DisplayName("员工编号")]
    [StringLength(20)]
    [Required(ErrorMessage = "请输入员工编号")]
    public string EmployeeID { get; set; }

    [DisplayName("登录密码")]
    [StringLength(20)]
    [Required(ErrorMessage = "请输入员工登录密码")]
    public string LoginPwd { get; set; }
}
```

3. 添加控制器

在 Controller 文件夹下，添加 AccountController 控制器，代码如下所示。

```
public class AccountController : Controller
{
    private readonly EquipmentDbContext _context;
    public AccountController(EquipmentDbContext context)
    {
        _context = context;
    }

    [HttpGet]
    public IActionResult Login()
    {
        return View();
    }

    [HttpPost]
    public IActionResult Login(LoginViewModel model)
    {
        if (ModelState.IsValid)
        {
            ModelState.AddModelError(string.Empty, "登录失败");
        }
        var data = _context.Employees.FirstOrDefault(x => x.EmployeeID == model.EmployeeID && x.LoginPwd
            == model.LoginPwd);//根据账号密码查询数据
        if (data != null)//若查到数据，则跳转到主页，并将用户数据保存到 Session 中
        {
            HttpContext.Session.SetString("Eid", data.EmployeeID);//将数据保存到 Session 中
            HttpContext.Session.SetString("Epwd", data.LoginPwd);
            HttpContext.Session.SetString("admin", data.IsManager.ToString());
            return Redirect("/Home/Index");//登录成功跳转到主页
        }
        else
        {
            return Content("<script>alert('登录失败，账号或密码错误');window.location = '/Account/Login';</script>",
```

```
"text/html", Encoding.UTF8);//弹出提示框
            }
        }

        public IActionResult Logout()
        {
            if (HttpContext.Session.GetString("Eid") != null)//如果 Session 为空，则返回登录页
            {
                HttpContext.Session.Remove("Eid");//移除用户 Session
            }
            return Redirect("/Account/Login");//返回登录页
        }
    }
}
```

4. 添加 Index 视图

在 Views\Account 文件夹下，添加 Index 视图，实现如图 10-7 所示的页面，代码如下所示。

```
@model LoginViewModel

@{
    ViewBag.Title = "用户登录";
    Layout = null;
}

<head>
    <meta charset="utf-8" />
    <meta name="viewport" content="width=device-width, initial-scale=1.0" />
    <title>@ViewData["Title"] - 设备管理系统</title>
    <link rel="stylesheet" href="~/lib/bootstrap/dist/css/bootstrap.min.css" />
    <link rel="stylesheet" href="~/css/site.css" asp-append-version="true" />
    <link rel="stylesheet" href="~/EquipmentManagementSystem.styles.css" asp-append-version="true" />
</head>

<form method="post">
    <div class="text-center form-group row">
        <div class="col-md-6">
            <h1>用户登录</h1>
        </div>
    </div>
    <div class="container p-2">
        <div class="form-group row">
            <div class="col-md-1">
                <label asp-for="EmployeeID" class="float-end my-2"></label>
            </div>
            <div class="col-md-4">
                <input asp-for="EmployeeID" class="form-control" />
            </div>
            <div class="col-md-7">
                <span asp-validation-for="EmployeeID" class="text-danger"></span>
            </div>
        </div>
    </div>
    <div class="container p-2">
        <div class="form-group row">
            <div class="col-md-1">
                <label asp-for="LoginPwd" class="float-end my-2"></label>
            </div>
            <div class="col-md-4">
                <input type="password" asp-for="LoginPwd" class="form-control" />
            </div>
            <div class="col-md-7">
```

```
                    <span asp-validation-for="LoginPwd" class="text-danger"></span>
                </div>
            </div>
        <div class="container p-2">
            <div class="form-group row">
                <div class="col-md-2">
                    <button type="submit" class="btn btn-primary float-end">登录</button>
                </div>
            </div>
        </div>
    </form>
```

任务 10.4 设备类型管理功能实现

10.4.1 任务描述

设备类型管理功能主要实现对设备类型的增删改查,在首页中单击【设备类型管理】按钮,可跳转至如图 10-8 所示的设备类型列表。

图 10-8 设备类型管理

在设备类型列表页面中,单击【添加类型】按钮,可跳转至如图 10-9 所示的添加页面。在该页面中输入类型名称后,单击【添加】按钮,即可实现设备类型的新增。新增成功后,跳转回设备类型列表页面,刷新设备类型列表,可显示出新增的设备类型。若单击【取消】按钮,则直接跳转回设备类型列表页面,退出操作。

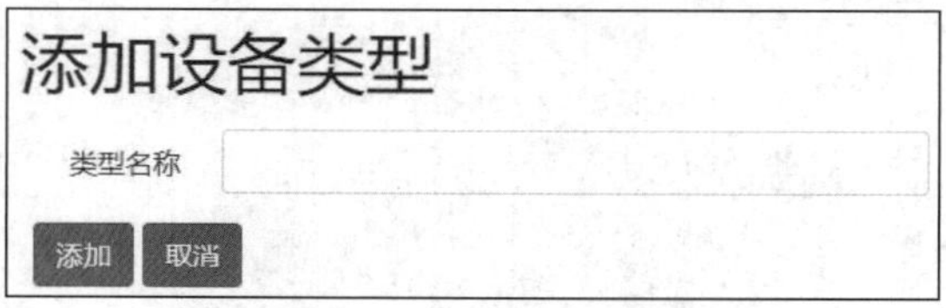

图 10-9 添加设备类型

在设备类型列表页面中，单击设备类型记录后的【编辑】按钮，会跳转至如图 10-10 所示的修改页面。在修改页面中修改类型名称后，单击【修改】按钮，即可实现设备类型的修改。修改成功后，跳转回设备类型列表页面，刷新设备类型列表，可显示出修改后的设备类型。若单击【取消】按钮，则直接跳转回设备类型列表页面，退出操作。

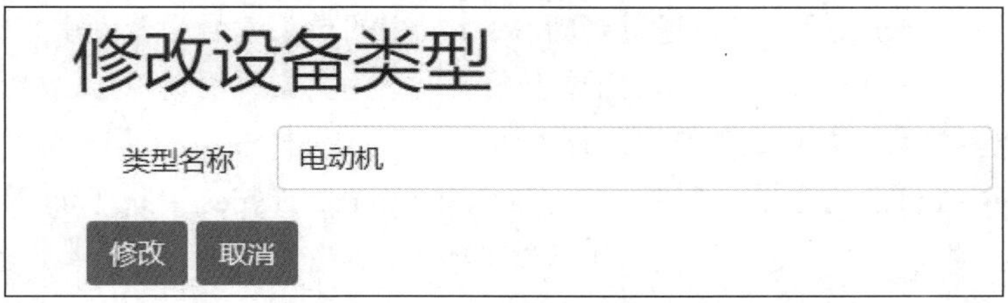

图 10-10　修改设备类型

在设备类型列表页面中，单击设备类型记录后的【删除】按钮，则会弹出确认删除的提示信息，单击【确定】按钮，即可实现设备类型的删除，单击【取消】按钮则退出操作。

10.4.2　任务实施

在 Controllers 文件夹下，添加 EquipmentTypesController 控制器，在该控制器中注入 EquipmentDbContext 实例来获取数据库上下文，以实现数据库交互，代码如下所示。

```
public class EquipmentTypesController : Controller
{
    //数据库上下文实例
    private readonly EquipmentDbContext _context;

    //在构造函数中注入数据库上下文实例
    public EquipmentTypesController(EquipmentDbContext context)
    {
        _context = context;
    }
}
```

1. 设备类型列表

在控制器中创建 Index 方法，用于显示设备类型列表视图，代码如下所示。

```
public class EquipmentTypesController : Controller
{
    //数据库上下文实例
    private readonly EquipmentDbContext _context;

    //在构造函数中注入数据库上下文实例
    public EquipmentTypesController(EquipmentDbContext context)
    {
        _context = context;
    }

    public async Task<IActionResult> Index()
    {
        // 检查用户是否登录
        if (HttpContext.Session.GetString("Eid") == null)//如果 Session 为空，则返回登录页
        {
```

```
                    return Redirect("/Account/Login");//返回登录页
                }
                var list = await _context.EquipmentTypes.ToListAsync();//查询所有设备类型数据
                return View(list);//将查询结果传递给 Index 视图
            }
        }
```

在以上代码的 Index 方法中，可通过判断 Session 中的员工编号是否为空来检查用户是否登录，为空则说明没有登录，返回登录页面重新登录；不为空则说明员工已经登录，接着查询数据库中的设备类型数据，并将查询结果返回 Index 视图。

完成控制器中 Index 方法的编写后，在 Views\EquipmentTypes 目录下创建 Index 视图，实现如图 10-8 所示的设备类型列表界面，代码如下所示。

```
@model List<EquipmentType>
@{
    ViewData["Title"] = "设备类型列表";
}
<div>
    <a class="btn btn-primary" asp-action="Create">添加类型</a>
</div>
<table class="table">
    <thead>
        <tr>
            <th>
                类型编号
            </th>
            <th>
                类型名称
            </th>
            <th></th>
        </tr>
    </thead>
    <tbody>
        @foreach (var item in Model)
        {
            <tr>
                <td>
                    @item.EquipmentTypeID
                </td>
                <td>
                    @item.EquipmentTypeName
                </td>
                <td>
                    <a asp-action="Edit" asp-route-id="@item.EquipmentTypeID">编辑</a> |
                    <a asp-action="Delete" asp-route-id="@item.EquipmentTypeID" onclick="return confirm('确定删除吗？')">删除</a>
                </td>
            </tr>
        }
    </tbody>
</table>
```

2. 添加功能

在控制器 EquipmentTypesController 中添加实现添加设备类型功能的方法，代码如下所示。

```
public class EquipmentTypesController : Controller
{
    //数据库上下文实例
```

```
private readonly EquipmentDbContext _context;

//在构造函数中注入数据库上下文实例
public EquipmentTypesController(EquipmentDbContext context)
{
    _context = context;
}

public async Task<IActionResult> Index()
{
    // 检查用户是否登录
    if (HttpContext.Session.GetString("Eid") == null)//如果 Session 为空，则返回登录页
    {
        return Redirect("/Account/Login");//返回登录页
    }
    var list = await _context.EquipmentTypes.ToListAsync();//查询所有设备类型数据
    return View(list);//将查询结果传递给 Index 视图
}

public IActionResult Create()
{
    // 检查用户是否登录
    if (HttpContext.Session.GetString("Eid") == null)//如果 Session 为空，则返回登录页
    {
        return Redirect("/Account/Login");//返回登录页
    }
    return View();//返回 Create 视图
}

[HttpPost]
public async Task<IActionResult> Create(EquipmentType equipmentType)
{
    // 检查用户是否登录
    if (HttpContext.Session.GetString("Eid") == null)//如果 Session 为空，则返回登录页
    {
        return Redirect("/Account/Login");//返回登录页
    }
    //模型验证
    if (ModelState.IsValid)
    {
        _context.Add(equipmentType);//在数据库上下文中将设备类型实体标记为添加状态
        await _context.SaveChangesAsync();//保存更改到数据库中
        return RedirectToAction("Index");// 重定向到 Index 视图
    }
    return View(equipmentType);//模型验证不通过，返回包含错误信息的 Create 视图
}
}
```

在以上代码中，添加了 Create 和 Create(EquipmentType equipmentType)两个方法。其中 Create 方法用于显示添加视图页面，Create(EquipmentType equipmentType)方法于接收并处理表单数据的提交，在这两个方法中，同样要先检查用户是否登录，另外，后面的功能实现中也需要做此检查，不再赘述。

在 Create 方法中，确认用户为登录状态后，返回 Create 视图。

在 Create(EquipmentType equipmentType)方法中，确认用户为登录状态后，则进行模型验证。如果传入的数据没有问题，则向数据库中添加设备类型，并返回 Index 视图；如果模型验证不通过，则将错误信息返回 Create 视图。

完成控制器中的方法编写后，在 Views\EquipmentTypes 目录下添加 Create 视图，实现如图 10-9 所示的界面，代码如下所示。

```
@model EquipmentManagementSystem.Models.EquipmentType
@{
    ViewData["Title"] = "添加设备类型";
}
<h1>添加设备类型</h1>
<form asp-action="Create">
    <div class="container p-2">
        <div class="form-group row">
            <div class="col-md-1">
                <label asp-for="EquipmentTypeName" class="float-end my-2"></label>
            </div>
            <div class="col-md-4">
                <input asp-for="EquipmentTypeName" class="form-control" />
            </div>
            <div class="col-md-7">
                <span asp-validation-for="EquipmentTypeName" class="text-danger"></span>
            </div>
        </div>
    </div>
    <div class="container p-2">
        <div class="col-md-4">
            <input type="submit" value="添加" class="btn btn-primary" />
            <a asp-action="Index" class="btn btn-primary">取消</a>
        </div>
    </div>
</form>

@section Scripts {
    @{
        await Html.RenderPartialAsync("_ValidationScriptsPartial");
    }
}
```

3. 修改功能

在控制器 EquipmentTypesController 中添加实现修改功能的方法，代码如下所示。

```
public class EquipmentTypesController : Controller
{
    //数据库上下文实例
    private readonly EquipmentDbContext _context;

    //在构造函数中注入数据库上下文实例
    public EquipmentTypesController(EquipmentDbContext context)
    {
        _context = context;
    }

    public async Task<IActionResult> Index()
    {
        // 检查用户是否登录
        if (HttpContext.Session.GetString("Eid") == null)//如果 Session 为空，则返回登录页
        {
            return Redirect("/Account/Login");//返回登录页
        }
        var list = await _context.EquipmentTypes.ToListAsync();//查询所有设备类型数据
        return View(list);//将查询结果传递给 Index 视图
    }
```

```
public IActionResult Create()
{
    // 检查用户是否登录
    if (HttpContext.Session.GetString("Eid") == null)//如果 Session 为空，则返回登录页
    {
        return Redirect("/Account/Login");//返回登录页
    }
    return View();//返回 Create 视图
}

[HttpPost]
public async Task<IActionResult> Create(EquipmentType equipmentType)
{
    // 检查用户是否登录
    if (HttpContext.Session.GetString("Eid") == null)//如果 Session 为空，则返回登录页
    {
        return Redirect("/Account/Login");//返回登录页
    }
    //模型验证
    if (ModelState.IsValid)
    {
        _context.Add(equipmentType);//在数据库上下文中将设备类型实体标记为添加状态
        await _context.SaveChangesAsync();//保存更改到数据库中
        return RedirectToAction("Index");// 重定向到 Index 视图
    }
    return View(equipmentType);//模型验证不通过，返回包含错误信息的 Create 视图
}

public async Task<IActionResult> Edit(int id)
{
    // 检查用户是否登录
    if (HttpContext.Session.GetString("Eid") == null)//如果 Session 为空，则返回登录页
    {
        return Redirect("/Account/Login");//返回登录页
    }
    // 通过 ID 查询设备类型信息
    var equipmentType = await _context.EquipmentTypes.FindAsync(id);
    return View(equipmentType);// 将查询结果传递给 Edit 视图
}


[HttpPost]
public async Task<IActionResult> Edit(EquipmentType equipmentType)
{
    // 检查用户是否登录
    if (HttpContext.Session.GetString("Eid") == null)//如果 Session 为空，则返回登录页
    {
        return Redirect("/Account/Login");//若未登录，则直接返回登录页
    }
    //模型验证
    if (ModelState.IsValid)
    {
        _context.Update(equipmentType);//在数据库上下文中将设备类型实体标记为修改状态
        await _context.SaveChangesAsync();//保存更改到数据库中
        return RedirectToAction("Index");// 重定向到 Index 视图
    }
    return View(equipmentType);//模型验证不通过，返回包含错误信息的 Edit 视图
}
}
```

在以上代码中，添加了 Edit 和 Edit(EquipmentType equipmentType)两个方法。其中 Edit 方

法用于显示修改视图页面,Edit(EquipmentType equipmentType)方法用于接收并处理修改后的数据。

在 Edit 方法中,确认用户为登录状态后,便返回 Edit 视图。

在 Edit(EquipmentType equipmentType)方法中,确认用户为登录状态后,则进行模型验证。如果传入的数据没有问题,则修改数据库中的设备类型,并返回 Index 视图;如果模型验证不通过,则将错误信息返回 Edit 视图。

完成控制器中的方法编写后,在 Views\EquipmentTypes 目录下添加 Edit 视图,实现如图 10-10 所示的界面,代码如下所示。

```
@model EquipmentManagementSystem.Models.EquipmentType
@{
    ViewData["Title"] = "修改设备类型";
}
<h1>修改设备类型</h1>
<form asp-action="Edit">
    <input type="hidden" asp-for="EquipmentTypeID" />
    <div class="container p-2">
        <div class="form-group row">
            <div class="col-md-1">
                <label asp-for="EquipmentTypeName" class="float-end my-2"></label>
            </div>
            <div class="col-md-4">
                <input asp-for="EquipmentTypeName" class="form-control" placeholder="请输入类型名称" />
            </div>
            <div class="col-md-7">
                <span asp-validation-for="EquipmentTypeName" class="text-danger"></span>
            </div>
        </div>
    </div>
    <div class="container p-2">
        <div class="form-group">
            <input type="submit" value="修改" class="btn btn-primary" />
            <a asp-action="Index" class="btn btn-primary">取消</a>
        </div>
    </div>
</form>
@section Scripts {
    @{await Html.RenderPartialAsync("_ValidationScriptsPartial");}
}
```

4. 删除功能

在控制器 EquipmentTypesController 中添加实现删除功能的方法,代码如下所示。

```
public class EquipmentTypesController : Controller
{
    //数据库上下文实例
    private readonly EquipmentDbContext _context;

    //在构造函数中注入数据库上下文实例
    public EquipmentTypesController(EquipmentDbContext context)
    {
        _context = context;
    }

    public async Task<IActionResult> Index()
    {
```

```
        // 检查用户是否登录
        if (HttpContext.Session.GetString("Eid") == null)//如果 Session 为空，则返回登录页
        {
            return Redirect("/Account/Login");//返回登录页
        }
        var list = await _context.EquipmentTypes.ToListAsync();//查询所有设备类型数据
        return View(list);//将查询结果传递给 Index 视图
}

public IActionResult Create()
{
    // 检查用户是否登录
    if (HttpContext.Session.GetString("Eid") == null)//如果 Session 为空，则返回登录页
    {
        return Redirect("/Account/Login");//返回登录页
    }
    return View();//返回 Create 视图
}

[HttpPost]
public async Task<IActionResult> Create(EquipmentType equipmentType)
{
    // 检查用户是否登录
    if (HttpContext.Session.GetString("Eid") == null)//如果 Session 为空，则返回登录页
    {
        return Redirect("/Account/Login");//返回登录页
    }
    //模型验证
    if (ModelState.IsValid)
    {
        _context.Add(equipmentType);//在数据库上下文中将设备类型实体标记为添加状态
        await _context.SaveChangesAsync();//保存更改到数据库中
        return RedirectToAction("Index");// 重定向到 Index 视图
    }
    return View(equipmentType);//模型验证不通过，返回包含错误信息的 Create 视图
}

public async Task<IActionResult> Edit(int id)
{
    // 检查用户是否登录
    if (HttpContext.Session.GetString("Eid") == null)//如果 Session 为空，则返回登录页
    {
        return Redirect("/Account/Login");//返回登录页
    }
    // 通过 ID 查询设备类型信息
    var equipmentType = await _context.EquipmentTypes.FindAsync(id);
    return View(equipmentType);// 将查询结果传递给 Edit 视图
}


[HttpPost]
public async Task<IActionResult> Edit(EquipmentType equipmentType)
{
    // 检查用户是否登录
    if (HttpContext.Session.GetString("Eid") == null)//如果 Session 为空，则返回登录页
    {
        return Redirect("/Account/Login");//若未登录，则直接返回登录页
    }
    //模型验证
    if (ModelState.IsValid)
    {
        _context.Update(equipmentType);//在数据库上下文中将设备类型实体标记为修改状态
```

```
                await _context.SaveChangesAsync();//保存更改到数据库中
                return RedirectToAction("Index");// 重定向到 Index 视图
        }
        return View(equipmentType);//模型验证不通过，返回包含错误信息的 Edit 视图
    }

    public async Task<IActionResult> Delete(int id)
    {
        // 检查用户是否登录
        if (HttpContext.Session.GetString("Eid") == null)//如果 Session 为空，则返回登录页
        {
            return Redirect("/Account/Login");//返回登录页
        }
        // 通过 ID 查询设备类型实体
        var equipmentType = await _context.EquipmentTypes.FindAsync(id);
        _context.EquipmentTypes.Remove(equipmentType);// 从数据库上下文中移除设备类型实体
        await _context.SaveChangesAsync();//保存更改到数据库中
        return RedirectToAction("Index");// 重定向到 Index 视图
    }
}
```

在以上代码中，添加了 Delete(int id)方法。在该方法中，确认用户为登录状态后，通过 ID 查询设备类型实体，从数据库上下文中移除该设备类型实体后，保存更改到数据库，并返回 Index 视图。

至此，设备类型管理功能已完成。

任务 10.5　供应商管理功能实现

10.5.1　任务描述

供应商管理功能主要实现对供应商信息的增删改查，在首页单击【供应商管理】按钮，可跳转至如图 10-11 所示的供应商列表页面。

首页　设备类型管理　供应商管理　设备采购　员工管理　设备管理				
添加供应商				
供应商名称	**联系方式**	**联系人**	**地址**	
供应商A	123-4567890	李经理	上海市黄浦区	修改｜删除
供应商B	987-6543210	王联系人	北京市朝阳区	修改｜删除
供应商C	111-2223333	张先生	广州市天河区	修改｜删除
供应商D	444-5556666	赵女士	深圳市南山区	修改｜删除
供应商E	777-8889999	小红	成都市武侯区	修改｜删除
供应商F	666-3331111	小明	重庆市渝中区	修改｜删除
供应商G	222-9998888	张良	南京市鼓楼区	修改｜删除
供应商H	888-7774444	刘总	武汉市江汉区	修改｜删除
供应商I	555-6663333	关总监	杭州市西湖区	修改｜删除
供应商J	999-1112222	亮先生	成都市高新区	修改｜删除

图 10-11　供应商列表

在供应商列表页面中，单击【添加供应商】按钮，可跳转至如图 10-12 所示的添加供应商页面。在该页面中，输入供应商信息后，单击【添加】按钮，即可实现供应商信息的新增。新增成功后，跳转回供应商列表页面，刷新供应商列表，可显示出新增的供应商信息。若单击【取消】按钮，则直接跳转回供应商列表页面，退出操作。

在供应商列表页面中，单击供应商记录后的【修改】按钮，会跳转至如图 10-13 所示的修改供应商页面。在修改页面中修改供应商信息后，单击【修改】按钮，即可实现供应商信息的修改。修改成功后，跳转回供应商列表页面，刷新供应商列表，可显示出修改后的供应商信息。若单击【取消】按钮，则直接跳转回供应商列表页面，退出操作。

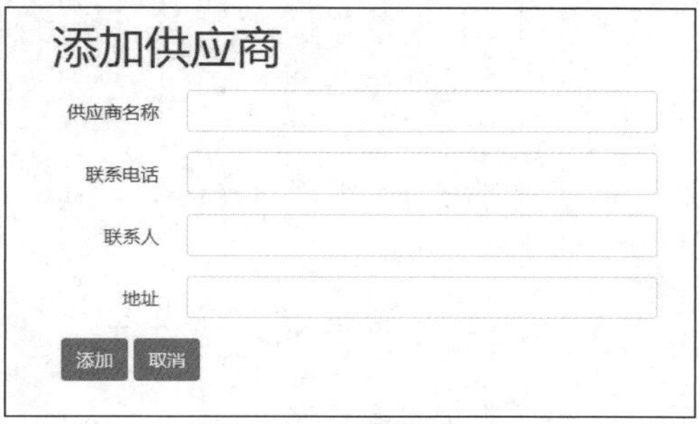

图 10-12　添加供应商页面 　　　　图 10-13　修改供应商页面

在供应商列表页面中，单击供应商记录后的【删除】按钮，弹出确认删除的提示信息，单击【确定】按钮，即可实现供应商信息的删除，单击【取消】按钮则退出操作。

10.5.2　任务实施

在 Controllers 文件夹下，添加 SuppliersController 控制器，在该控制器中注入 EquipmentDbContext 实例来获取数据库上下文，以实现数据库交互，代码如下所示。

```
public class SuppliersController: Controller
{
    //数据库上下文实例
    private readonly EquipmentDbContext _context;

    //在构造函数中注入数据库上下文实例
    public SuppliersController (EquipmentDbContext context)
    {
        _context = context;
    }
}
```

1. 供应商列表

在控制器中创建 Index 方法，用于显示供应商列表视图，代码如下所示。

```
public class EquipmentTypesController : Controller
{
    //数据库上下文实例
    private readonly EquipmentDbContext _context;

    //在构造函数中注入数据库上下文实例
    public EquipmentTypesController(EquipmentDbContext context)
```

```
        {
            _context = context;
        }
        public async Task<IActionResult> Index()
        {
            // 检查用户是否登录
            if (HttpContext.Session.GetString("Eid") == null)//如果 Session 为空，则返回登录页
            {
                return Redirect("/Account/Login");//返回登录页
            }
            //查询所有供应商信息
            var list = await _context.Suppliers.ToListAsync();
            //将查询结果传递给 Index 视图
            return View(list);
        }
    }
```

在以上代码的 Index 方法中，确认用户为登录状态后，查询数据库中的所有供应商信息，并将查询结果返回给 Index 视图。

完成控制器中 Index 方法的编写后，在 Views\Suppliers 目录下创建 Index 视图，实现如图 10-11 所示的供应商列表界面，代码如下所示。

```
@model List<Supplier>
@{
    ViewData["Title"] = "供应商列表";
}
<div>
    <a class="btn btn-primary" asp-action="Create">添加供应商</a>
</div>
<table class="table">
    <thead>
        <tr>
            <th>
                供应商名称
            </th>
            <th>
                联系方式
            </th>
            <th>
                联系人
            </th>
            <th>
                地址
            </th>
            <th></th>
        </tr>
    </thead>
    <tbody>
        @foreach (var item in Model)
        {
            <tr>
                <td>
                    @item.SupplierName
                </td>
                <td>
                    @item.ContactNumber
                </td>
                <td>
```

```
                @item.ContactPerson
            </td>
            <td>
                @item.Address
            </td>
            <td>
                <a asp-action="Edit" asp-route-id="@item.SupplierID">修改</a> |
                <a asp-action="Delete" asp-route-id="@item.SupplierID" onclick="return confirm('确定删除
                    吗？')">删除</a>
            </td>
        </tr>
    }
    </tbody>
</table>
```

2. 添加功能

在控制器 SuppliersController 中添加实现添加供应商功能的方法，代码如下所示。

```
public class SuppliersController : Controller
{
    //数据库上下文实例
    private readonly EquipmentDbContext _context;

    //在构造函数中注入数据库上下文实例
    public SuppliersController(EquipmentDbContext context)
    {
        _context = context;
    }

    public async Task<IActionResult> Index()
    {
        // 检查用户是否登录
        if (HttpContext.Session.GetString("Eid") == null)//如果 Session 为空，则返回登录页
        {
            return Redirect("/Account/Login");//返回登录页
        }
        //查询所有供应商信息
        var list = await _context.Suppliers.ToListAsync();
        //将查询结果传递给 Index 视图
        return View(list);
    }

    public IActionResult Create()
    {
        // 检查用户是否登录
        if (HttpContext.Session.GetString("Eid") == null)//如果 Session 为空，则返回登录页
        {
            return Redirect("/Account/Login");//返回登录页
        }
        //返回 Create 视图
        return View();
    }

    [HttpPost]
    public async Task<IActionResult> Create(Supplier supplier)
    {
        // 检查用户是否登录
        if (HttpContext.Session.GetString("Eid") == null)//如果 Session 为空，则返回登录页
```

```
            {
                return Redirect("/Account/Login");//返回登录页
            }
            //模型验证
            if (ModelState.IsValid)
            {
                //在数据库上下文中标记供应商实体为添加状态
                _context.Add(supplier);
                //保存更改到数据库中
                await _context.SaveChangesAsync();
                //重定向到 Index 视图
                return RedirectToAction("Index");
            }
            //模型验证不通过，返回包含错误信息的 Create 视图
            return View(supplier);
        }
    }
```

在以上代码中，添加了 Create 和 Create(Supplier supplier)两个方法。其中 Create 方法用于显示添加视图页面，Create(Supplier supplier)方法用于接收并处理提交的表单数据。

在 Create 方法中，确认用户为登录状态后，返回 Create 视图。

在 Create(Supplier supplier)方法中，确认用户为登录状态后，进行模型验证。如果传入的数据没有问题，则向数据库中添加供应商，并返回 Index 视图；如果模型验证不通过，则将错误信息返回 Create 视图。

完成控制器中的方法编写后，在 Views\Suppliers 目录下添加 Create 视图，实现如图 10-12 所示的界面，代码如下所示。

```html
@model EquipmentManagementSystem.Models.Supplier
@{
    ViewData["Title"] = "添加供应商";
}
<h1>添加供应商</h1>
<form asp-action="Create">
    <div class="container p-2">
        <div class="form-group row">
            <div class="col-md-1">
                <label asp-for="SupplierName" class="float-end my-2"></label>
            </div>
            <div class="col-md-4">
                <input asp-for="SupplierName" class="form-control" />
            </div>
            <div class="col-md-7">
                <span asp-validation-for="SupplierName" class="text-danger"></span>
            </div>
        </div>
    </div>
    <div class="container p-2">
        <div class="form-group row">
            <div class="col-md-1">
                <label asp-for="ContactNumber" class="float-end my-2"></label>
            </div>
            <div class="col-md-4">
                <input asp-for="ContactNumber" class="form-control" />
            </div>
            <div class="col-md-7">
                <span asp-validation-for="ContactNumber" class="text-danger"></span>
            </div>
```

```
            </div>
        </div>
        <div class="container p-2">
            <div class="form-group row">
                <div class="col-md-1">
                    <label asp-for="ContactPerson" class="float-end my-2"></label>
                </div>
                <div class="col-md-4">
                    <input asp-for="ContactPerson" class="form-control" />
                </div>
                <div class="col-md-7">
                    <span asp-validation-for="ContactPerson" class="text-danger"></span>
                </div>
            </div>
        </div>
        <div class="container p-2">
            <div class="form-group row">
                <div class="col-md-1">
                    <label asp-for="Address" class="float-end my-2"></label>
                </div>
                <div class="col-md-4">
                    <input asp-for="Address" class="form-control" />
                </div>
                <div class="col-md-7">
                    <span asp-validation-for="Address" class="text-danger"></span>
                </div>
            </div>
        </div>
        <div class="container p-2">
            <div class="col-md-4">
                <input type="submit" value="添加" class="btn btn-primary" />
                <a asp-action="Index" class="btn btn-primary">取消</a>
            </div>
        </div>
    </form>
@section Scripts {
    @{
        await Html.RenderPartialAsync("_ValidationScriptsPartial");
    }
}
}
```

3. 修改功能

在控制器 SuppliersController 中添加实现修改功能的方法，代码如下所示。

```
public class SuppliersController : Controller
{
    //数据库上下文实例
    private readonly EquipmentDbContext _context;

    //在构造函数中注入数据库上下文实例
    public SuppliersController(EquipmentDbContext context)
    {
        _context = context;
    }


    public async Task<IActionResult> Index()
    {
        // 检查用户是否登录
        if (HttpContext.Session.GetString("Eid") == null)//如果 Session 为空，则返回登录页
        {
```

```
                return Redirect("/Account/Login");//返回登录页
        }
        //查询所有供应商信息
        var list = await _context.Suppliers.ToListAsync();
        //将查询结果传递给 Index 视图
        return View(list);
    }


    public IActionResult Create()
    {
        // 检查用户是否登录
        if (HttpContext.Session.GetString("Eid") == null)//如果 Session 为空，则返回登录页
        {
                return Redirect("/Account/Login");//返回登录页
        }
        //返回 Create 视图
        return View();
    }


    [HttpPost]
    public async Task<IActionResult> Create(Supplier supplier)
    {
        // 检查用户是否登录
        if (HttpContext.Session.GetString("Eid") == null)//如果 Session 为空，则返回登录页
        {
                return Redirect("/Account/Login");//返回登录页
        }
        //模型验证
        if (ModelState.IsValid)
        {
                //在数据库上下文中标记供应商实体为添加状态
                _context.Add(supplier);
                //保存更改到数据库中
                await _context.SaveChangesAsync();
                //重定向到 Index 视图
                return RedirectToAction("Index");
        }
        //模型验证不通过，返回包含错误信息的 Create 视图
        return View(supplier);
    }


    public async Task<IActionResult> Edit(int id)
    {
        // 检查用户是否登录
        if (HttpContext.Session.GetString("Eid") == null)//如果 Session 为空，则返回登录页
        {
                return Redirect("/Account/Login");//返回登录页
        }
        //通过 ID 查询供应商信息
        var supplier = await _context.Suppliers.FindAsync(id);
        //将查询结果传递给 Edit 视图
        return View(supplier);
    }


    [HttpPost]
    public async Task<IActionResult> Edit(Supplier supplier)
    {
        // 检查用户是否登录
```

```
        if (HttpContext.Session.GetString("Eid") == null)//如果 Session 为空，则返回登录页
        {
            return Redirect("/Account/Login");//返回登录页
        }
        //模型验证
        if (ModelState.IsValid)
        {
            //在数据库上下文中标记供应商实体为修改状态
            _context.Update(supplier);
            //保存更改到数据库中
            await _context.SaveChangesAsync();
            //重定向到 Index 视图
            return RedirectToAction("Index");
        }
        //模型验证不通过，返回包含错误信息的 Edit 视图
        return View(supplier);
    }
}
```

在以上代码中，添加了 Edit 和 Edit(Supplier supplier)两个方法。其中 Edit 方法用于显示修改视图页面，Edit(Supplier supplier)方法用于接收并处理修改后的数据。

在 Edit 方法中，确认用户为登录状态后，返回 Edit 视图。

在 Edit(Supplier supplier)方法中，确认用户为登录状态后，进行模型验证。如果传入的数据没有问题，则修改数据库中的供应商信息，并返回 Index 视图；如果模型验证不通过，则将错误信息返回 Edit 视图。

完成控制器中的方法编写后，在 Views\Suppliers 目录下添加 Edit 视图，实现如图 10-13 所示的界面，代码如下所示。

```
@model EquipmentManagementSystem.Models.Supplier
@{
    ViewData["Title"] = "修改供应商信息";
}
<h1>修改供应商信息</h1>
<form asp-action="Edit">
    <input type="hidden" asp-for="SupplierID" />
    <div class="container p-2">
        <div class="form-group row">
            <div class="col-md-1">
                <label asp-for="SupplierName" class="float-end my-2"></label>
            </div>
            <div class="col-md-4">
                <input asp-for="SupplierName" class="form-control" />
            </div>
            <div class="col-md-7">
                <span asp-validation-for="SupplierName" class="text-danger"></span>
            </div>
        </div>
    </div>
    <div class="container p-2">
        <div class="form-group row">
            <div class="col-md-1">
                <label asp-for="ContactNumber" class="float-end my-2"></label>
            </div>
            <div class="col-md-4">
                <input asp-for="ContactNumber" class="form-control" />
            </div>
            <div class="col-md-7">
```

```
                        <span asp-validation-for="ContactNumber" class="text-danger"></span>
                    </div>
                </div>
                <div class="container p-2">
                    <div class="form-group row">
                        <div class="col-md-1">
                            <label asp-for="ContactPerson" class="float-end my-2"></label>
                        </div>
                        <div class="col-md-4">
                            <input asp-for="ContactPerson" class="form-control" />
                        </div>
                        <div class="col-md-7">
                            <span asp-validation-for="ContactPerson" class="text-danger"></span>
                        </div>
                    </div>
                </div>
                <div class="container p-2">
                    <div class="form-group row">
                        <div class="col-md-1">
                            <label asp-for="Address" class="float-end my-2"></label>
                        </div>
                        <div class="col-md-4">
                            <input asp-for="Address" class="form-control" />
                        </div>
                        <div class="col-md-7">
                            <span asp-validation-for="Address" class="text-danger"></span>
                        </div>
                    </div>
                </div>
                <div class="container p-2">
                    <div class="col-md-4">
                        <input type="submit" value="修改" class="btn btn-primary" />
                        <a asp-action="Index" class="btn btn-primary">取消</a>
                    </div>
                </div>
</form>
@section Scripts {
    @{
        await Html.RenderPartialAsync("_ValidationScriptsPartial");
    }
}
```

4. 删除功能

在控制器 SuppliersController 中添加实现删除功能的方法，代码如下所示。

```
public class SuppliersController : Controller
{
    //数据库上下文实例
    private readonly EquipmentDbContext _context;

    //在构造函数中注入数据库上下文实例
    public SuppliersController(EquipmentDbContext context)
    {
        _context = context;
    }



    public async Task<IActionResult> Index()
    {
        // 检查用户是否登录
```

```
            if (HttpContext.Session.GetString("Eid") == null)//如果 Session 为空，则返回登录页
            {
                return Redirect("/Account/Login");//返回登录页
            }
            //查询所有供应商信息
            var list = await _context.Suppliers.ToListAsync();
            //将查询结果传递给 Index 视图
            return View(list);
        }


        public IActionResult Create()
        {
            // 检查用户是否登录
            if (HttpContext.Session.GetString("Eid") == null)//如果 Session 为空，则返回登录页
            {
                return Redirect("/Account/Login");//返回登录页
            }
            //返回 Create 视图
            return View();
        }


        [HttpPost]
        public async Task<IActionResult> Create(Supplier supplier)
        {
            // 检查用户是否登录
            if (HttpContext.Session.GetString("Eid") == null)//如果 Session 为空，则返回登录页
            {
                return Redirect("/Account/Login");//返回登录页
            }
            //模型验证
            if (ModelState.IsValid)
            {
                //在数据库上下文中标记供应商实体为添加状态
                _context.Add(supplier);
                //保存更改到数据库中
                await _context.SaveChangesAsync();
                //重定向到 Index 视图
                return RedirectToAction("Index");
            }
            //模型验证不通过，返回包含错误信息的 Create 视图
            return View(supplier);
        }


        public async Task<IActionResult> Edit(int id)
        {
            // 检查用户是否登录
            if (HttpContext.Session.GetString("Eid") == null)//如果 Session 为空，则返回登录页
            {
                return Redirect("/Account/Login");//返回登录页
            }
            //通过 ID 查询供应商信息
            var supplier = await _context.Suppliers.FindAsync(id);
            //将查询结果传递给 Edit 视图
            return View(supplier);
        }


        [HttpPost]
        public async Task<IActionResult> Edit(Supplier supplier)
```

```
        {
            // 检查用户是否登录
            if (HttpContext.Session.GetString("Eid") == null)//如果 Session 为空，则返回登录页
            {
                return Redirect("/Account/Login");//返回登录页
            }
            //模型验证
            if (ModelState.IsValid)
            {
                //在数据库上下文中标记供应商实体为修改状态
                _context.Update(supplier);
                //保存更改到数据库中
                await _context.SaveChangesAsync();
                //重定向到 Index 视图
                return RedirectToAction("Index");
            }
            //模型验证不通过，返回包含错误信息的 Edit 视图
            return View(supplier);
        }


        public async Task<IActionResult> Delete(int id)
        {
            // 检查用户是否登录
            if (HttpContext.Session.GetString("Eid") == null)//如果 Session 为空，则返回登录页
            {
                return Redirect("/Account/Login");//返回登录页
            }
            //通过 ID 查询供应商信息
            var supplier = await _context.Suppliers.FindAsync(id);
            //从数据库上下文中移除该供应商实体
            _context.Suppliers.Remove(supplier);
            //保存更改到数据库中
            await _context.SaveChangesAsync();
            //重定向到 Index 视图
            return RedirectToAction("Index");
        }
}
```

在以上代码中，添加了 Delete(int id)方法。在该方法中，确认用户为登录状态后，通过 ID 查询供应商信息，并从数据库上下文中移除该供应商实体,然后保存更改到数据库,并返回 Index 视图。

至此，供应商管理功能已完成。

任务 10.6 设备采购功能实现

10.6.1 任务描述

设备采购功能主要实现对采购记录的增删改查，在首页中单击【设备采购】按钮，可跳转至如图 10-14 所示的设备采购记录页面。

| 首页 | 设备类型管理 | 供应商管理 | 设备采购 | 员工管理 | 设备管理 |

设备编号: [　　　] 【查询】 【添加采购记录】

设备编号	设备名称	供应商	采购日期	采购数量	设备单价	采购总价	
EQP001	发电机A	供应商A	2023/2/10 0:00:00	1	15000.00	15000.00	编辑 | 删除
EQP002	发电机B	供应商B	2022/8/1 0:00:00	2	12000.00	24000.00	编辑 | 删除
EQP003	发电机C	供应商C	2021/12/1 0:00:00	1	18000.00	18000.00	编辑 | 删除
EQP004	变压器A	供应商D	2022/6/1 0:00:00	1	10000.00	10000.00	编辑 | 删除
EQP005	变压器B	供应商E	2023/5/1 0:00:00	3	8000.00	24000.00	编辑 | 删除
EQP006	变压器C	供应商F	2021/10/15 0:00:00	1	12000.00	12000.00	编辑 | 删除
EQP007	电缆-001	供应商G	2022/4/1 0:00:00	2	5000.00	10000.00	编辑 | 删除
EQP008	电缆-002	供应商H	2021/7/10 0:00:00	1	6000.00	6000.00	编辑 | 删除
EQP009	电缆-003	供应商I	2023/3/1 0:00:00	2	7000.00	14000.00	编辑 | 删除
EQP010	开关设备-001	供应商A	2023/1/1 0:00:00	1	9000.00	9000.00	编辑 | 删除
EQP011	开关设备-002	供应商A	2021/9/1 0:00:00	1	8000.00	8000.00	编辑 | 删除

图 10-14　设备采购记录页面

在设备采购记录页面中，单击【添加采购记录】按钮，可跳转至如图 10-15 所示的添加采购记录页面。在该页面中，输入采购信息后，单击【添加】按钮，即可实现采购信息的新增。新增成功后，跳转回采购记录页面，刷新采购记录列表，可显示出新增的采购信息。若单击【取消】按钮，则直接跳转回设备采购记录页面，退出操作。

添加采购记录

设备编号 [　　]
设备类型 [发电机]
设备名称 [　　]
制造商 [　　]
生产日期 [年 /月/日]
采购日期 [年 /月/日]
供应商 [供应商A]
采购数量 [　　]
设备单价 [　　]
【添加】【取消】

图 10-15　添加采购记录页面

在采购记录页面中，单击采购记录后的【编辑】按钮，可跳转至如图 10-16 所示的修改页面。在修改页面中修改采购信息后，单击【修改】按钮，即可实现采购信息的修改。修改成功后，跳转回采购记录页面，刷新采购记录列表，可显示出修改后的采购信息。若单击【取消】按钮，则直接跳转回采购列表页面，退出操作。

在采购记录页面中，单击采购记录后的【删除】按钮，弹出确认删除的提示信息，单击【确定】按钮，即可实现采购信息的删除，单击【取消】按钮则退出操作。

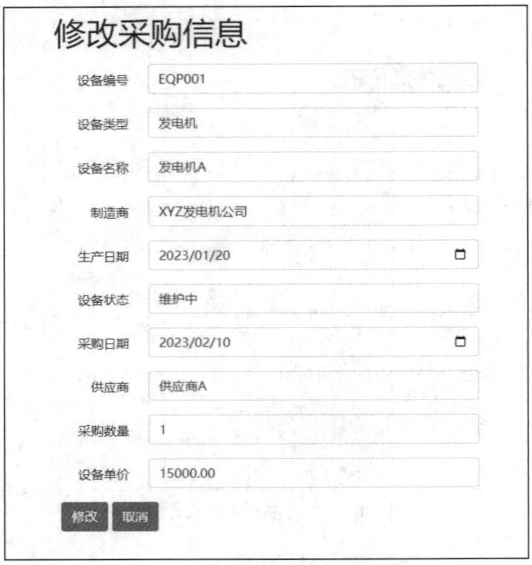

图 10-16　修改采购信息页面

10.6.2　任务实施

在设备采购功能中，涉及两张数据表——采购记录表和设备表，因此需要添加一个视图模型，来存放这两张表的组合数据。

在 Models 文件夹下，添加视图模型 PurchaseEquipment，代码如下所示。

```
public class PurchaseEquipment
{
    [DisplayName("采购记录编号")]
    public int PurchaseRecordID { get; set; }

    [StringLength(20)]
    [DisplayName("设备编号")]
    [Required(ErrorMessage = "请输入设备编号")]
    public string EquipmentID { get; set; }

    [DisplayName("设备类型")]
    [Required(ErrorMessage = "请选择设备类型")]
    public int EquipmentTypeID { get; set; }

    [StringLength(50)]
    [DisplayName("设备名称")]
    [Required(ErrorMessage = "请输入设备名称")]
    public string? EquipmentName { get; set; }

    [StringLength(50)]
    [DisplayName("制造商")]
    [Required(ErrorMessage = "请输入制造商")]
    public string Manufacturer { get; set; }

    [DataType(DataType.Date)]
    [DisplayFormat(DataFormatString = "{0:yyyy-MM-dd}", ApplyFormatInEditMode = true)]
    [DisplayName("生产日期")]
    [Required(ErrorMessage = "请选择生产日期")]
```

```
public DateTime ProductionDate { get; set; }

[StringLength(20)]
[DisplayName("设备状态")]
public string? EquipmentStatus { get; set; }

[DisplayName("供应商")]
[Required(ErrorMessage = "请选择供应商")]
public int SupplierID { get; set; }

[StringLength(50)]
[DisplayName("供应商名称")]
public string? SupplierName { get; set; }

[DisplayName("采购日期")]
[DataType(DataType.Date)]
[DisplayFormat(DataFormatString = "{0:yyyy-MM-dd}", ApplyFormatInEditMode = true)]
[Required(ErrorMessage = "请选择采购日期")]
public DateTime PurchaseDate { get; set; }

[DisplayName("采购数量")]
[Required(ErrorMessage = "请输入采购数量")]
public int Quantity { get; set; }

[DisplayName("设备单价")]
[Required(ErrorMessage = "请输入设备单价")]
public decimal UnitPrice { get; set; }

[DisplayName("采购总价")]
public decimal TotalPrice { get; set; }
}
```

在 Controllers 文件夹下，添加 PurchaseRecordsController 控制器，在该控制器中注入 EquipmentDbContext 实例来获取数据库上下文，以实现数据库交互，代码如下所示。

```
public class PurchaseRecordsController: Controller
{
    //数据库上下文实例
    private readonly EquipmentDbContext _context;

    //在构造函数中注入数据库上下文实例
    public PurchaseRecordsController (EquipmentDbContext context)
    {
        _context = context;
    }
}
```

1. 采购列表

在控制器中创建 Index 方法，用于显示供应商列表视图，代码如下所示。

```
public class PurchaseRecordsController: Controller
{
    //数据库上下文实例
    private readonly EquipmentDbContext _context;

    //在构造函数中注入数据库上下文实例
    public PurchaseRecordsController (EquipmentDbContext context)
    {
        _context = context;
    }
```

```
public async Task<IActionResult> Index(string equipmentID)
{
    // 检查用户是否登录
    if (HttpContext.Session.GetString("Eid") == null)//如果 Session 为空，则返回登录页
    {
        return Redirect("/Account/Login");//返回登录页
    }
    //查询所有采购记录
    var query = _context.PurchaseRecords.AsQueryable();
    //如果传入的设备编号 equipmentID 不为空，根据 equipmentID 过滤查询结果
    if (!string.IsNullOrWhiteSpace(equipmentID))
    {
        query = query.Where(q => q.EquipmentID.Contains(equipmentID));
    }
    var list = await query.ToListAsync();

    // 创建 PurchaseEquipment 对象的列表，用于存储最终结果
    List<c> purchaseEquipments = new List<PurchaseEquipment>();

    // 遍历 PurchaseRecords 结果列表
    for (int i = 0; i < list.Count; i++)
    {
        // 根据 PurchaseRecord 中的 EquipmentID 查找对应的设备信息
        Equipment equipment = await _context.Equipments.FindAsync(list[i].EquipmentID);
        // 根据 PurchaseRecord 中的 SupplierID 查找对应的供应商信息
        Supplier supplier = await _context.Suppliers.FindAsync(list[i].SupplierID);

        // 如果找得到对应的 Equipment 和 Supplier 信息
        if (equipment!=null&& supplier!=null)
        {
            // 创建 PurchaseEquipment 对象，将相关信息赋值
            PurchaseEquipment purchaseEquipment = new PurchaseEquipment()
            {
                PurchaseRecordID = list[i].PurchaseRecordID,
                EquipmentID = equipment.EquipmentID,
                EquipmentName = equipment.EquipmentName,
                SupplierName = supplier.SupplierName,
                PurchaseDate = list[i].PurchaseDate,
                Quantity = list[i].Quantity,
                UnitPrice = list[i].UnitPrice,
                TotalPrice = list[i].TotalPrice,
            };
            // 将 PurchaseEquipment 对象添加到列表中
            purchaseEquipments.Add(purchaseEquipment);
        }
    }
    // 将 PurchaseEquipment 列表传递给视图并返回
    return View(purchaseEquipments);
}
```

在以上代码的 Index 方法中，确认用户为登录状态后，查询数据库中的所有采购信息，接着判断传入的 equipmentID 是否为空，如果不为空，则根据 equipmentID 过滤查询结果，遍历查询结果后，将采购信息、设备信息、供应商信息组合到 PurchaseEquipment 集合中，并将查询结果返回给 Index 视图。

完成控制器中 Index 方法的编写后，在 Views\PurchaseRecords 目录下创建 Index 视图，实

现如图 10-14 所示的采购记录界面，代码如下所示。

```
@model List<PurchaseEquipment>

@{
    ViewData["Title"] = "采购管理";
}

<form asp-action="Index">
    <div class="row">
        <div class="col-1">
            <label class="float-end my-2">设备编号:</label>
        </div>
        <div class="col-2">
            <input name="EquipmentID" value="@TempData["EquipmentID"]" class="form-control">
        </div>
        <div class="col">
            <input type="submit" class="btn btn-primary" value="查询" />
            <a class="btn btn-primary" asp-action="Create">添加采购记录</a>
        </div>
    </div>
</form>
<table class="table">
    <thead>
        <tr>
            <th>
                设备编号
            </th>
            <th>
                设备名称
            </th>
            <th>
                供应商
            </th>
            <th>
                采购日期
            </th>
            <th>
                采购数量
            </th>
            <th>
                设备单价
            </th>
            <th>
                采购总价
            </th>
            <th></th>
        </tr>
    </thead>
    <tbody>
        @foreach (var item in Model)
        {
            <tr>
                <td>
                    @item.EquipmentID
                </td>
                <td>
                    @item.EquipmentName
                </td>
                <td>
                    @item.SupplierName
                </td>
```

```
                <td>
                    @item.PurchaseDate
                </td>
                <td>
                    @item.Quantity
                </td>
                <td>
                    @item.UnitPrice
                </td>
                <td>
                    @item.TotalPrice
                </td>
                <td>
                    <a asp-action="Edit" asp-route-id="@item.PurchaseRecordID">编辑</a> |
                    <a asp-action="Delete" asp-route-id="@item.PurchaseRecordID" onclick="return confirm('确
                        定删除吗？')">删除</a>
                </td>
            </tr>
        }
    </tbody>
</table>
```

2. 添加功能

在控制器 PurchaseRecordsController 中添加实现添加采购记录功能的方法，代码如下所示。

```
public class PurchaseRecordsController : Controller
{
    //数据库上下文实例
    private readonly EquipmentDbContext _context;

    //在构造函数中注入数据库上下文实例
    public PurchaseRecordsController(EquipmentDbContext context)
    {
        _context = context;
    }


    public async Task<IActionResult> Index(string equipmentID)
    {
        // 检查用户是否登录
        if (HttpContext.Session.GetString("Eid") == null)//如果 Session 为空，则返回登录页
        {
            return Redirect("/Account/Login");//返回登录页
        }
        //查询所有采购记录
        var query = _context.PurchaseRecords.AsQueryable();
        //如果传入的设备编号 equipmentID 不为空，则根据 equipmentID 过滤查询结果
        if (!string.IsNullOrWhiteSpace(equipmentID))
        {
            query = query.Where(q => q.EquipmentID.Contains(equipmentID));
        }
        var list = await query.ToListAsync();

        // 创建 PurchaseEquipment 对象的列表，用于存储最终结果
        List<PurchaseEquipment> purchaseEquipments = new List<PurchaseEquipment>();

        // 遍历 PurchaseRecords 结果列表
        for (int i = 0; i < list.Count; i++)
        {
            // 根据 PurchaseRecord 中的 EquipmentID 查找对应的设备信息
            Equipment equipment = await _context.Equipments.FindAsync(list[i].EquipmentID);
```

```
        // 根据 PurchaseRecord 中的 SupplierID 查找对应的供应商信息
        Supplier supplier = await _context.Suppliers.FindAsync(list[i].SupplierID);

        // 如果找得到对应的 Equipment 和 Supplier 信息
        if (equipment!=null&& supplier!=null)
        {
            // 创建 PurchaseEquipment 对象，将相关信息赋值
            PurchaseEquipment purchaseEquipment = new PurchaseEquipment()
            {
                PurchaseRecordID = list[i].PurchaseRecordID,
                EquipmentID = equipment.EquipmentID,
                EquipmentName = equipment.EquipmentName,
                SupplierName = supplier.SupplierName,
                PurchaseDate = list[i].PurchaseDate,
                Quantity = list[i].Quantity,
                UnitPrice = list[i].UnitPrice,
                TotalPrice = list[i].TotalPrice,
            };
            // 将 PurchaseEquipment 对象添加到列表中
            purchaseEquipments.Add(purchaseEquipment);
        }
    }
    // 将 PurchaseEquipment 列表传递给视图并返回
    return View(purchaseEquipments);
}


public IActionResult Create()
{
    // 检查用户是否登录
    if (HttpContext.Session.GetString("Eid") == null)//如果 Session 为空，则返回登录页
    {
        return Redirect("/Account/Login");//返回登录页
    }
    // 设置视图数据以填充前端的设备类型和供应商下拉列表
    ViewData["EquipmentType"] = new SelectList(_context.EquipmentTypes, "EquipmentTypeID", "Equipment
        TypeName");
    ViewData["Supplier"] = new SelectList(_context.Suppliers, "SupplierID", "SupplierName");
    // 返回 Create 视图
    return View();
}


[HttpPost]
public async Task<IActionResult> Create(PurchaseEquipment purchaseEquipment)
{
    // 检查用户是否登录
    if (HttpContext.Session.GetString("Eid") == null)//如果 Session 为空，则返回登录页
    {
        return Redirect("/Account/Login");//返回登录页
    }
    //模型验证
    if (ModelState.IsValid)
    {
        // 创建设备实体对象并初始化其属性
        Equipment equipment = new Equipment()
        {
            EquipmentID = purchaseEquipment.EquipmentID,
            EquipmentTypeID = purchaseEquipment.EquipmentTypeID,
            EquipmentName = purchaseEquipment.EquipmentName,
            Manufacturer = purchaseEquipment.Manufacturer,
            ProductionDate = purchaseEquipment.ProductionDate,
```

```
                    PurchaseDate = purchaseEquipment.PurchaseDate,
                    EquipmentStatus = "正常",
                };
                // 创建采购实体对象并初始化其属性
                PurchaseRecord purchaseRecord = new PurchaseRecord()
                {
                    EquipmentID = purchaseEquipment.EquipmentID,
                    SupplierID = purchaseEquipment.SupplierID,
                    PurchaseDate = purchaseEquipment.PurchaseDate,
                    Quantity = purchaseEquipment.Quantity,
                    UnitPrice = purchaseEquipment.UnitPrice,
                    TotalPrice = purchaseEquipment.UnitPrice * purchaseEquipment.Quantity,
                };
                //在数据库上下文中标记设备实体、采购记录实体为添加状态
                _context.Add(equipment);
                _context.Add(purchaseRecord);
                //保存更改到数据库中
                await _context.SaveChangesAsync();
                //重定向到 Index 视图
                return RedirectToAction("Index");
            }
            // 设置视图数据以填充前端的设备类型和供应商下拉列表
            ViewData["EquipmentType"] = new SelectList(_context.EquipmentTypes, "EquipmentTypeID", "Equipment
                TypeName");
            ViewData["Supplier"] = new SelectList(_context.Suppliers, "SupplierID", "SupplierName");
            // 打印所有 ModelState 中的错误消息到控制台
            foreach (var error in ModelState.Values.SelectMany(v => v.Errors))
            {
                Console.WriteLine(error.ErrorMessage);
            }
            // 返回包含错误信息的视图, 以便用户可以修正输入
            return View(purchaseEquipment);
        }
    }
```

在以上代码中,添加了 Create 和 Create(PurchaseEquipment purchase Equipment)两个方法。其中 Create 方法用于显示添加视图页面,Create(PurchaseEquipment purchaseEquipment)方法用于接收并处理提交的表单数据。

在 Create 方法中,确认用户为登录状态后,设置视图数据以填充前端的设备类型和供应商下拉列表,然后返回 Create 视图。

在 Create(PurchaseEquipment purchaseEquipment)方法中,确认用户为登录状态后,进行模型验证。如果传入的数据没有问题,则向数据库中添加设备信息和采购信息,并返回 Index 视图;如果模型验证不通过,则将错误信息返回 Create 视图。

完成控制器中的方法编写后,在 Views\PurchaseEquipments 目录下添加 Create 视图,实现如图 10-15 所示的界面,代码如下所示。

```
@model PurchaseEquipment

@{
    ViewData["Title"] = "添加采购记录";
}

<h1>添加采购记录</h1>
<form asp-action="Create">
    <div class="container p-2">
        <div class="form-group row">
```

```
                <div class="col-md-1">
                    <label asp-for="EquipmentID" class="float-end my-2"></label>
                </div>
                <div class="col-md-4">
                    <input asp-for="EquipmentID" class="form-control" />
                </div>
                <div class="col-md-7">
                    <span asp-validation-for="EquipmentID" class="text-danger"></span>
                </div>
        </div>
    </div>
    <div class="container p-2">
        <div class="form-group row">
            <div class="col-md-1">
                <label asp-for="EquipmentTypeID" class="float-end my-2"></label>
            </div>
            <div class="col-md-4">
                <select asp-for="EquipmentTypeID" class="form-control" asp-items="ViewBag. EquipmentType"></select>
            </div>
            <div class="col-md-7">
                <span asp-validation-for="EquipmentTypeID" class="text-danger"></span>
            </div>
        </div>
    </div>
    <div class="container p-2">
        <div class="form-group row">
            <div class="col-md-1">
                <label asp-for="EquipmentName" class="float-end my-2"></label>
            </div>
            <div class="col-md-4">
                <input asp-for="EquipmentName" class="form-control" />
            </div>
            <div class="col-md-7">
                <span asp-validation-for="EquipmentName" class="text-danger"></span>
            </div>
        </div>
    </div>
    <div class="container p-2">
        <div class="form-group row">
            <div class="col-md-1">
                <label asp-for="Manufacturer" class="float-end my-2"></label>
            </div>
            <div class="col-md-4">
                <input asp-for="Manufacturer" class="form-control" />
            </div>
            <div class="col-md-7">
                <span asp-validation-for="Manufacturer" class="text-danger"></span>
            </div>
        </div>
    </div>
    <div class="container p-2">
        <div class="form-group row">
            <div class="col-md-1">
                <label asp-for="ProductionDate" class="float-end my-2"></label>
            </div>
            <div class="col-md-4">
                <input asp-for="ProductionDate" class="form-control" />
            </div>
            <div class="col-md-7">
                <span asp-validation-for="ProductionDate" class="text-danger"></span>
            </div>
        </div>
    </div>
```

```
            </div>
            <div class="container p-2">
                <div class="form-group row">
                    <div class="col-md-1">
                        <label asp-for="PurchaseDate" class="float-end my-2"></label>
                    </div>
                    <div class="col-md-4">
                        <input asp-for="PurchaseDate" class="form-control" />
                    </div>
                    <div class="col-md-7">
                        <span asp-validation-for="PurchaseDate" class="text-danger"></span>
                    </div>
                </div>
            </div>
            <div class="container p-2">
                <div class="form-group row">
                    <div class="col-md-1">
                        <label asp-for="SupplierID" class="float-end my-2"></label>
                    </div>
                    <div class="col-md-4">
                        <select asp-for="SupplierID" class="form-control" asp-items="ViewBag.Supplier"></select>
                    </div>
                    <div class="col-md-7">
                        <span asp-validation-for="SupplierID" class="text-danger"></span>
                    </div>
                </div>
            </div>
            <div class="container p-2">
                <div class="form-group row">
                    <div class="col-md-1">
                        <label asp-for="Quantity" class="float-end my-2"></label>
                    </div>
                    <div class="col-md-4">
                        <input asp-for="Quantity" class="form-control" />
                    </div>
                    <div class="col-md-7">
                        <span asp-validation-for="Quantity" class="text-danger"></span>
                    </div>
                </div>
            </div>
            <div class="container p-2">
                <div class="form-group row">
                    <div class="col-md-1">
                        <label asp-for="UnitPrice" class="float-end my-2"></label>
                    </div>
                    <div class="col-md-4">
                        <input asp-for="UnitPrice" class="form-control" />
                    </div>
                    <div class="col-md-7">
                        <span asp-validation-for="UnitPrice" class="text-danger"></span>
                    </div>
                </div>
            </div>
            <div class="container p-2">
                <div class="form-group">
                    <input type="submit" value="添加" class="btn btn-primary" />
                    <a asp-action="Index" class="btn btn-primary">取消</a>
                </div>
            </div>
        </div>
    </form>

@section Scripts {
```

```
    @{
        await Html.RenderPartialAsync("_ValidationScriptsPartial");
    }
}
```

3. 修改功能

在控制器 PurchaseRecordsController 中添加实现修改功能的方法，代码如下所示。

```
public class PurchaseRecordsController : Controller
{
    //数据库上下文实例
    private readonly EquipmentDbContext _context;

    //在构造函数中注入数据库上下文实例
    public PurchaseRecordsController(EquipmentDbContext context)
    {
        _context = context;
    }


    public async Task<IActionResult> Index(string equipmentID)
    {
        // 检查用户是否登录
        if (HttpContext.Session.GetString("Eid") == null)//如果 Session 为空，则返回登录页
        {
            return Redirect("/Account/Login");//返回登录页
        }
        //查询所有采购记录
        var query = _context.PurchaseRecords.AsQueryable();
        //如果传入的设备编号 equipmentID 不为空，则根据 equipmentID 过滤查询结果
        if (!string.IsNullOrWhiteSpace(equipmentID))
        {
            query = query.Where(q => q.EquipmentID.Contains(equipmentID));
        }
        var list = await query.ToListAsync();

        // 创建 PurchaseEquipment 对象的列表，用于存储最终结果
        List<PurchaseEquipment> purchaseEquipments = new List<PurchaseEquipment>();

        // 遍历 PurchaseRecords 结果列表
        for (int i = 0; i < list.Count; i++)
        {
            // 根据 PurchaseRecord 中的 EquipmentID 查找对应的设备信息
            Equipment equipment = await _context.Equipments.FindAsync(list[i].EquipmentID);
            // 根据 PurchaseRecord 中的 SupplierID 查找对应的供应商信息
            Supplier supplier = await _context.Suppliers.FindAsync(list[i].SupplierID);

            // 如果找得到对应的 Equipment 和 Supplier 信息
            if (equipment!=null&& supplier!=null)
            {
                // 创建 PurchaseEquipment 对象，将相关信息赋值
                PurchaseEquipment purchaseEquipment = new PurchaseEquipment()
                {
                    PurchaseRecordID = list[i].PurchaseRecordID,
                    EquipmentID = equipment.EquipmentID,
                    EquipmentName = equipment.EquipmentName,
                    SupplierName = supplier.SupplierName,
                    PurchaseDate = list[i].PurchaseDate,
                    Quantity = list[i].Quantity,
                    UnitPrice = list[i].UnitPrice,
                    TotalPrice = list[i].TotalPrice,
```

```
                };
                // 将 PurchaseEquipment 对象添加到列表中
                purchaseEquipments.Add(purchaseEquipment);
            }
        }
        // 将 PurchaseEquipment 列表传递给视图并返回
        return View(purchaseEquipments);
    }


    public IActionResult Create()
    {
        // 检查用户是否登录
        if (HttpContext.Session.GetString("Eid") == null)//如果 Session 为空，则返回登录页
        {
            return Redirect("/Account/Login");//返回登录页
        }
        // 设置视图数据以填充前端的设备类型和供应商下拉列表
        ViewData["EquipmentType"] = new SelectList(_context.EquipmentTypes, "EquipmentTypeID", "Equipment
                        TypeName");
        ViewData["Supplier"] = new SelectList(_context.Suppliers, "SupplierID", "SupplierName");
        // 返回 Create 视图
        return View();
    }


    [HttpPost]
    public async Task<IActionResult> Create(PurchaseEquipment purchaseEquipment)
    {
        // 检查用户是否登录
        if (HttpContext.Session.GetString("Eid") == null)//如果 Session 为空，则返回登录页
        {
            return Redirect("/Account/Login");//返回登录页
        }
        //模型验证
        if (ModelState.IsValid)
        {
            // 创建设备实体对象并初始化其属性
            Equipment equipment = new Equipment()
            {
                EquipmentID = purchaseEquipment.EquipmentID,
                EquipmentTypeID = purchaseEquipment.EquipmentTypeID,
                EquipmentName = purchaseEquipment.EquipmentName,
                Manufacturer = purchaseEquipment.Manufacturer,
                ProductionDate = purchaseEquipment.ProductionDate,
                PurchaseDate = purchaseEquipment.PurchaseDate,
                EquipmentStatus = "正常",
            };
            // 创建采购实体对象并初始化其属性
            PurchaseRecord purchaseRecord = new PurchaseRecord()
            {
                EquipmentID = purchaseEquipment.EquipmentID,
                SupplierID = purchaseEquipment.SupplierID,
                PurchaseDate = purchaseEquipment.PurchaseDate,
                Quantity = purchaseEquipment.Quantity,
                UnitPrice = purchaseEquipment.UnitPrice,
                TotalPrice = purchaseEquipment.UnitPrice * purchaseEquipment.Quantity,
            };
            //在数据库上下文中标记设备实体、采购记录实体为添加状态
            _context.Add(equipment);
            _context.Add(purchaseRecord);
            //保存更改到数据库中
```

```
                await _context.SaveChangesAsync();
                //重定向到 Index 视图
                return RedirectToAction("Index");
        }
        // 设置视图数据以填充前端的设备类型和供应商下拉列表
        ViewData["EquipmentType"] = new SelectList(_context.EquipmentTypes, "EquipmentTypeID", "Equipment
                    TypeName");
        ViewData["Supplier"] = new SelectList(_context.Suppliers, "SupplierID", "SupplierName");
        // 打印所有 ModelState 中的错误消息到控制台
        foreach (var error in ModelState.Values.SelectMany(v => v.Errors))
        {
            Console.WriteLine(error.ErrorMessage);
        }
        // 返回包含错误信息的视图，以便用户可以修正输入
        return View(purchaseEquipment);
}


public async Task<IActionResult> Edit(int id)
{
        // 检查用户是否登录
        if (HttpContext.Session.GetString("Eid") == null)//如果 Session 为空，则返回登录页
        {
            return Redirect("/Account/Login");//返回登录页
        }
        // 通过 id 查找采购记录
        PurchaseRecord purchaseRecord = await _context.PurchaseRecords.FindAsync(id);
        // 通过采购记录中的设备 ID 查找对应的设备
        Equipment equipment = await _context.Equipments.FindAsync(purchaseRecord.EquipmentID);
        // 创建编辑页面需要的 PurchaseEquipment 对象，将采购记录和设备信息中的数据复制给 PurchaseEquipment
            的属性
        PurchaseEquipment purchaseEquipment = new PurchaseEquipment()
        {
            PurchaseRecordID = id,
            EquipmentID = equipment.EquipmentID,
            EquipmentTypeID = equipment.EquipmentTypeID,
            EquipmentName = equipment.EquipmentName,
            Manufacturer = equipment.Manufacturer,
            ProductionDate = equipment.ProductionDate,
            EquipmentStatus = equipment.EquipmentStatus,
            SupplierID = purchaseRecord.SupplierID,
            PurchaseDate = purchaseRecord.PurchaseDate,
            Quantity = purchaseRecord.Quantity,
            UnitPrice = purchaseRecord.UnitPrice,
            TotalPrice = purchaseRecord.TotalPrice
        };
        // 设置视图数据以填充前端的设备类型和供应商下拉列表
        ViewData["EquipmentType"] = new SelectList(_context.EquipmentTypes, "EquipmentTypeID", "Equipment
                TypeName");
        ViewData["Supplier"] = new SelectList(_context.Suppliers, "SupplierID", "SupplierName");
        // 返回带有填充数据的编辑页面视图
        return View(purchaseEquipment);
}


[HttpPost]
public async Task<IActionResult> Edit(PurchaseEquipment purchaseEquipment)
{
        // 检查用户是否登录
        if (HttpContext.Session.GetString("Eid") == null)//如果 Session 为空，则返回登录页
        {
            return Redirect("/Account/Login");//返回登录页
```

```
        }
        //模型验证
        if (ModelState.IsValid)
        {
            // 创建设备实体对象并初始化其属性
            Equipment equipment = new Equipment()
            {
                EquipmentID = purchaseEquipment.EquipmentID,
                EquipmentTypeID = purchaseEquipment.EquipmentTypeID,
                EquipmentName = purchaseEquipment.EquipmentName,
                Manufacturer = purchaseEquipment.Manufacturer,
                ProductionDate = purchaseEquipment.ProductionDate,
                PurchaseDate = purchaseEquipment.PurchaseDate,
                EquipmentStatus = purchaseEquipment.EquipmentStatus,
            };
            // 创建采购实体对象并初始化其属性
            PurchaseRecord purchaseRecord = new PurchaseRecord()
            {
                PurchaseRecordID = purchaseEquipment.PurchaseRecordID,
                EquipmentID = purchaseEquipment.EquipmentID,
                SupplierID = purchaseEquipment.SupplierID,
                PurchaseDate = purchaseEquipment.PurchaseDate,
                Quantity = purchaseEquipment.Quantity,
                UnitPrice = purchaseEquipment.UnitPrice,
                TotalPrice = purchaseEquipment.UnitPrice * purchaseEquipment.Quantity,
            };
            //在数据库上下文中标记设备实体、采购记录实体为修改状态
            _context.Update(purchaseRecord);
            _context.Update(equipment);
            //保存更改到数据库中
            await _context.SaveChangesAsync();
            //重定向到 Index 视图
            return RedirectToAction("Index");
        }

        // 设置视图数据以填充前端的设备类型和供应商下拉列表
        ViewData["EquipmentType"] = new SelectList(_context.EquipmentTypes, "EquipmentTypeID", "Equipment
            TypeName");
        ViewData["Supplier"] = new SelectList(_context.Suppliers, "SupplierID", "SupplierName");

        // 打印所有 ModelState 中的错误消息到控制台
        foreach (var error in ModelState.Values.SelectMany(v => v.Errors))
        {
            Console.WriteLine(error.ErrorMessage);
        }
        // 返回包含错误信息的视图，以便用户可以修正输入
        return View(purchaseEquipment);
    }
}
```

在以上代码中，添加了 Edit 和 Edit(PurchaseEquipment purchaseEquipment)两个方法。其中 Edit 方法用于显示修改视图页面，Edit(PurchaseEquipment purchaseEquipment)方法用于接收并处理修改后的数据。

在 Edit 方法中，确认用户为登录状态后，获取要编辑的采购记录信息，然后返回 Edit 视图。

在 Edit(PurchaseEquipment purchaseEquipment)方法中，确认用户为登录状态后，进行模型验证。如果传入的数据没有问题，则修改数据库中的采购和设备信息，并返回 Index 视图；如果模型验证不通过，则将错误信息返回 Edit 视图。

完成控制器中的方法编写后，在 Views\PurchaseEquipments 目录下添加 Edit 视图，实现如图 10-16 所示的界面，代码如下所示。

```
@model EquipmentManagementSystem.Models.Supplier

@model PurchaseEquipment

@{
    ViewData["Title"] = "修改采购信息";
}

<h1>修改采购信息</h1>
<form asp-action="Edit">
    <input type="hidden" asp-for="PurchaseRecordID" />
    <div class="container p-2">
        <div class="form-group row">
            <div class="col-md-1">
                <label asp-for="EquipmentID" class="float-end my-2"></label>
            </div>
            <div class="col-md-4">
                <input asp-for="EquipmentID" class="form-control" />
            </div>
            <div class="col-md-7">
                <span asp-validation-for="EquipmentID" class="text-danger"></span>
            </div>
        </div>
    </div>
    <div class="container p-2">
        <div class="form-group row">
            <div class="col-md-1">
                <label asp-for="EquipmentTypeID" class="float-end my-2"></label>
            </div>
            <div class="col-md-4">
                <select asp-for="EquipmentTypeID" class="form-control" asp-items="ViewBag. EquipmentType">
                    </select>
            </div>
            <div class="col-md-7">
                <span asp-validation-for="EquipmentTypeID" class="text-danger"></span>
            </div>
        </div>
    </div>
    <div class="container p-2">
        <div class="form-group row">
            <div class="col-md-1">
                <label asp-for="EquipmentName" class="float-end my-2"></label>
            </div>
            <div class="col-md-4">
                <input asp-for="EquipmentName" class="form-control" />
            </div>
            <div class="col-md-7">
                <span asp-validation-for="EquipmentName" class="text-danger"></span>
            </div>
        </div>
    </div>
    <div class="container p-2">
        <div class="form-group row">
            <div class="col-md-1">
                <label asp-for="Manufacturer" class="float-end my-2"></label>
            </div>
            <div class="col-md-4">
                <input asp-for="Manufacturer" class="form-control" />
```

```
                    </div>
                    <div class="col-md-7">
                        <span asp-validation-for="Manufacturer" class="text-danger"></span>
                    </div>
                </div>
            </div>
            <div class="container p-2">
                <div class="form-group row">
                    <div class="col-md-1">
                        <label asp-for="ProductionDate" class="float-end my-2"></label>
                    </div>
                    <div class="col-md-4">
                        <input asp-for="ProductionDate" class="form-control" />
                    </div>
                    <div class="col-md-7">
                        <span asp-validation-for="ProductionDate" class="text-danger"></span>
                    </div>
                </div>
            </div>
            <div class="container p-2">
                <div class="form-group row">
                    <div class="col-md-1">
                        <label asp-for="EquipmentStatus" class="float-end my-2"></label>
                    </div>
                    <div class="col-md-4">
                        <select asp-for="EquipmentStatus" class="form-control">
                            <option value="正常">正常</option>
                            <option value="维护中">维护中</option>
                            <option value="故障">故障</option>
                        </select>
                    </div>
                    <div class="col-md-7">
                        <span asp-validation-for="EquipmentStatus" class="text-danger"></span>
                    </div>
                </div>
            </div>
            <div class="container p-2">
                <div class="form-group row">
                    <div class="col-md-1">
                        <label asp-for="PurchaseDate" class="float-end my-2"></label>
                    </div>
                    <div class="col-md-4">
                        <input asp-for="PurchaseDate" class="form-control" />
                    </div>
                    <div class="col-md-7">
                        <span asp-validation-for="PurchaseDate" class="text-danger"></span>
                    </div>
                </div>
            </div>
            <div class="container p-2">
                <div class="form-group row">
                    <div class="col-md-1">
                        <label asp-for="SupplierID" class="float-end my-2"></label>
                    </div>
                    <div class="col-md-4">
                        <select asp-for="SupplierID" class="form-control" asp-items="ViewBag.Supplier"> </select>
                    </div>
                    <div class="col-md-7">
                        <span asp-validation-for="SupplierID" class="text-danger"></span>
                    </div>
                </div>
            </div>
```

```html
            <div class="container p-2">
                <div class="form-group row">
                    <div class="col-md-1">
                        <label asp-for="Quantity" class="float-end my-2"></label>
                    </div>
                    <div class="col-md-4">
                        <input asp-for="Quantity" class="form-control" />
                    </div>
                    <div class="col-md-7">
                        <span asp-validation-for="Quantity" class="text-danger"></span>
                    </div>
                </div>
            </div>
            <div class="container p-2">
                <div class="form-group row">
                    <div class="col-md-1">
                        <label asp-for="UnitPrice" class="float-end my-2"></label>
                    </div>
                    <div class="col-md-4">
                        <input asp-for="UnitPrice" class="form-control" />
                    </div>
                    <div class="col-md-7">
                        <span asp-validation-for="UnitPrice" class="text-danger"></span>
                    </div>
                </div>
            </div>
            <div class="container p-2">
                <div class="form-group">
                    <input type="submit" value="修改" class="btn btn-primary" />
                    <a asp-action="Index" class="btn btn-primary">取消</a>
                </div>
            </div>
</form>

@section Scripts {
    @{
        await Html.RenderPartialAsync("_ValidationScriptsPartial");
    }
}
```

4. 删除功能

在控制器 PurchaseRecordsController 中添加实现删除功能的方法，代码如下所示。

```csharp
public class PurchaseRecordsController : Controller
{
    //数据库上下文实例
    private readonly EquipmentDbContext _context;

    //在构造函数中注入数据库上下文实例
    public PurchaseRecordsController(EquipmentDbContext context)
    {
        _context = context;
    }


    public async Task<IActionResult> Index(string equipmentID)
    {
        // 检查用户是否登录
        if (HttpContext.Session.GetString("Eid") == null)//如果 Session 为空，则返回登录页
        {
            return Redirect("/Account/Login");//返回登录页
```

```
    }
    //查询所有采购记录
    var query = _context.PurchaseRecords.AsQueryable();
    //如果传入的设备编号 equipmentID 不为空，则根据 equipmentID 过滤查询结果
    if (!string.IsNullOrWhiteSpace(equipmentID))
    {
        query = query.Where(q => q.EquipmentID.Contains(equipmentID));
    }
    var list = await query.ToListAsync();

    // 创建 PurchaseEquipment 对象的列表，用于存储最终结果
    List<PurchaseEquipment> purchaseEquipments = new List<PurchaseEquipment>();

    // 遍历 PurchaseRecords 结果列表
    for (int i = 0; i < list.Count; i++)
    {
        // 根据 PurchaseRecord 中的 EquipmentID 查找对应的设备信息
        Equipment equipment = await _context.Equipments.FindAsync(list[i].EquipmentID);
        // 根据 PurchaseRecord 中的 SupplierID 查找对应的供应商信息
        Supplier supplier = await _context.Suppliers.FindAsync(list[i].SupplierID);

        // 如果找得到对应的 Equipment 和 Supplier 信息
        if (equipment!=null&& supplier!=null)
        {
            // 创建 PurchaseEquipment 对象，将相关信息赋值
            PurchaseEquipment purchaseEquipment = new PurchaseEquipment()
            {
                PurchaseRecordID = list[i].PurchaseRecordID,
                EquipmentID = equipment.EquipmentID,
                EquipmentName = equipment.EquipmentName,
                SupplierName = supplier.SupplierName,
                PurchaseDate = list[i].PurchaseDate,
                Quantity = list[i].Quantity,
                UnitPrice = list[i].UnitPrice,
                TotalPrice = list[i].TotalPrice,
            };
            // 将 PurchaseEquipment 对象添加到列表中
            purchaseEquipments.Add(purchaseEquipment);
        }
    }
    // 将 PurchaseEquipment 列表传递给视图并返回
    return View(purchaseEquipments);
}


public IActionResult Create()
{
    // 检查用户是否登录
    if (HttpContext.Session.GetString("Eid") == null)//如果 Session 为空，则返回登录页
    {
        return Redirect("/Account/Login");//返回登录页
    }
    // 设置视图数据以填充前端的设备类型和供应商下拉列表
    ViewData["EquipmentType"] = new SelectList(_context.EquipmentTypes, "EquipmentTypeID", "Equipment
                    TypeName");
    ViewData["Supplier"] = new SelectList(_context.Suppliers, "SupplierID", "SupplierName");
    // 返回 Create 视图
    return View();
}


[HttpPost]
```

```
public async Task<IActionResult> Create(PurchaseEquipment purchaseEquipment)
{
    // 检查用户是否登录
    if (HttpContext.Session.GetString("Eid") == null)//如果 Session 为空，则返回登录页
    {
        return Redirect("/Account/Login");//返回登录页
    }
    //模型验证
    if (ModelState.IsValid)
    {
        // 创建设备实体对象并初始化其属性
        Equipment equipment = new Equipment()
        {
            EquipmentID = purchaseEquipment.EquipmentID,
            EquipmentTypeID = purchaseEquipment.EquipmentTypeID,
            EquipmentName = purchaseEquipment.EquipmentName,
            Manufacturer = purchaseEquipment.Manufacturer,
            ProductionDate = purchaseEquipment.ProductionDate,
            PurchaseDate = purchaseEquipment.PurchaseDate,
            EquipmentStatus = "正常",
        };
        // 创建采购实体对象并初始化其属性
        PurchaseRecord purchaseRecord = new PurchaseRecord()
        {
            EquipmentID = purchaseEquipment.EquipmentID,
            SupplierID = purchaseEquipment.SupplierID,
            PurchaseDate = purchaseEquipment.PurchaseDate,
            Quantity = purchaseEquipment.Quantity,
            UnitPrice = purchaseEquipment.UnitPrice,
            TotalPrice = purchaseEquipment.UnitPrice * purchaseEquipment.Quantity,
        };
        //在数据库上下文中标记设备实体、采购记录实体为添加状态
        _context.Add(equipment);
        _context.Add(purchaseRecord);
        //保存更改到数据库中
        await _context.SaveChangesAsync();
        //重定向到 Index 视图
        return RedirectToAction("Index");
    }
    // 设置视图数据以填充前端的设备类型和供应商下拉列表
    ViewData["EquipmentType"] = new SelectList(_context.EquipmentTypes, "EquipmentTypeID", "Equipment
        TypeName");
    ViewData["Supplier"] = new SelectList(_context.Suppliers, "SupplierID", "SupplierName");
    // 打印所有 ModelState 中的错误消息到控制台
    foreach (var error in ModelState.Values.SelectMany(v => v.Errors))
    {
        Console.WriteLine(error.ErrorMessage);
    }
    // 返回包含错误信息的视图，以便用户可以修正输入
    return View(purchaseEquipment);
}


public async Task<IActionResult> Edit(int id)
{
    // 检查用户是否登录
    if (HttpContext.Session.GetString("Eid") == null)//如果 Session 为空，则返回登录页
    {
        return Redirect("/Account/Login");//返回登录页
    }
    // 通过 id 查找采购记录
    PurchaseRecord purchaseRecord = await _context.PurchaseRecords.FindAsync(id);
```

```
        // 通过采购记录中的设备 ID 查找对应的设备
        Equipment equipment = await _context.Equipments.FindAsync(purchaseRecord.EquipmentID);
        // 创建编辑页面需要的 PurchaseEquipment 对象,将采购记录和设备信息中的数据复制给 PurchaseEquipment
           的属性
        PurchaseEquipment purchaseEquipment = new PurchaseEquipment()
        {
            PurchaseRecordID = id,
            EquipmentID = equipment.EquipmentID,
            EquipmentTypeID = equipment.EquipmentTypeID,
            EquipmentName = equipment.EquipmentName,
            Manufacturer = equipment.Manufacturer,
            ProductionDate = equipment.ProductionDate,
            EquipmentStatus = equipment.EquipmentStatus,
            SupplierID = purchaseRecord.SupplierID,
            PurchaseDate = purchaseRecord.PurchaseDate,
            Quantity = purchaseRecord.Quantity,
            UnitPrice = purchaseRecord.UnitPrice,
            TotalPrice = purchaseRecord.TotalPrice
        };
        // 设置视图数据以填充前端的设备类型和供应商下拉列表
        ViewData["EquipmentType"] = new SelectList(_context.EquipmentTypes, "EquipmentTypeID", "Equipment
                TypeName");
        ViewData["Supplier"] = new SelectList(_context.Suppliers, "SupplierID", "SupplierName");
        // 返回带有填充数据的编辑页面视图
        return View(purchaseEquipment);
}


[HttpPost]
public async Task<IActionResult> Edit(PurchaseEquipment purchaseEquipment)
{
        // 检查用户是否登录
        if (HttpContext.Session.GetString("Eid") == null)//如果 Session 为空,则返回登录页
        {
            return Redirect("/Account/Login");//返回登录页
        }
        //模型验证
        if (ModelState.IsValid)
        {
            // 创建设备实体对象并初始化其属性
            Equipment equipment = new Equipment()
            {
                EquipmentID = purchaseEquipment.EquipmentID,
                EquipmentTypeID = purchaseEquipment.EquipmentTypeID,
                EquipmentName = purchaseEquipment.EquipmentName,
                Manufacturer = purchaseEquipment.Manufacturer,
                ProductionDate = purchaseEquipment.ProductionDate,
                PurchaseDate = purchaseEquipment.PurchaseDate,
                EquipmentStatus = purchaseEquipment.EquipmentStatus,
            };
            // 创建采购实体对象并初始化其属性
            PurchaseRecord purchaseRecord = new PurchaseRecord()
            {
                PurchaseRecordID = purchaseEquipment.PurchaseRecordID,
                EquipmentID = purchaseEquipment.EquipmentID,
                SupplierID = purchaseEquipment.SupplierID,
                PurchaseDate = purchaseEquipment.PurchaseDate,
                Quantity = purchaseEquipment.Quantity,
                UnitPrice = purchaseEquipment.UnitPrice,
                TotalPrice = purchaseEquipment.UnitPrice * purchaseEquipment.Quantity,
            };
            // 在数据库上下文中标记设备实体、采购记录实体为修改状态
```

```
            _context.Update(purchaseRecord);
            _context.Update(equipment);
            //保存更改到数据库中
            await _context.SaveChangesAsync();
            //重定向到 Index 视图
            return RedirectToAction("Index");
        }

        // 设置视图数据以填充前端的设备类型和供应商下拉列表
        ViewData["EquipmentType"] = new SelectList(_context.EquipmentTypes, "EquipmentTypeID", "Equipment
                TypeName");
        ViewData["Supplier"] = new SelectList(_context.Suppliers, "SupplierID", "SupplierName");

        // 打印所有 ModelState 中的错误消息到控制台
        foreach (var error in ModelState.Values.SelectMany(v => v.Errors))
        {
            Console.WriteLine(error.ErrorMessage);
        }
        // 返回包含错误信息的视图, 以便用户可以修正输入
        return View(purchaseEquipment);
    }


    public async Task<IActionResult> Delete(int id)
    {
        // 检查用户是否登录
        if (HttpContext.Session.GetString("Eid") == null)//如果 Session 为空，则返回登录页
        {
            return Redirect("/Account/Login");//返回登录页
        }
        // 通过 id 查找采购记录
        PurchaseRecord purchaseRecord = await _context.PurchaseRecords.FindAsync(id);
        // 通过采购记录中的设备 ID 查找对应的设备
        Equipment equipment = await _context.Equipments.FindAsync(purchaseRecord.EquipmentID);
        //从数据库上下文中移除该采购记录和设备实体
        _context.Equipments.Remove(equipment);
        _context.PurchaseRecords.Remove(purchaseRecord);
        //保存更改到数据库中
        await _context.SaveChangesAsync();
        //重定向到 Index 视图
        return RedirectToAction("Index");
    }
}
```

在以上代码中，添加了 Delete(int id)方法。在该方法中，确认用户为登录状态后，通过 ID 查询采购记录和设备信息，从数据库上下文中移除该采购记录和设备实体后，保存更改到数据库，并返回 Index 视图。

至此，设备采购功能已完成。

任务 10.7　员工管理功能实现

10.7.1　任务描述

员工管理功能主要实现对员工信息的增删改查，在首页单击【员工管理】按钮，可跳转至

如图 10-17 所示的员工列表页面。

| 首页　设备类型管理　供应商管理　设备采购　员工管理　设备管理 | | | | | | |

添加员工

员工编号	员工姓名	员工职位	联系电话	入职日期	地址	
EMP001	张三	维修工程师	123-4567890	2022/1/15 0:00:00	上海市虹口区	编辑 | 删除
EMP002	李四	维护技术员	987-6543210	2021/8/20 0:00:00	北京市朝阳区	编辑 | 删除
EMP003	王五	电气工程师	111-2223333	2023/3/10 0:00:00	广州市天河区	编辑 | 删除
EMP004	赵六	设备维护员	444-5556666	2022/11/25 0:00:00	深圳市南山区	编辑 | 删除
EMP005	小红	维修工程师	777-8889999	2023/5/5 0:00:00	成都市武侯区	编辑 | 删除
EMP006	小明	设备维护员	666-3331111	2021/12/3 0:00:00	重庆市渝中区	编辑 | 删除
EMP007	张良	维修工程师	222-9998888	2022/6/18 0:00:00	南京市鼓楼区	编辑 | 删除
EMP008	刘备	设备维护员	888-7774444	2023/2/28 0:00:00	武汉市江汉区	编辑 | 删除
EMP009	关羽	电气工程师	555-6663333	2021/10/10 0:00:00	杭州市西湖区	编辑 | 删除
EMP010	诸葛亮	维护技术员	999-1112222	2022/4/22 0:00:00	成都市高新区	编辑 | 删除

图 10-17　员工列表页面

在员工列表页面中，单击【添加员工】按钮，可跳转至如图 10-18 所示的添加员工信息页面。在该页面中输入员工信息后，单击【添加】按钮，即可实现员工信息的新增。新增成功后，跳转回员工列表页面，刷新员工列表，可显示出新增的员工信息。若单击【取消】按钮，则直接跳转回员工列表页面，退出操作。

在员工列表页面中，单击员工记录后的【编辑】按钮，会跳转至如图 10-19 所示的修改员工信息页面。在修改页面中修改员工信息后，单击【修改】按钮，即可实现员工信息的修改。修改成功后，跳转回员工列表页面，刷新员工列表，可显示出修改后的员工信息。若单击【取消】按钮，则直接跳转回员工列表页面，退出操作。

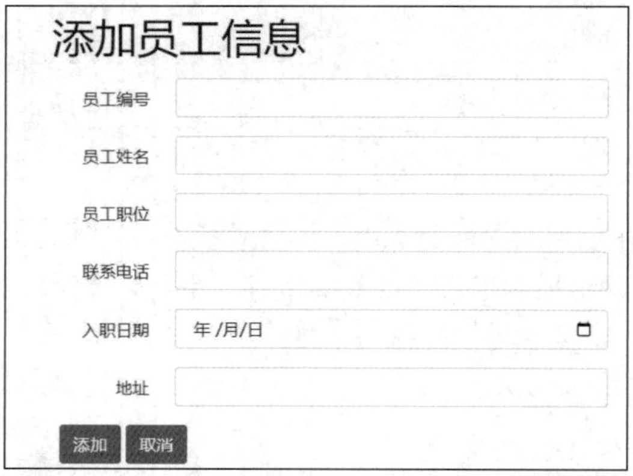

图 10-18　添加员工信息页面

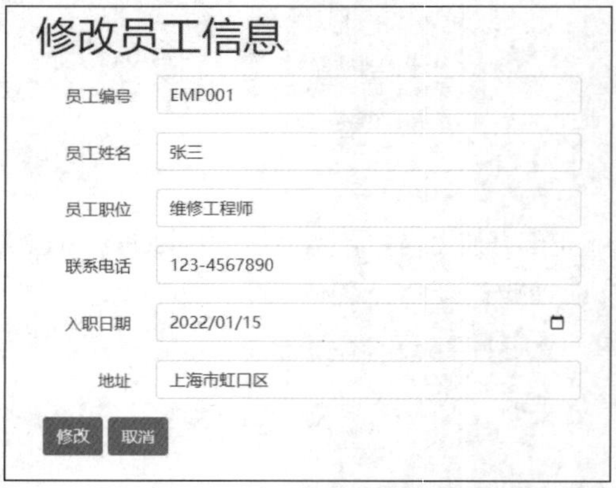

图 10-19　修改员工信息页面

在员工列表页面中，单击员工记录后的【删除】按钮，会弹出确认删除的提示信息，单击【确定】按钮，即可实现员工信息的删除，单击【取消】按钮则退出操作。

10.7.2 任务实施

在 Models 文件夹下，添加 Employees 视图模型，代码如下所示。

```
public class EmployeeViewModel
{
    [DisplayName("员工编号")]
    [StringLength(20)]
    [Required(ErrorMessage = "请输入员工编号")]
    public string EmployeeID { get; set; }


    [DisplayName("是否管理员")]
    [Required(ErrorMessage = "请选择该员工是否管理员")]
    public int IsManager { get; set; }

    [StringLength(20)]
    [DisplayName("员工姓名")]
    [Required(ErrorMessage = "请输入员工姓名")]
    public string EmployeeName { get; set; }

    [StringLength(20)]
    [DisplayName("员工职位")]
    [Required(ErrorMessage = "请输入员工职位")]
    public string Position { get; set; }

    [StringLength(20)]
    [DisplayName("联系电话")]
    [Required(ErrorMessage = "请输入联系电话")]
    public string ContactNumber { get; set; }

    [DisplayName("入职日期")]
    [DataType(DataType.Date)]
    [DisplayFormat(DataFormatString = "{0:yyyy-MM-dd}", ApplyFormatInEditMode = true)]
    [Required(ErrorMessage = "请选择入职日期")]
    public DateTime JoinDate { get; set; }

    [StringLength(50)]
    [DisplayName("地址")]
    [Required(ErrorMessage = "请输入地址")]
    public string Address { get; set; }
}
```

在 Controllers 文件夹下，添加 EmployeesController 控制器，在该控制器中注入 EquipmentDbContext 实例来获取数据库上下文，以实现数据库交互，代码如下所示。

```
public class EmployeesController : Controller
{
    //数据库上下文实例
    private readonly EquipmentDbContext _context;

    //在构造函数中注入数据库上下文实例
    public EmployeesController(EquipmentDbContext context)
    {
        _context = context;
    }
}
```

1. 员工列表

在控制器中创建 Index 方法，用于显示员工列表视图，代码如下所示。

```
public class EmployeesController : Controller
{
    //数据库上下文实例
    private readonly EquipmentDbContext _context;

    //在构造函数中注入数据库上下文实例
    public EmployeesController(EquipmentDbContext context)
    {
        _context = context;
    }

    public async Task<IActionResult> Index()
    {
        // 检查用户是否登录
        if (HttpContext.Session.GetString("Eid") == null)//如果 Session 为空，则返回登录页
        {
            return Redirect("/Account/Login");//返回登录页
        }

        //查询所有员工信息
        var list = await _context.Employees.ToListAsync();
        //将查询结果传递给 Index 视图
        return View(list);
    }
}
```

在以上代码的 Index 方法中，确认用户为登录状态后，查询数据库中的所有员工信息，并将查询结果返回给 Index 视图。

完成控制器中 Index 方法的编写后，在 Views\Employees 目录下创建 Index 视图，实现如图 10-17 所示的员工列表界面，代码如下所示。

```
@model List<Employee>

@{
    ViewData["Title"] = "员工列表";
}

<div>
    <a class="btn btn-primary" asp-action="Create">添加员工</a>
</div>
<table class="table">
    <thead>
        <tr>
            <th>
                员工编号
            </th>
            <th>
                员工姓名
            </th>
            <th>
                员工职位
            </th>
            <th>
                联系电话
```

```
            </th>
            <th>
                入职日期
            </th>
            <th>
                地址
            </th>
            <th></th>
        </tr>
    </thead>
    <tbody>
        @foreach (var item in Model)
        {
            <tr>
                <td>
                    @item.EmployeeID
                </td>
                <td>
                    @item.EmployeeName
                </td>
                <td>
                    @item.Position
                </td>
                <td>
                    @item.ContactNumber
                </td>
                <td>
                    @item.JoinDate
                </td>
                <td>
                    @item.Address
                </td>
                <td>
                    <a asp-action="Edit" asp-route-id="@item.EmployeeID">编辑</a> |
                    <a asp-action="Delete" asp-route-id="@item.EmployeeID" onclick="return confirm('确定删除
                        吗？')">删除</a>
                </td>
            </tr>
        }
    </tbody>
</table>
```

2. 添加功能

在控制器 EmployeesController 中添加实现添加员工功能的方法，代码如下所示。

```
public class EmployeesController : Controller
{
    //数据库上下文实例
    private readonly EquipmentDbContext _context;

    //在构造函数中注入数据库上下文实例
    public EmployeesController(EquipmentDbContext context)
    {
        _context = context;
    }


    public async Task<IActionResult> Index()
    {
        // 检查用户是否登录
        if (HttpContext.Session.GetString("Eid") == null)//如果 Session 为空，则返回登录页
```

```
            {
                return Redirect("/Account/Login");//返回登录页
            }

            //查询所有员工信息
            var list = await _context.Employees.ToListAsync();
            //将查询结果传递给 Index 视图
            return View(list);
        }


        public IActionResult Create()
        {
            // 检查用户是否登录
            if (HttpContext.Session.GetString("Eid") == null)//如果 Session 为空，则返回登录页
            {
                return Redirect("/Account/Login");//返回登录页
            }

            //只有管理员才能有权限添加数据
            if (HttpContext.Session.GetString("admin") != "1")
            {
                return Content("<script>alert('您不是管理员，无权添加数据');window.location = '/Employees/
                    Index';</script>", "text/html", Encoding.UTF8);//弹出提示框
            }
            //返回 Create 视图
            return View();
        }


        [HttpPost]
        public async Task<IActionResult> Create(Employee employee)
        {
            // 检查用户是否登录
            if (HttpContext.Session.GetString("Eid") == null)//如果 Session 为空，则返回登录页
            {
                return Redirect("/Account/Login");//返回登录页
            }
            //模型验证
            if (ModelState.IsValid)
            {
                //在数据库上下文中标记员工实体为添加状态
                _context.Add(employee);
                //保存更改到数据库中
                await _context.SaveChangesAsync();
                //重定向到 Index 视图
                return RedirectToAction("Index");
            }
            //模型验证不通过，返回包含错误信息的 Create 视图
            return View(employee);
        }
    }
```

在以上代码中，添加了 Create 和 Create(Employee employee)两个方法。其中 Create 方法用于显示添加视图页面，Create(Employee employee)方法用于接收并处理提交的表单数据。

在 Create 方法中，确认用户为登录状态后，返回 Create 视图。

在 Create(Employee employee)方法中，确认用户为登录状态后，方法判断该用户是否为管理员，只有管理员才能有权限添加数据，进行模型验证。如果传入的数据没有问题，则向数据库中添加员工信息，并返回 Index 视图；如果模型验证不通过，则将错误信息返回 Create 视图。

完成控制器中的方法编写后，在 Views\Employees 目录下添加 Create 视图，实现如图 10-18 所示的界面，代码如下所示。

```
@model EquipmentManagementSystem.Models.Employee

@{
    ViewData["Title"] = "添加员工信息";
}

<h1>添加员工信息</h1>
<form asp-action="Create">
    <div class="container p-2">
        <div class="form-group row">
            <div class="col-md-1">
                <label asp-for="EmployeeID" class="float-end my-2"></label>
            </div>
            <div class="col-md-4">
                <input asp-for="EmployeeID" class="form-control" />
            </div>
            <div class="col-md-7">
                <span asp-validation-for="EmployeeID" class="text-danger"></span>
            </div>
        </div>
    </div>
    <div class="container p-2">
        <div class="form-group row">
            <div class="col-md-1">
                <label asp-for="LoginPwd" class="float-end my-2"></label>
            </div>
            <div class="col-md-4">
                <input asp-for="LoginPwd" class="form-control" />
            </div>
            <div class="col-md-7">
                <span asp-validation-for="LoginPwd" class="text-danger"></span>
            </div>
        </div>
    </div>
    <div class="container p-2">
        <div class="form-group row">
            <div class="col-md-1">
                <label asp-for="EmployeeName" class="float-end my-2"></label>
            </div>
            <div class="col-md-4">
                <input asp-for="EmployeeName" class="form-control" />
            </div>
            <div class="col-md-7">
                <span asp-validation-for="EmployeeName" class="text-danger"></span>
            </div>
        </div>
    </div>
    <div class="container p-2">
        <div class="form-group row">
            <div class="col-md-1">
                <label asp-for="Position" class="float-end my-2"></label>
            </div>
            <div class="col-md-4">
                <input asp-for="Position" class="form-control" />
            </div>
            <div class="col-md-7">
                <span asp-validation-for="Position" class="text-danger"></span>
            </div>
```

```
                    </div>
                </div>
                <div class="container p-2">
                    <div class="form-group row">
                        <div class="col-md-1">
                            <label asp-for="ContactNumber" class="float-end my-2"></label>
                        </div>
                        <div class="col-md-4">
                            <input asp-for="ContactNumber" class="form-control" />
                        </div>
                        <div class="col-md-7">
                            <span asp-validation-for="ContactNumber" class="text-danger"></span>
                        </div>
                    </div>
                </div>
                <div class="container p-2">
                    <div class="form-group row">
                        <div class="col-md-1">
                            <label asp-for="JoinDate" class="float-end my-2"></label>
                        </div>
                        <div class="col-md-4">
                            <input asp-for="JoinDate" class="form-control" />
                        </div>
                        <div class="col-md-7">
                            <span asp-validation-for="JoinDate" class="text-danger"></span>
                        </div>
                    </div>
                </div>
                <div class="container p-2">
                    <div class="form-group row">
                        <div class="col-md-1">
                            <label asp-for="Address" class="float-end my-2"></label>
                        </div>
                        <div class="col-md-4">
                            <input asp-for="Address" class="form-control" />
                        </div>
                        <div class="col-md-7">
                            <span asp-validation-for="Address" class="text-danger"></span>
                        </div>
                    </div>
                </div>
                <div class="container p-2">
                    <div class="form-group">
                        <input type="submit" value="添加" class="btn btn-primary" />
                        <a asp-action="Index" class="btn btn-primary">取消</a>
                    </div>
                </div>
            </div>
        </form>

@section Scripts {
    @{
        await Html.RenderPartialAsync("_ValidationScriptsPartial");
    }
}
```

3. 修改功能

在控制器 EmployeesController 中添加实现修改功能的方法，代码如下所示。

```
public class EmployeesController : Controller
{
    //数据库上下文实例
```

```
private readonly EquipmentDbContext _context;

//在构造函数中注入数据库上下文实例
public EmployeesController(EquipmentDbContext context)
{
    _context = context;
}


public async Task<IActionResult> Index()
{
    // 检查用户是否登录
    if (HttpContext.Session.GetString("Eid") == null)//如果 Session 为空，则返回登录页
    {
        return Redirect("/Account/Login");//返回登录页
    }

    //查询所有员工信息
    var list = await _context.Employees.ToListAsync();
    //将查询结果传递给 Index 视图
    return View(list);
}


public IActionResult Create()
{
    // 检查用户是否登录
    if (HttpContext.Session.GetString("Eid") == null)//如果 Session 为空，则返回登录页
    {
        return Redirect("/Account/Login");//返回登录页
    }

    //只有管理员才能有权限添加数据
    if (HttpContext.Session.GetString("admin") != "1")
    {
        return  Content("<script>alert('您不是管理员，无权添加数据哦');window.location = '/Employees/
            Index';</script>", "text/html", Encoding.UTF8);//弹出提示框
    }
    //返回 Create 视图
    return View();
}


[HttpPost]
public async Task<IActionResult> Create(Employee employee)
{
    // 检查用户是否登录
    if (HttpContext.Session.GetString("Eid") == null)//如果 Session 为空，则返回登录页
    {
        return Redirect("/Account/Login");//返回登录页
    }
    //模型验证
    if (ModelState.IsValid)
    {
        //在数据库上下文中标记员工实体为添加状态
        _context.Add(employee);
        //保存更改到数据库中
        await _context.SaveChangesAsync();
        //重定向到 Index 视图
        return RedirectToAction("Index");
    }
    //模型验证不通过，返回包含错误信息的 Create 视图
```

```csharp
            return View(employee);
        }


        public async Task<IActionResult> Edit(string id)
        {
            // 检查用户是否登录
            if (HttpContext.Session.GetString("Eid") == null)//如果 Session 为空，则返回登录页
            {
                return Redirect("/Account/Login");//返回登录页
            }
            //通过 ID 查询员工信息
            var employee = await _context.Employees.FindAsync(id);
            //将查询结果传递给 Edit 视图
            return View(employee);
        }


        [HttpPost]
        public async Task<IActionResult> Edit(EmployeeViewModel employee)
        {
            // 检查用户是否登录
            if (HttpContext.Session.GetString("Eid") == null)//如果 Session 为空，则返回登录页
            {
                return Redirect("/Account/Login");//返回登录页
            }
            //如果当前修改的数据不是当前登录人，并且不是管理员，那么将无权修改数据
            if (HttpContext.Session.GetString("Eid") != employee.EmployeeID && HttpContext.Session. GetString
                ("admin") != "1")
            {
                return Content("<script>alert('您无权修改他人数据');</script>", "text/html", Encoding.UTF8); //弹出提
                    示框
            }
            //模型验证
            if (ModelState.IsValid)
            {
                //通过 ID 查询员工信息
                Employee entity = _context.Employees.Find(employee.EmployeeID);
                //给员工实体赋值
                if (entity != null)
                {
                    entity.Position = employee.Position;
                    entity.Address = employee.Address;
                    entity.JoinDate = employee.JoinDate;
                    entity.EmployeeName = employee.EmployeeName;
                    entity.ContactNumber = employee.ContactNumber;

                    //在数据库上下文中标记员工实体为修改状态
                    _context.Update(entity);
                    //保存更改到数据库中
                    await _context.SaveChangesAsync();
                    //重定向到 Index 视图
                    return RedirectToAction("Index");
                }

            }
            //模型验证不通过，返回包含错误信息的 Edit 视图
            return View(employee);
        }
}
```

在以上代码中，添加了 Edit 和 Edit(EmployeeViewModel employee)两个方法。其中 Edit 方法用于显示修改视图页面，Edit(EmployeeViewModel employee)方法用于接收并处理修改后的数据。

在 Edit 方法中，确认用户为登录状态后，判断该用户是否为管理员，只有管理员才能有权限修改数据，接着获取员工信息，并返回 Edit 视图。

在 Edit(EmployeeViewModel employee)方法中，确认用户为登录状态后，判断该用户是否为管理员，只有管理员才能有权限修改数据，然后进行模型验证。如果传入的数据没有问题，则修改数据库中员工信息，并返回 Index 视图；如果模型验证不通过，则将错误信息返回 Edit 视图。

完成控制器中的方法编写后，在 Views\Employees 目录下添加 Edit 视图，实现如图 10-19 所示的界面，代码如下所示。

```
@model EquipmentManagementSystem.Models.Employee

@{
    ViewData["Title"] = "修改员工信息";
}

<h1>修改员工信息</h1>
<form asp-action="Edit">
    <input type="hidden" asp-for="EmployeeID" />
    <div class="container p-2">
        <div class="form-group row">
            <div class="col-md-1">
                <label asp-for="EmployeeID" class="float-end my-2"></label>
            </div>
            <div class="col-md-4">
                <input asp-for="EmployeeID" class="form-control" />
            </div>
            <div class="col-md-7">
                <span asp-validation-for="EmployeeID" class="text-danger"></span>
            </div>
        </div>
    </div>
    <div class="container p-2">
        <div class="form-group row">
            <div class="col-md-1">
                <label asp-for="EmployeeName" class="float-end my-2"></label>
            </div>
            <div class="col-md-4">
                <input asp-for="EmployeeName" class="form-control" />
            </div>
            <div class="col-md-7">
                <span asp-validation-for="EmployeeName" class="text-danger"></span>
            </div>
        </div>
    </div>
    <div class="container p-2">
        <div class="form-group row">
            <div class="col-md-1">
                <label asp-for="Position" class="float-end my-2"></label>
            </div>
            <div class="col-md-4">
                <input asp-for="Position" class="form-control" />
            </div>
            <div class="col-md-7">
```

```
                    <span asp-validation-for="Position" class="text-danger"></span>
                </div>
            </div>
        </div>
        <div class="container p-2">
            <div class="form-group row">
                <div class="col-md-1">
                    <label asp-for="ContactNumber" class="float-end my-2"></label>
                </div>
                <div class="col-md-4">
                    <input asp-for="ContactNumber" class="form-control" />
                </div>
                <div class="col-md-7">
                    <span asp-validation-for="ContactNumber" class="text-danger"></span>
                </div>
            </div>
        </div>
        <div class="container p-2">
            <div class="form-group row">
                <div class="col-md-1">
                    <label asp-for="JoinDate" class="float-end my-2"></label>
                </div>
                <div class="col-md-4">
                    <input asp-for="JoinDate" class="form-control" />
                </div>
                <div class="col-md-7">
                    <span asp-validation-for="JoinDate" class="text-danger"></span>
                </div>
            </div>
        </div>
        <div class="container p-2">
            <div class="form-group row">
                <div class="col-md-1">
                    <label asp-for="Address" class="float-end my-2"></label>
                </div>
                <div class="col-md-4">
                    <input asp-for="Address" class="form-control" />
                </div>
                <div class="col-md-7">
                    <span asp-validation-for="Address" class="text-danger"></span>
                </div>
            </div>
        </div>
        <div class="container p-2">
            <div class="form-group">
                <input type="submit" value="修改" class="btn btn-primary" />
                <a asp-action="Index" class="btn btn-primary">取消</a>
            </div>
        </div>
    </div>
</form>

@section Scripts {
    @{
        await Html.RenderPartialAsync("_ValidationScriptsPartial");
    }
}
```

4. 删除功能

在控制器 EmployeesController 中添加实现删除功能的方法，代码如下所示。

```
public class EmployeesController : Controller
{
```

```
//数据库上下文实例
private readonly EquipmentDbContext _context;

//在构造函数中注入数据库上下文实例
public EmployeesController(EquipmentDbContext context)
{
    _context = context;
}


public async Task<IActionResult> Index()
{
    // 检查用户是否登录
    if (HttpContext.Session.GetString("Eid") == null)//如果 Session 为空，则返回登录页
    {
        return Redirect("/Account/Login");//返回登录页
    }

    //查询所有员工信息
    var list = await _context.Employees.ToListAsync();
    //将查询结果传递给 Index 视图
    return View(list);
}


public IActionResult Create()
{
    // 检查用户是否登录
    if (HttpContext.Session.GetString("Eid") == null)//如果 Session 为空，则返回登录页
    {
        return Redirect("/Account/Login");//返回登录页
    }

    //只有管理员才有权限添加数据
    if (HttpContext.Session.GetString("admin") != "1")
    {
        return Content("<script>alert('您不是管理员，无权添加数据哦');window.location = '/Employees/Index';
                    </script>", "text/html", Encoding.UTF8);//弹出提示框
    }
    //返回 Create 视图
    return View();
}


[HttpPost]
public async Task<IActionResult> Create(Employee employee)
{
    // 检查用户是否登录
    if (HttpContext.Session.GetString("Eid") == null)//如果 Session 为空，则返回登录页
    {
        return Redirect("/Account/Login");//返回登录页
    }
    //模型验证
    if (ModelState.IsValid)
    {
        //在数据库上下文中标记员工实体为添加状态
        _context.Add(employee);
        //保存更改到数据库中
        await _context.SaveChangesAsync();
        //重定向到 Index 视图
        return RedirectToAction("Index");
    }
```

```
                //模型验证不通过，返回包含错误信息的 Create 视图
                return View(employee);
        }


        public async Task<IActionResult> Edit(string id)
        {
                // 检查用户是否登录
                if (HttpContext.Session.GetString("Eid") == null)//如果 Session 为空，则返回登录页
                {
                        return Redirect("/Account/Login");//返回登录页
                }
                //通过 ID 查询员工信息
                var employee = await _context.Employees.FindAsync(id);
                //将查询结果传递给 Edit 视图
                return View(employee);
        }


        [HttpPost]
        public async Task<IActionResult> Edit(EmployeeViewModel employee)
        {
                // 检查用户是否登录
                if (HttpContext.Session.GetString("Eid") == null)//如果 Session 为空，则返回登录页
                {
                        return Redirect("/Account/Login");//返回登录页
                }
                //如果当前修改的数据不是当前登录人，并且不是管理员，那么将无权修改数据
                if (HttpContext.Session.GetString("Eid") != employee.EmployeeID && HttpContext.Session. GetString
                        ("admin") != "1")
                {
                        return Content("<script>alert('您无权修改他人数据');</script>", "text/html", Encoding.UTF8); //弹出提示框
                }
                //模型验证
                if (ModelState.IsValid)
                {
                        //通过 id 查询员工信息
                        Employee entity = _context.Employees.Find(employee.EmployeeID);
                        //给员工实体赋值
                        if (entity != null)
                        {
                                entity.Position = employee.Position;
                                entity.Address = employee.Address;
                                entity.JoinDate = employee.JoinDate;
                                entity.EmployeeName = employee.EmployeeName;
                                entity.ContactNumber = employee.ContactNumber;

                                //在数据库上下文中标记员工实体为修改状态
                                _context.Update(entity);
                                //保存更改到数据库中
                                await _context.SaveChangesAsync();
                                //重定向到 Index 视图
                                return RedirectToAction("Index");
                        }

                }
                //模型验证不通过，返回包含错误信息的 Edit 视图
                return View(employee);
        }


        public async Task<IActionResult> Delete(string id)
```

```
        {
            // 检查用户是否登录
            if (HttpContext.Session.GetString("Eid") == null)//如果 Session 为空，则返回登录页
            {
                return Redirect("/Account/Login");//返回登录页
            }
            //只有管理员才有权限删除员工数据
            if (HttpContext.Session.GetString("admin") != "1")
            {
                return Content("<script>alert('您不是管理员，无权删除数据');</script>", "text/html", Encoding.UTF8);
                                //弹出提示框
            }
            //通过 id 查询员工信息
            var employee = await _context.Employees.FindAsync(id);
            //从数据库上下文中移除该员工实体
            _context.Employees.Remove(employee);
            //保存更改到数据库中
            await _context.SaveChangesAsync();
            //重定向到 Index 视图
            return RedirectToAction("Index");
        }
    }
```

在以上代码中，添加了 Delete(int id)方法。在该方法中，确认用户为登录状态后，判断该用户是否为管理员，只有管理员才有权限删除数据，然后通过 ID 查询员工信息，从数据库上下文中移除该员工实体，接着保存更改到数据库，并返回 Index 视图。

至此，员工管理功能已完成。

任务 10.8　设备管理功能实现

10.8.1　任务描述

设备管理功能主要实现设备信息的修改、维护记录的登记和设备历史维护记录的查看。在首页单击【设备管理】按钮，可跳转至如图 10-20 所示的设备列表页面，在该页面中，可通过设备编号、设备名称查询指定设备信息。

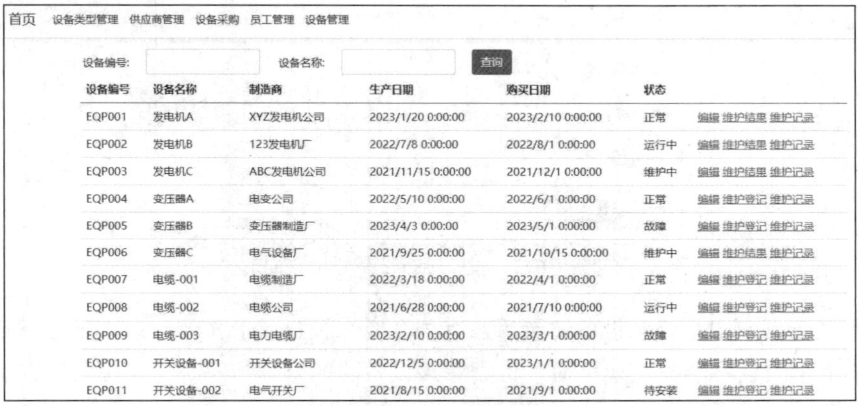
首页　设备类型管理　供应商管理　设备采购　员工管理　设备管理

设备编号:　　设备名称:　　查询

设备编号	设备名称	制造商	生产日期	购买日期	状态	
EQP001	发电机A	XYZ发电机公司	2023/1/20 0:00:00	2023/2/10 0:00:00	正常	编辑 维护结果 维护记录
EQP002	发电机B	123发电机厂	2022/7/8 0:00:00	2022/8/1 0:00:00	运行中	编辑 维护结果 维护记录
EQP003	发电机C	ABC发电机公司	2021/11/15 0:00:00	2021/12/1 0:00:00	维护中	编辑 维护结果 维护记录
EQP004	变压器A	电变公司	2022/5/10 0:00:00	2022/6/1 0:00:00	正常	编辑 维护登记 维护记录
EQP005	变压器B	变压器制造厂	2023/4/3 0:00:00	2023/5/1 0:00:00	故障	编辑 维护登记 维护记录
EQP006	变压器C	电气设备厂	2021/9/25 0:00:00	2021/10/15 0:00:00	维护中	编辑 维护结果 维护记录
EQP007	电缆-001	电缆制造厂	2022/3/18 0:00:00	2022/4/1 0:00:00	正常	编辑 维护登记 维护记录
EQP008	电缆-002	电缆公司	2021/6/28 0:00:00	2021/7/10 0:00:00	运行中	编辑 维护登记 维护记录
EQP009	电缆-003	电力电缆厂	2023/2/10 0:00:00	2023/3/1 0:00:00	故障	编辑 维护登记 维护记录
EQP010	开关设备-001	开关设备公司	2022/12/5 0:00:00	2023/1/1 0:00:00	正常	编辑 维护登记 维护记录
EQP011	开关设备-002	电气开关厂	2021/8/15 0:00:00	2021/9/1 0:00:00	待安装	编辑 维护登记 维护记录

图 10-20　设备列表页面

在设备列表页面中，单击设备记录后的【编辑】按钮，会跳转至如图 10-21 所示的修改设备信息页面。在修改页面中修改设备信息后，单击【修改】按钮，即可实现设备信息的修改。修改成功后，跳转回设备列表页面，刷新设备列表，可显示出修改后的设备信息。若单击【取消】按钮，则直接跳转回设备列表页面，退出操作。

在设备列表页面中，单击设备记录后的【维护登记】按钮，跳转至如图 10-22 所示的设备维护登记页面。在维护登记页面中可修改设备状态和维护员工的信息，单击【提交】按钮，即可实现设备维护的登记，提交成功后会跳转回设备列表页面，【维护登记】按钮变为【维护结果】按钮。若单击【取消】按钮，则直接跳转回设备列表页面，退出操作。

图 10-21　修改设备信息

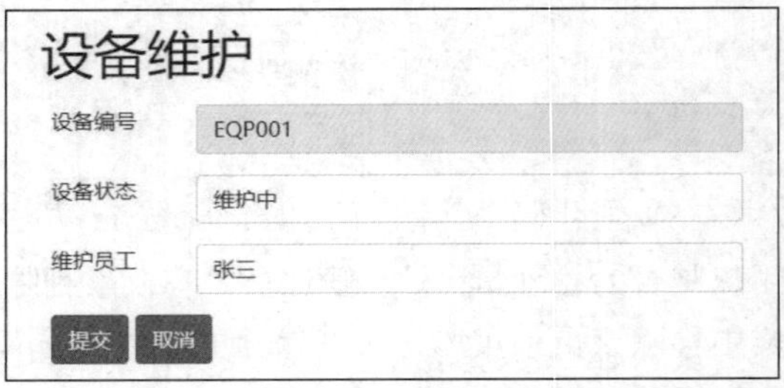

图 10-22　设备维护登记

在设备列表页面中，单击设备记录后的【维护结果】按钮，会跳转至如图 10-23 所示的设备维护结果登记页面。在维护结果登记页面中填写维护结果信息后，单击【提交】按钮，即可实现设备维护结果的登记，提交成功后会跳转回设备列表页面，【维护结果】按钮变为【维护登记】按钮。若单击【取消】按钮，则直接跳转回设备列表页面，退出操作。

图 10-23　设备维护结果登记页面

在设备列表页面中，每条设备记录后都有一个【维护记录】按钮，单击该按钮后会跳转至如图 10-24 所示的设备维护记录页面，可查看该设备的所有维护记录，单击【返回】按钮，可以跳转回设备列表页面。

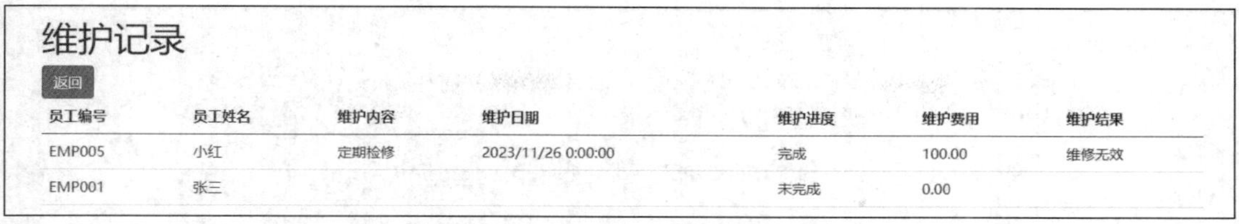

维护记录

返回

员工编号	员工姓名	维护内容	维护日期	维护进度	维护费用	维护结果
EMP005	小红	定期检修	2023/11/26 0:00:00	完成	100.00	维修无效
EMP001	张三			未完成	0.00	

图 10-24　设备维护记录页面

10.8.2　任务实施

在 Controllers 文件夹下，添加 EquipmentsController 控制器，在该控制器中注入 EquipmentDbContext 实例来获取数据库上下文，以实现数据库交互，代码如下所示。

```
public class EquipmentsController : Controller
{
    private readonly EquipmentDbContext _context;

    public EquipmentsController(EquipmentDbContext context)
    {
        _context = context;
    }
}
```

1. 设备列表

在设备列表页面除了要显示设备信息，还需要提供设备最新的维护记录编号，因此，在 Models 文件夹下，添加 EquipmentMaintenanceViewModel 视图模型，代码如下所示。

```
public class EquipmentMaintenanceViewModel
{
    public Equipment? Equipment { get; set; }
    public int? MaintenanceRecordID { get; set; }
}
```

在控制器中创建 Index 方法，用于显示设备列表视图，代码如下所示。

```
public class EquipmentsController : Controller
{
    //数据库上下文实例
    private readonly EquipmentDbContext _context;

    //在构造函数中注入数据库上下文实例
    public EquipmentsController(EquipmentDbContext context)
    {
        _context = context;
    }

    public async Task<IActionResult> Index(string equipmentID, string equipmentName)
    {
        // 检查用户是否登录
        if (HttpContext.Session.GetString("Eid") == null)//如果 Session 为空，则返回登录页
        {
            return Redirect("/Account/Login");//返回登录页
        }
```

```
//获取所有设备信息
var query = _context.Equipments.AsQueryable();
//如果传入的设备编号 equipmentID 不为空，则根据 equipmentID 过滤查询结果
if (!string.IsNullOrWhiteSpace(equipmentID))
{
    query = query.Where(q => q.EquipmentID.Contains(equipmentID));
}
//如果传入的设备名称 equipmentName 不为空，则根据 equipmentName 过滤查询结果
if (!string.IsNullOrWhiteSpace(equipmentName))
{
    query = query.Where(q => q.EquipmentName.Contains(equipmentName));
}
var list = await query.ToListAsync();
//创建视图模型的集合对象，用来存储最终查询结果
List<EquipmentMaintenanceViewModel> equipmentViews = new List<EquipmentMaintenance- ViewModel>();
//遍历获取到的设备列表
for (int i = 0; i < list.Count; i++)
{
    //根据设备信息中的 EquipmentID 获取维护信息
    var maintenanceRecord = await _context.MaintenanceRecords.FirstOrDefaultAsync(s => s.EquipmentID
            == list[i].EquipmentID && s.FinishFlag == 0);
    //创建视图模型对象，并为其属性赋值
    EquipmentMaintenanceViewModel equipmentView = new EquipmentMaintenanceViewModel()
    {
        Equipment = list[i],
        MaintenanceRecordID = maintenanceRecord == null ? 0 : maintenanceRecord. MaintenanceRecordID,
    };
    //将视图模型对象添加到视图模型集合中
    equipmentViews.Add(equipmentView);
}

TempData["EquipmentID"] = equipmentID;
TempData["EquipmentName"] = equipmentName;

//将查询结果返回视图
return View(equipmentViews);
    }
}
```

在以上代码的 Index 方法中，确认用户为登录状态后，查询数据库中的所有设备信息，接着判断传入的设备编号 equipmentID 和设备名称 equipmentName 是否为空。如果不为空，则根据传入的设备编号 equipmentID 和设备名称 equipmentName 过滤查询结果。创建 Equipment-MaintenanceViewModel 视图模型集合，遍历查询到的设备列表，查询每个设备完成标记(FinishFlag)为 0 的维护记录。如果有记录,将把记录编号赋值给视图模型的MaintenanceRecordID 属性中，说明该设备进行了维护登记，若维护还未完成，则未登记维护结果。将数据组织到 EquipmentMaintenanceViewModel 视图模型中后，将查询结果返回给 Index 视图。

完成控制器中 Index 方法的编写后，在 Views\Equipments 目录下创建 Index 视图，实现如图 10-20 所示的设备列表界面，代码如下所示。

```
@model List<EquipmentMaintenanceViewModel>

@{
    ViewData["Title"] = "设备列表";
}

<form asp-action="Index">
```

```
<div class="row">
    <div class="col-1">
        <label class="float-end my-2">设备编号:</label>
    </div>
    <div class="col-2">
        <input name="EquipmentID" value="@TempData["EquipmentID"]" class="form-control">
    </div>
    <div class="col-1">
        <label class="float-end my-2">设备名称:</label>
    </div>
    <div class="col-2">
        <input name="EquipmentName" value="@TempData["EquipmentName"]" class="form-control">
    </div>
    <div class="col">
        <input type="submit" class="btn btn-primary" value="查询" />
    </div>
</div>
</form>
<table class="table">
    <thead>
        <tr>
            <th>设备编号</th>
            <th>设备名称</th>
            <th>制造商</th>
            <th>生产日期</th>
            <th>购买日期</th>
            <th>状态</th>
            <th></th>
        </tr>
    </thead>
    <tbody>
        @foreach (var equipment in Model)
        {
            <tr>
                <td>@equipment.Equipment.EquipmentID</td>
                <td>@equipment.Equipment.EquipmentName</td>
                <td>@equipment.Equipment.Manufacturer</td>
                <td>@equipment.Equipment.ProductionDate</td>
                <td>@equipment.Equipment.PurchaseDate</td>
                <td>@equipment.Equipment.EquipmentStatus</td>
                <td>
                    <a asp-action="Edit" asp-route-id="@equipment.Equipment.EquipmentID">编辑</a>
                    @if (equipment.MaintenanceRecordID == 0)
                    {
                        <a  asp-action="MaintenanceCreate"  asp-route-equipmentID="@equipment.Equipment.
                            EquipmentID">维护登记</a>
                    }
                    else
                    {
                        <a asp-action="MaintenanceResult" asp-route-maintenanceRecordID="@equipment. Maintenance
                            RecordID">维护结果</a>
                    }
                    <a asp-action="MaintenanceList" asp-route-equipmentID="@equipment.Equipment.EquipmentID">
                        维护记录</a>
                </td>
            </tr>
        }
    </tbody>
</table>
```

在以上视图代码中，有@if (equipment.MaintenanceRecordID == 0)的判断，即根据传到视图

的模型数据中的维护记录编号是否为 0 进行判断，若为 0，则说明该设备可以进行维护登记；若不为 0，则说明该设备已登记过维护，只需登记维护结果即可。

2. 修改功能

实现设备的修改，我们同样使用视图模型来传递数据。Models 文件夹下，添加 Equipment ViewModel 视图模型，代码如下所示。

```
public class EquipmentViewModel
{
    [StringLength(20)]
    [DisplayName("设备编号")]
    public string EquipmentID { get; set; }

    [DisplayName("设备类型")]
    public int EquipmentTypeID { get; set; }

    [StringLength(50)]
    [DisplayName("类型名称")]
    public string? EquipmentTypeName { get; set; }

    [StringLength(50)]
    [DisplayName("设备名称")]
    public string? EquipmentName { get; set; }

    [StringLength(50)]
    [DisplayName("制造商")]
    public string? Manufacturer { get; set; }

    [DisplayName("生产日期")]
    [DataType(DataType.Date)]
    public DateTime ProductionDate { get; set; }

    [DisplayName("购买日期")]
    [DataType(DataType.Date)]
    public DateTime PurchaseDate { get; set; }

    [StringLength(20)]
    [DisplayName("状态")]
    public string? EquipmentStatus { get; set; }
}
```

在控制器 EquipmentsController 中添加实现修改功能的方法，代码如下所示。

```
public class EquipmentsController : Controller
{
    //数据库上下文实例
    private readonly EquipmentDbContext _context;

    //在构造函数中注入数据库上下文实例
    public EquipmentsController(EquipmentDbContext context)
    {
        _context = context;
    }

    public async Task<IActionResult> Index(string equipmentID, string equipmentName)
    {
        // 检查用户是否登录
        if (HttpContext.Session.GetString("Eid") == null)//如果 Session 为空，则返回登录页
```

```
    {
        return Redirect("/Account/Login");//返回登录页
    }
    //获取所有设备信息
    var query = _context.Equipments.AsQueryable();
    //如果传入的设备编号 equipmentID 不为空，则根据 equipmentID 过滤查询结果
    if (!string.IsNullOrWhiteSpace(equipmentID))
    {
        query = query.Where(q => q.EquipmentID.Contains(equipmentID));
    }
    //如果传入的设备名称 equipmentName 不为空，则根据 equipmentName 过滤查询结果
    if (!string.IsNullOrWhiteSpace(equipmentName))
    {
        query = query.Where(q => q.EquipmentName.Contains(equipmentName));
    }
    var list = await query.ToListAsync();
    //创建视图模型的集合对象，用来存储最终查询结果
    List<EquipmentMaintenanceViewModel> equipmentViews = new List<EquipmentMaintenance ViewModel>();
    //遍历获取到的设备列表
    for (int i = 0; i < list.Count; i++)
    {
        //根据设备信息中的 EquipmentID 获取维护信息
        var maintenanceRecord = await _context.MaintenanceRecords.FirstOrDefaultAsync(s => s.EquipmentID
                == list[i].EquipmentID && s.FinishFlag == 0);
        //创建视图模型对象，并为其属性赋值
        EquipmentMaintenanceViewModel equipmentView = new EquipmentMaintenanceViewModel()
        {
            Equipment = list[i],
            MaintenanceRecordID = maintenanceRecord == null ? 0 : maintenanceRecord. MaintenanceRecordID,
        };
        //将视图模型对象添加到视图模型集合中
        equipmentViews.Add(equipmentView);
    }

    TempData["EquipmentID"] = equipmentID;
    TempData["EquipmentName"] = equipmentName;

    //将查询结果返回视图
    return View(equipmentViews);
}


public async Task<IActionResult> Edit(string id)
{
    // 检查用户是否登录
    if (HttpContext.Session.GetString("Eid") == null)//如果 Session 为空，则返回登录页
    {
        return Redirect("/Account/Login");//返回登录页
    }
    //提供设备类别下拉框数据
    ViewData["EquipmentType"] = new SelectList(_context.EquipmentTypes, "EquipmentTypeID", "Equipment
            TypeName");
    //根据 id 查找设备信息
    var equipment = await _context.Equipments.FindAsync(id);
    //组织信息到视图模型中
    EquipmentViewModel equipmentView = new EquipmentViewModel()
    {
        EquipmentID = equipment.EquipmentID,
        EquipmentTypeID = equipment.EquipmentTypeID,
        EquipmentName = equipment.EquipmentName,
        Manufacturer = equipment.Manufacturer,
        ProductionDate = equipment.ProductionDate,
```

```
                        PurchaseDate = equipment.PurchaseDate,
                        EquipmentStatus = equipment.EquipmentStatus
                };
            //将视图模型返回视图
            return View(equipmentView);
        }


        [HttpPost]
        public async Task<IActionResult> Edit(EquipmentViewModel equipmentView)
        {
            // 检查用户是否登录
            if (HttpContext.Session.GetString("Eid") == null)//如果 Session 为空，则返回登录页
            {
                return Redirect("/Account/Login");//返回登录页
            }
            //模型验证
            if (ModelState.IsValid)
            {
                //将修改的信息放到 Equipment 实体中
                Equipment equipment = new Equipment()
                {
                    EquipmentID = equipmentView.EquipmentID,
                    EquipmentTypeID = equipmentView.EquipmentTypeID,
                    EquipmentName = equipmentView.EquipmentName,
                    Manufacturer = equipmentView.Manufacturer,
                    ProductionDate = equipmentView.ProductionDate,
                    PurchaseDate = equipmentView.PurchaseDate,
                    EquipmentStatus = equipmentView.EquipmentStatus
                };

                //在数据库上下文中标记设备实体为修改状态
                _context.Update(equipment);
                //保存更改到数据库中
                await _context.SaveChangesAsync();
                //重定向到 Index 视图
                return RedirectToAction("Index");
            }
            //提供设备类别下拉框数据
            ViewData["EquipmentType"] = new SelectList(_context.EquipmentTypes, "EquipmentTypeID", "Equipment
                TypeName");

            foreach (var error in ModelState.Values.SelectMany(v => v.Errors))
            {
                Console.WriteLine(error.ErrorMessage);
            }
            // 模型验证不通过，返回包含错误信息的视图，以便用户可以修正输入
            return View(equipmentView);
        }
    }
```

在以上代码中，添加了 Edit(string id)和 Edit(EquipmentViewModel equipmentView)两个方法。其中 Edit(string id)方法用于显示修改视图页面及修改页面的数据绑定，Edit(EquipmentView-Modele quipmentView)方法用于接收并处理修改后的数据。

在 Edit(string id)方法中，确认用户为登录状态后，组织视图模型数据，并返回 Edit 视图。

在 Edit(EquipmentViewModel equipmentView)方法中，确认用户为登录状态后，进行模型验证。如果传入的数据没有问题，则修改数据库中的设备信息，并返回 Index 视图；如果模型验证不通过，则将错误信息返回 Edit 视图。

完成控制器中的方法编写后,在 Views\Equipments 目录下添加 Edit 视图,实现如图 10-21
所示的界面,代码如下所示。

```
@model EquipmentViewModel

@{
    ViewData["Title"] = "修改设备信息";
}

<h1>修改设备信息</h1>
<form asp-action="Edit">
    <input type="hidden" asp-for="EquipmentID" />
    <div class="container p-2">
        <div class="form-group row">
            <div class="col-md-1">
                <label asp-for="EquipmentTypeID" class="float-end my-2"></label>
            </div>
            <div class="col-md-4">
                <select asp-for="EquipmentTypeID" class="form-control" asp-items="ViewBag.EquipmentType">
                            </select>
            </div>
            <div class="col-md-7">
                <span asp-validation-for="EquipmentTypeID" class="text-danger"></span>
            </div>
        </div>
    </div>
    <div class="container p-2">
        <div class="form-group row">
            <div class="col-md-1">
                <label asp-for="EquipmentName" class="float-end my-2"></label>
            </div>
            <div class="col-md-4">
                <input asp-for="EquipmentName" class="form-control" />
            </div>
            <div class="col-md-7">
                <span asp-validation-for="EquipmentName" class="text-danger"></span>
            </div>
        </div>
    </div>
    <div class="container p-2">
        <div class="form-group row">
            <div class="col-md-1">
                <label asp-for="Manufacturer" class="float-end my-2"></label>
            </div>
            <div class="col-md-4">
                <input asp-for="Manufacturer" class="form-control" />
            </div>
            <div class="col-md-7">
                <span asp-validation-for="Manufacturer" class="text-danger"></span>
            </div>
        </div>
    </div>
    <div class="container p-2">
        <div class="form-group row">
            <div class="col-md-1">
                <label asp-for="ProductionDate" class="float-end my-2"></label>
            </div>
            <div class="col-md-4">
                <input asp-for="ProductionDate" class="form-control" />
            </div>
            <div class="col-md-7">
```

```
                <span asp-validation-for="ProductionDate" class="text-danger"></span>
            </div>
        </div>
    </div>
    <div class="container p-2">
        <div class="form-group row">
            <div class="col-md-1">
                <label asp-for="PurchaseDate" class="float-end my-2"></label>
            </div>
            <div class="col-md-4">
                <input asp-for="PurchaseDate" class="form-control" />
            </div>
            <div class="col-md-7">
                <span asp-validation-for="PurchaseDate" class="text-danger"></span>
            </div>
        </div>
    </div>
    <div class="container p-2">
        <div class="form-group row">
            <div class="col-md-1">
                <label asp-for="EquipmentStatus" class="float-end my-2"></label>
            </div>
            <div class="col-md-4">
                <select asp-for="EquipmentStatus" class="form-control">
                    <option value="正常">正常</option>
                    <option value="维护中">维护中</option>
                    <option value="故障">故障</option>
                </select>
            </div>
            <div class="col-md-7">
                <span asp-validation-for="EquipmentStatus" class="text-danger"></span>
            </div>
        </div>
    </div>
    <div class="container p-2">
        <div class="form-group">
            <input type="submit" value="修改" class="btn btn-primary" />
            <a asp-action="Index" class="btn btn-primary">取消</a>
        </div>
    </div>
</form>

@section Scripts {
    @{await Html.RenderPartialAsync("_ValidationScriptsPartial");}
}
```

3. 维护登记功能

实现设备的维护登记，我们同样使用视图模型来传递数据。Models 文件夹下，添加 Maintenance-CreateViewModel 视图模型，代码如下所示。

```
public class MaintenanceCreateViewModel
{
    [DisplayName("维护记录编号")]
    public int MaintenanceRecordID { get; set; }

    [StringLength(20)]
    [DisplayName("设备编号")]
    [Required(ErrorMessage = "请输入设备编号")]
    public string EquipmentID { get; set; }
```

```
[StringLength(20)]
[DisplayName("设备状态")]
[Required(ErrorMessage = "请选择设备状态")]
public string EquipmentStatus { get; set; }

[StringLength(20)]
[DisplayName("维护员工")]
[Required(ErrorMessage = "请选择维护员工")]
public string EmployeeID { get; set; }
}
```

在控制器 EquipmentsController 中添加实现维护登记功能的方法，代码如下所示。

```
public class EquipmentsController : Controller
{
    //数据库上下文实例
    private readonly EquipmentDbContext _context;

    //在构造函数中注入数据库上下文实例
    public EquipmentsController(EquipmentDbContext context)
    {
        _context = context;
    }


    public async Task<IActionResult> Index(string equipmentID, string equipmentName)
    {
        // 检查用户是否登录
        if (HttpContext.Session.GetString("Eid") == null)//如果 Session 为空，则返回登录页
        {
            return Redirect("/Account/Login");//返回登录页
        }
        //获取所有设备信息
        var query = _context.Equipments.AsQueryable();
        //如果传入的设备编号 equipmentID 不为空，则根据 equipmentID 过滤查询结果
        if (!string.IsNullOrWhiteSpace(equipmentID))
        {
            query = query.Where(q => q.EquipmentID.Contains(equipmentID));
        }
        //如果传入的设备名称 equipmentName 不为空，则根据 equipmentName 过滤查询结果
        if (!string.IsNullOrWhiteSpace(equipmentName))
        {
            query = query.Where(q => q.EquipmentName.Contains(equipmentName));
        }
        var list = await query.ToListAsync();
        //创建视图模型的集合对象，用来存储最终查询结果
        List<EquipmentMaintenanceViewModel> equipmentViews = new List<EquipmentMaintenance ViewModel>();
        //遍历获取到的设备列表
        for (int i = 0; i < list.Count; i++)
        {
            //根据设备信息中的 EquipmentID 获取维护信息
            var maintenanceRecord = await _context.MaintenanceRecords.FirstOrDefaultAsync(s => s.EquipmentID
                == list[i].EquipmentID && s.FinishFlag == 0);
            //创建视图模型对象，并为其属性赋值
            EquipmentMaintenanceViewModel equipmentView = new EquipmentMaintenanceViewModel()
            {
                Equipment = list[i],
                MaintenanceRecordID = maintenanceRecord == null ? 0 : maintenanceRecord. MaintenanceRecordID,
            };
            //将视图模型对象添加到视图模型集合中
            equipmentViews.Add(equipmentView);
        }
```

```
                TempData["EquipmentID"] = equipmentID;
                TempData["EquipmentName"] = equipmentName;

                //将查询结果返回视图
                return View(equipmentViews);
        }


        public async Task<IActionResult> Edit(string id)
        {
                // 检查用户是否登录
                if (HttpContext.Session.GetString("Eid") == null)//如果 Session 为空，则返回登录页
                {
                        return Redirect("/Account/Login");//返回登录页
                }
                //提供设备类别下拉框数据
                ViewData["EquipmentType"] = new SelectList(_context.EquipmentTypes, "EquipmentTypeID", "Equipment
                        TypeName");
                //根据 id 查找设备信息
                var equipment = await _context.Equipments.FindAsync(id);
                //组织信息到视图模型中
                EquipmentViewModel equipmentView = new EquipmentViewModel()
                {
                        EquipmentID = equipment.EquipmentID,
                        EquipmentTypeID = equipment.EquipmentTypeID,
                        EquipmentName = equipment.EquipmentName,
                        Manufacturer = equipment.Manufacturer,
                        ProductionDate = equipment.ProductionDate,
                        PurchaseDate = equipment.PurchaseDate,
                        EquipmentStatus = equipment.EquipmentStatus
                };
                //将视图模型返回视图
                return View(equipmentView);
        }


        [HttpPost]
        public async Task<IActionResult> Edit(EquipmentViewModel equipmentView)
        {
                // 检查用户是否登录
                if (HttpContext.Session.GetString("Eid") == null)//如果 Session 为空，则返回登录页
                {
                        return Redirect("/Account/Login");//返回登录页
                }
                //模型验证
                if (ModelState.IsValid)
                {
                        //将修改的信息放到 Equipment 实体中
                        Equipment equipment = new Equipment()
                        {
                                EquipmentID = equipmentView.EquipmentID,
                                EquipmentTypeID = equipmentView.EquipmentTypeID,
                                EquipmentName = equipmentView.EquipmentName,
                                Manufacturer = equipmentView.Manufacturer,
                                ProductionDate = equipmentView.ProductionDate,
                                PurchaseDate = equipmentView.PurchaseDate,
                                EquipmentStatus = equipmentView.EquipmentStatus
                        };

                        //在数据库上下文中标记设备实体为修改状态
                        _context.Update(equipment);
```

```
            //保存更改到数据库中
            await _context.SaveChangesAsync();
            //重定向到 Index 视图
            return RedirectToAction("Index");
        }
        //提供设备类别下拉框数据
        ViewData["EquipmentType"] = new SelectList(_context.EquipmentTypes, "EquipmentTypeID", "Equipment
            TypeName");

        foreach (var error in ModelState.Values.SelectMany(v => v.Errors))
        {
            Console.WriteLine(error.ErrorMessage);
        }
        // 模型验证不通过，返回包含错误信息的视图，以便用户可以修正输入
        return View(equipmentView);
    }


    public async Task<IActionResult> MaintenanceCreate(string equipmentID)
    {
        // 检查用户是否登录
        if (HttpContext.Session.GetString("Eid") == null)//如果 Session 为空，则返回登录页
        {
            return Redirect("/Account/Login");//返回登录页
        }
        //根据 id 查找设备信息
        var equipment = await _context.Equipments.FindAsync(equipmentID);
        //组织信息到视图模型中
        MaintenanceCreateViewModel maintenanceCreate = new MaintenanceCreateViewModel()
        {
            EquipmentID = equipmentID,
            EquipmentStatus = equipment.EquipmentStatus
        };
        //提供设备类别下拉框数据
        ViewData["EmployeeID"] = new SelectList(_context.Employees, "EmployeeID", "EmployeeName");
        //将视图模型返回视图
        return View(maintenanceCreate);
    }


    [HttpPost]
    public async Task<IActionResult> MaintenanceCreate(MaintenanceCreateViewModel maintenanceCreate)
    {
        // 检查用户是否登录
        if (HttpContext.Session.GetString("Eid") == null)//如果 Session 为空，则返回登录页
        {
            return Redirect("/Account/Login");//返回登录页
        }
        //模型验证
        if (ModelState.IsValid)
        {
            //根据设备编号查询设备信息
            var equipment = await _context.Equipments.FindAsync(maintenanceCreate.EquipmentID);
            //给设备实体的设备状态属性重新赋值
            equipment.EquipmentStatus = maintenanceCreate.EquipmentStatus;
            //组织维护信息到 MaintenanceRecord 实体对象中
            MaintenanceRecord maintenanceRecord = new MaintenanceRecord()
            {
                EquipmentID = equipment.EquipmentID,
                EmployeeID = maintenanceCreate.EmployeeID,
                FinishFlag = 0,
                Cost = 0
```

```
            };

            //在数据库上下文中标记设备实体为修改状态
            _context.Update(equipment);
            //在数据库上下文中标记维护设备实体为新增状态
            _context.Add(maintenanceRecord);
            //保存更改到数据库
            await _context.SaveChangesAsync();
            //重定向到 Index 视图
            return RedirectToAction("Index");
        }

        //提供设备类别下拉框数据
        ViewData["EmployeeID"] = new SelectList(_context.Employees, "EmployeeID", "EmployeeName");
        foreach (var error in ModelState.Values.SelectMany(v => v.Errors))
        {
            Console.WriteLine(error.ErrorMessage);
        }

        // 模型验证不通过，返回包含错误信息的视图，以便用户可以修正输入
        return View(maintenanceCreate);
    }
}
```

在以上代码中，添加了 MaintenanceCreate(string equipmentID)和 MaintenanceCreate(Maintenance CreateViewModel maintenanceCreate)两个方法。其中 MaintenanceCreate(string equipmentID) 方法用于显示维护登记的视图页面，并在该页面中绑定设备编号、当前设备状态、维护员工信息，MaintenanceCreate(MaintenanceCreateViewModel maintenanceCreate)方法则用于接收并处理维护结果登记的数据。

在 MaintenanceCreate(string equipmentID)方法中，传入的参数 equipmentID 为设备编号，在确认用户为登录状态后，需要根据该编号查询对应的设备信息，再组织需要显示在视图上的数据到视图模型中，并返回 MaintenanceCreateViewModel 视图。

在 MaintenanceCreate(MaintenanceCreateViewModel maintenanceCreate)方法中，确认用户为登录状态后，进行模型验证。在该功能中需要对两个数据表进行操作，一个是修改设备表的设备状态，另一个是添加一条维护记录，因此先根据设备编号查询设备信息，更新设备信息中的设备状态，然后组织要添加的维护记录信息到 MaintenanceRecord 实体对象中，包括设备编号、维护员工编号、完成标记(默认为 0，登记维护结果时标记为 1)。保存修改的数据到数据库中，返回 Index 视图。如果模型验证不通过，则将错误信息返回 MaintenanceResult 视图。

完成控制器中的方法编写后，在 Views\Equipments 目录下添加 MaintenanceCreate 视图，实现如图 10-22 所示的界面，代码如下所示。

```
@model MaintenanceCreateViewModel

@{
    ViewData["Title"] = "设备维护";
}

<h1>设备维护</h1>
<form asp-action="MaintenanceCreate">
    <div class="container p-2">
        <div class="form-group row">
            <div class="col-md-1">
```

```
                    <label asp-for="EquipmentID" class="control-label"></label>
                </div>
                <div class="col-md-4">
                    <input asp-for="EquipmentID" class="form-control" readonly />
                </div>
                <div class="col-md-7">
                    <span asp-validation-for="EquipmentID" class="text-danger"></span>
                </div>
            </div>
        </div>
        <div class="container p-2">
            <div class="form-group row">
                <div class="col-md-1">
                    <label asp-for="EquipmentStatus" class="control-label"></label>
                </div>
                <div class="col-md-4">
                    <select asp-for="EquipmentStatus" class="form-control">
                        <option value="正常">正常</option>
                        <option value="维护中">维护中</option>
                        <option value="故障">故障</option>
                    </select>
                </div>
                <div class="col-md-7">
                    <span asp-validation-for="EquipmentStatus" class="text-danger"></span>
                </div>
            </div>
        </div>
        <div class="container p-2">
            <div class="form-group row">
                <div class="col-md-1">
                    <label asp-for="EmployeeID" class="control-label"></label>
                </div>
                <div class="col-md-4">
                    <select asp-for="EmployeeID" class="form-control" asp-items="ViewBag.EmployeeID"></select>
                </div>
                <div class="col-md-7">
                    <span asp-validation-for="EmployeeID" class="text-danger"></span>
                </div>
            </div>
        </div>
        <div class="container p-2">
            <div class="form-group">
                <input type="submit" value="提交" class="btn btn-primary" />
                <a asp-action="Index" class="btn btn-primary">取消</a>
            </div>
        </div>
</form>

@section Scripts {
    @{
        await Html.RenderPartialAsync("_ValidationScriptsPartial");
    }
}
```

4. 维护结果功能

由于该功能和后面的维护记录功能中涉及多表数据的获取和显示，因此，需先在 Models 文件夹下创建视图模型 MaintenanceViewModel，用来传递多表的组合数据，代码如下所示。

```
public class MaintenanceViewModel
{
    [DisplayName("维护记录编号")]
```

```
        public int MaintenanceRecordID { get; set; }

        [StringLength(20)]
        [DisplayName("设备编号")]
        [Required(ErrorMessage = "请输入设备编号")]
        public string EquipmentID { get; set; }

        [StringLength(20)]
        [DisplayName("设备状态")]
        [Required(ErrorMessage = "请选择设备状态")]
        public string EquipmentStatus { get; set; }

        [StringLength(20)]
        [DisplayName("维护员工")]
        [Required(ErrorMessage = "请选择维护员工")]
        public string EmployeeID { get; set; }

        [StringLength(20)]
        [DisplayName("员工姓名")]
        public string? EmployeeName { get; set; }

        [StringLength(500)]
        [DisplayName("维护内容")]
        [Required(ErrorMessage = "请输入维护内容")]
        public string MaintenanceContent { get; set; }

        [DisplayName("维护日期")]
        [DataType(DataType.Date)]
        [DisplayFormat(DataFormatString = "{0:yyyy-MM-dd}", ApplyFormatInEditMode = true)]
        [Required(ErrorMessage = "请选择维护日期")]
        public DateTime? MaintenanceDate { get; set; }

        [DisplayName("结束标记")]
        [DefaultValue(0)]
        public int FinishFlag { get; set; }

        [DisplayName("维护费用")]
        [DefaultValue(0)]
        [Required(ErrorMessage = "请输入维护费用")]
        public decimal Cost { get; set; }

        [StringLength(500)]
        [DisplayName("维护结果")]
        [Required(ErrorMessage = "请输入维护结果")]
        public string Result { get; set; }
}
```

在控制器 EquipmentsController 中添加实现维护结果功能的方法，代码如下所示。

```
public class EquipmentsController : Controller
{
    //数据库上下文实例
    private readonly EquipmentDbContext _context;

    //在构造函数中注入数据库上下文实例
    public EquipmentsController(EquipmentDbContext context)
    {
        _context = context;
    }
```

```csharp
public async Task<IActionResult> Index(string equipmentID, string equipmentName)
{
    // 检查用户是否登录
    if (HttpContext.Session.GetString("Eid") == null)//如果 Session 为空，则返回登录页
    {
        return Redirect("/Account/Login");//返回登录页
    }
    //获取所有设备信息
    var query = _context.Equipments.AsQueryable();
    //如果传入的设备编号 equipmentID 不为空，则根据 equipmentID 过滤查询结果
    if (!string.IsNullOrWhiteSpace(equipmentID))
    {
        query = query.Where(q => q.EquipmentID.Contains(equipmentID));
    }
    //如果传入的设备名称 equipmentName 不为空，则根据 equipmentName 过滤查询结果
    if (!string.IsNullOrWhiteSpace(equipmentName))
    {
        query = query.Where(q => q.EquipmentName.Contains(equipmentName));
    }
    var list = await query.ToListAsync();
    //创建视图模型的集合对象，用来存储最终查询结果
    List<EquipmentMaintenanceViewModel> equipmentViews = new List<EquipmentMaintenance ViewModel>();
    //遍历获取到的设备列表
    for (int i = 0; i < list.Count; i++)
    {
        //根据设备信息中的 EquipmentID 获取维护信息
        var maintenanceRecord = await _context.MaintenanceRecords.FirstOrDefaultAsync(s => s.EquipmentID
                    == list[i].EquipmentID && s.FinishFlag == 0);
        //创建视图模型对象，并为其属性赋值
        EquipmentMaintenanceViewModel equipmentView = new EquipmentMaintenanceViewModel()
        {
            Equipment = list[i],
            MaintenanceRecordID = maintenanceRecord == null ? 0 : maintenanceRecord. MaintenanceRecordID,
        };
        //将视图模型对象添加到视图模型集合中
        equipmentViews.Add(equipmentView);
    }

    TempData["EquipmentID"] = equipmentID;
    TempData["EquipmentName"] = equipmentName;

    //将查询结果返回视图
    return View(equipmentViews);
}


public async Task<IActionResult> Edit(string id)
{
    // 检查用户是否登录
    if (HttpContext.Session.GetString("Eid") == null)//如果 Session 为空，则返回登录页
    {
        return Redirect("/Account/Login");//返回登录页
    }
    //提供设备类别下拉框数据
    ViewData["EquipmentType"] = new SelectList(_context.EquipmentTypes, "EquipmentTypeID", "Equipment
            TypeName");
    //根据 id 查找设备信息
    var equipment = await _context.Equipments.FindAsync(id);
    //组织信息到视图模型中
    EquipmentViewModel equipmentView = new EquipmentViewModel()
    {
        EquipmentID = equipment.EquipmentID,
```

```
                EquipmentTypeID = equipment.EquipmentTypeID,
                EquipmentName = equipment.EquipmentName,
                Manufacturer = equipment.Manufacturer,
                ProductionDate = equipment.ProductionDate,
                PurchaseDate = equipment.PurchaseDate,
                EquipmentStatus = equipment.EquipmentStatus
            };
            //将视图模型返回视图
            return View(equipmentView);
    }


    [HttpPost]
    public async Task<IActionResult> Edit(EquipmentViewModel equipmentView)
    {
        // 检查用户是否登录
        if (HttpContext.Session.GetString("Eid") == null)//如果 Session 为空，则返回登录页
        {
            return Redirect("/Account/Login");//返回登录页
        }
        //模型验证
        if (ModelState.IsValid)
        {
            //将修改的信息放到 Equipment 实体中
            Equipment equipment = new Equipment()
            {
                EquipmentID = equipmentView.EquipmentID,
                EquipmentTypeID = equipmentView.EquipmentTypeID,
                EquipmentName = equipmentView.EquipmentName,
                Manufacturer = equipmentView.Manufacturer,
                ProductionDate = equipmentView.ProductionDate,
                PurchaseDate = equipmentView.PurchaseDate,
                EquipmentStatus = equipmentView.EquipmentStatus
            };

            //在数据库上下文中标记设备实体为修改状态
            _context.Update(equipment);
            //保存更改到数据库中
            await _context.SaveChangesAsync();
            //重定向到 Index 视图
            return RedirectToAction("Index");
        }
        //提供设备类别下拉框数据
        ViewData["EquipmentType"] = new SelectList(_context.EquipmentTypes, "EquipmentTypeID", "Equipment
            TypeName");

        foreach (var error in ModelState.Values.SelectMany(v => v.Errors))
        {
            Console.WriteLine(error.ErrorMessage);
        }
        // 模型验证不通过，返回包含错误信息的视图，以便用户可以修正输入
        return View(equipmentView);
    }


    public async Task<IActionResult> MaintenanceCreate(string equipmentID)
    {
        // 检查用户是否登录
        if (HttpContext.Session.GetString("Eid") == null)//如果 Session 为空，则返回登录页
        {
            return Redirect("/Account/Login");//返回登录页
        }
```

```csharp
        //根据 id 查找设备信息
        var equipment = await _context.Equipments.FindAsync(equipmentID);
        //组织信息到视图模型中
        MaintenanceCreateViewModel maintenanceCreate = new MaintenanceCreateViewModel()
        {
            EquipmentID = equipmentID,
            EquipmentStatus = equipment.EquipmentStatus
        };
        //提供设备类别下拉框数据
        ViewData["EmployeeID"] = new SelectList(_context.Employees, "EmployeeID", "EmployeeName");
        //将视图模型返回视图
        return View(maintenanceCreate);
    }


    [HttpPost]
    public async Task<IActionResult> MaintenanceCreate(MaintenanceCreateViewModel maintenanceCreate)
    {
        // 检查用户是否登录
        if (HttpContext.Session.GetString("Eid") == null)//如果 Session 为空，则返回登录页
        {
            return Redirect("/Account/Login");//返回登录页
        }
        //模型验证
        if (ModelState.IsValid)
        {
            //根据设备编号查询设备信息
            var equipment = await _context.Equipments.FindAsync(maintenanceCreate.EquipmentID);
            //给设备实体的设备状态属性重新赋值
            equipment.EquipmentStatus = maintenanceCreate.EquipmentStatus;
            //组织维护信息到 MaintenanceRecord 实体对象中
            MaintenanceRecord maintenanceRecord = new MaintenanceRecord()
            {
                EquipmentID = equipment.EquipmentID,
                EmployeeID = maintenanceCreate.EmployeeID,
                FinishFlag = 0,
                Cost = 0
            };

            //在数据库上下文中标记设备实体为修改状态
            _context.Update(equipment);
            //在数据库上下文中标记维护备实体为新增状态
            _context.Add(maintenanceRecord);
            //保存更改到数据库
            await _context.SaveChangesAsync();
            //重定向到 Index 视图
            return RedirectToAction("Index");
        }

        //提供设备类别下拉框数据
        ViewData["EmployeeID"] = new SelectList(_context.Employees, "EmployeeID", "EmployeeName");
        foreach (var error in ModelState.Values.SelectMany(v => v.Errors))
        {
            Console.WriteLine(error.ErrorMessage);
        }

        // 模型验证不通过，返回包含错误信息的视图，以便用户可以修正输入
        return View(maintenanceCreate);
    }


    public async Task<IActionResult> MaintenanceResult(int maintenanceRecordID)
```

```
        {
            // 检查用户是否登录
            if (HttpContext.Session.GetString("Eid") == null)//如果 Session 为空，则返回登录页
            {
                return Redirect("/Account/Login");//返回登录页
            }
            //根据传入的维护记录 ID 查找维护记录
            var maintenanceRecord = await _context.MaintenanceRecords.FindAsync(maintenanceRecordID);
            //根据维护信息中的设备编号查找设备信息
            var equipment = await _context.Equipments.FindAsync(maintenanceRecord.EquipmentID);
            //组织数据到视图模型中
            MaintenanceViewModel equipmentView = new MaintenanceViewModel()
            {
                MaintenanceRecordID = maintenanceRecordID,
                EquipmentID = equipment.EquipmentID,
                EquipmentStatus = equipment.EquipmentStatus,
                EmployeeID = maintenanceRecord.EmployeeID,
            };
            //员工下拉框绑定的数据
            ViewData["EmployeeID"] = new SelectList(_context.Employees, "EmployeeID", "EmployeeName");
            //将视图模型返回给 MaintenanceResult 视图
            return View(equipmentView);
        }


        [HttpPost]
        public async Task<IActionResult> MaintenanceResult(MaintenanceViewModel maintenanceView)
        {
            // 检查用户是否登录
            if (HttpContext.Session.GetString("Eid") == null)//如果 Session 为空，则返回登录页
            {
                return Redirect("/Account/Login");//返回登录页
            }
            //模型验证
            if (ModelState.IsValid)
            {
                //根据设备编号获取设备信息
                var equipment = await _context.Equipments.FindAsync(maintenanceView.EquipmentID);
                //给设备实体的设备状态属性重新赋值
                equipment.EquipmentStatus = maintenanceView.EquipmentStatus;

                //根据维护记录编号获取维护信息
                MaintenanceRecord maintenanceRecord = await _context.MaintenanceRecords.FindAsync (maintenance
                    View.MaintenanceRecordID);
                //给维护记录实体的属性重新赋值
                maintenanceRecord.MaintenanceContent = maintenanceView.MaintenanceContent;
                maintenanceRecord.MaintenanceDate = maintenanceView.MaintenanceDate;
                maintenanceRecord.Cost = maintenanceView.Cost;
                maintenanceRecord.Result = maintenanceView.Result;
                maintenanceRecord.FinishFlag = 1;

                //在数据库上下文中标记设备实体为修改状态
                _context.Update(equipment);
                //在数据库上下文中标记维护记录实体为修改状态
                _context.Update(maintenanceRecord);
                //保存更改到数据库
                await _context.SaveChangesAsync();
                //重定向到 Index 视图
                return RedirectToAction("Index");
            }
            //员工下拉框绑定的数据
            ViewData["EmployeeID"] = new SelectList(_context.Employees, "EmployeeID", "EmployeeName");
```

```
        foreach (var error in ModelState.Values.SelectMany(v => v.Errors))
        {
                Console.WriteLine(error.ErrorMessage);
        }
        // 模型验证不通过，返回包含错误信息的视图，以便用户可以修正输入
        return View(maintenanceView);
    }
}
```

在以上代码中，添加了 MaintenanceResult(int maintenanceRecordID)和 MaintenanceResult (MaintenanceViewModel maintenanceView)两个方法。其中 MaintenanceResult(int maintenanceRecordID) 方法用于显示维护登记的视图页面，并在该页面中绑定设备编号、当前设备状态、维护员工信息，MaintenanceResult(MaintenanceViewModel maintenanceView)方法则用于接收并处理维护结果登记的数据。

在 MaintenanceResult(int maintenanceRecordID)方法中，传入的参数 maintenance RecordID 为上一次登记维护的维护记录编号，在确认用户为登录状态后，需要根据该编号查询对应的维护记录信息，再根据维护记录中的设备编号查询设备信息，接着组织需要显示在视图上的数据到视图模型中，并返回 MaintenanceResult 视图。

在 MaintenanceResult(MaintenanceViewModel maintenanceView)方法中，确认用户为登录状态后，进行模型验证。在该功能中需要修改两个数据表的信息，一个是设备表的设备状态，另一个是维护记录表的维护信息，如维护内容、维护日期等。因此，先根据设备编号查询设备信息，更新设备信息中的设备状态，然后根据记录编号查询维护记录，更新相应的信息。保存修改的数据到数据库中，返回 Index 视图，如果模型验证不通过，则将错误信息返回 MaintenanceResult 视图。

完成控制器中的方法编写后，在 Views\Equipments 目录下添加 MaintenanceResult 视图，实现如图 10-23 所示的界面，代码如下所示。

```
@model MaintenanceViewModel

@{
    ViewData["Title"] = "设备维护";
}

<h1>设备维护</h1>
<form asp-action="MaintenanceResult">
    <input type="hidden" asp-for="MaintenanceRecordID" class="form-control" />
    <div class="container p-2">
        <div class="form-group row">
            <div class="col-md-1">
                <label asp-for="EquipmentID" class="control-label"></label>
            </div>
            <div class="col-md-4">
                <input asp-for="EquipmentID" class="form-control" readonly />
            </div>
            <div class="col-md-7">
                <span asp-validation-for="EquipmentID" class="text-danger"></span>
            </div>
        </div>
    </div>
    <div class="container p-2">
        <div class="form-group row">
```

```
                    <div class="col-md-1">
                        <label asp-for="EquipmentStatus" class="control-label"></label>
                    </div>
                    <div class="col-md-4">
                        <select asp-for="EquipmentStatus" class="form-control">
                            <option value="正常">正常</option>
                            <option value="维护中">维护中</option>
                            <option value="故障">故障</option>
                        </select>
                    </div>
                    <div class="col-md-7">
                        <span asp-validation-for="EquipmentStatus" class="text-danger"></span>
                    </div>
                </div>
            </div>
            <div class="container p-2">
                <div class="form-group row">
                    <div class="col-md-1">
                        <label asp-for="EmployeeID" class="control-label"></label>
                    </div>
                    <div class="col-md-4">
                        <select asp-for="EmployeeID" class="form-control" asp-items="ViewBag.EmployeeID"> </select>
                    </div>
                    <div class="col-md-7">
                        <span asp-validation-for="EmployeeID" class="text-danger"></span>
                    </div>
                </div>
            </div>
            <div class="container p-2">
                <div class="form-group row">
                    <div class="col-md-1">
                        <label asp-for="MaintenanceContent" class="control-label"></label>
                    </div>
                    <div class="col-md-4">
                        <input asp-for="MaintenanceContent" class="form-control" />
                    </div>
                    <div class="col-md-7">
                        <span asp-validation-for="MaintenanceContent" class="text-danger"></span>
                    </div>
                </div>
            </div>
            <div class="container p-2">
                <div class="form-group row">
                    <div class="col-md-1">
                        <label asp-for="MaintenanceDate" class="control-label"></label>
                    </div>
                    <div class="col-md-4">
                        <input asp-for="MaintenanceDate" class="form-control" />
                    </div>
                    <div class="col-md-7">
                        <span asp-validation-for="MaintenanceDate" class="text-danger"></span>
                    </div>
                </div>
            </div>
            <div class="container p-2">
                <div class="form-group row">
                    <div class="col-md-1">
                        <label asp-for="Cost" class="control-label"></label>
                    </div>
                    <div class="col-md-4">
                        <input asp-for="Cost" class="form-control" />
                    </div>
```

```
                <div class="col-md-7">
                    <span asp-validation-for="Cost" class="text-danger"></span>
                </div>
            </div>
        </div>
        <div class="container p-2">
            <div class="form-group row">
                <div class="col-md-1">
                    <label asp-for="Result" class="control-label"></label>
                </div>
                <div class="col-md-4">
                    <input asp-for="Result" class="form-control" />
                </div>
                <div class="col-md-7">
                    <span asp-validation-for="Result" class="text-danger"></span>
                </div>
            </div>
        </div>
        <div class="container p-2">
            <div class="form-group">
                <input type="submit" value="提交" class="btn btn-primary" />
                <a asp-action="Index" class="btn btn-primary">取消</a>
            </div>
        </div>
</form>

@section Scripts {
    @{
        await Html.RenderPartialAsync("_ValidationScriptsPartial");
    }
}
```

5. 维护记录功能

维护记录功能用于查看某个设备的历史维护记录。

在控制器 EquipmentsController 中添加实现维护登记功能的方法，代码如下所示。

```
public class EquipmentsController : Controller
{
    //数据库上下文实例
    private readonly EquipmentDbContext _context;

    //在构造函数中注入数据库上下文实例
    public EquipmentsController(EquipmentDbContext context)
    {
        _context = context;
    }


    public async Task<IActionResult> Index(string equipmentID, string equipmentName)
    {
        // 检查用户是否登录
        if (HttpContext.Session.GetString("Eid") == null)//如果 Session 为空，则返回登录页
        {
            return Redirect("/Account/Login");//返回登录页
        }
        //获取所有设备信息
        var query = _context.Equipments.AsQueryable();
        //如果传入的设备编号 equipmentID 不为空，则根据 equipmentID 过滤查询结果
        if (!string.IsNullOrWhiteSpace(equipmentID))
        {
```

```
                query = query.Where(q => q.EquipmentID.Contains(equipmentID));
            }
            //如果传入的设备名称 equipmentName 不为空，则根据 equipmentName 过滤查询结果
            if (!string.IsNullOrWhiteSpace(equipmentName))
            {
                query = query.Where(q => q.EquipmentName.Contains(equipmentName));
            }
            var list = await query.ToListAsync();
            //创建视图模型的集合对象，用来存储最终查询结果
            List<EquipmentMaintenanceViewModel> equipmentViews = new List<EquipmentMaintenance ViewModel>();
            //遍历获取到的设备列表
            for (int i = 0; i < list.Count; i++)
            {
                //根据设备信息中的 EquipmentID 获取维护信息
                var maintenanceRecord = await _context.MaintenanceRecords.FirstOrDefaultAsync(s => s.EquipmentID
                        == list[i].EquipmentID && s.FinishFlag == 0);
                //创建视图模型对象，并为其属性赋值
                EquipmentMaintenanceViewModel equipmentView = new EquipmentMaintenanceViewModel()
                {
                    Equipment = list[i],
                    MaintenanceRecordID = maintenanceRecord == null ? 0 : maintenanceRecord. MaintenanceRecordID,
                };
                //将视图模型对象添加到视图模型集合中
                equipmentViews.Add(equipmentView);
            }

            TempData["EquipmentID"] = equipmentID;
            TempData["EquipmentName"] = equipmentName;

            //将查询结果返回视图
            return View(equipmentViews);
        }


        public async Task<IActionResult> Edit(string id)
        {
            // 检查用户是否登录
            if (HttpContext.Session.GetString("Eid") == null)//如果 Session 为空，则返回登录页
            {
                return Redirect("/Account/Login");//返回登录页
            }
            //提供设备类别下拉框数据
            ViewData["EquipmentType"] = new SelectList(_context.EquipmentTypes, "EquipmentTypeID", "Equipment
                    TypeName");
            //根据 id 查找设备信息
            var equipment = await _context.Equipments.FindAsync(id);
            //组织信息到视图模型中
            EquipmentViewModel equipmentView = new EquipmentViewModel()
            {
                EquipmentID = equipment.EquipmentID,
                EquipmentTypeID = equipment.EquipmentTypeID,
                EquipmentName = equipment.EquipmentName,
                Manufacturer = equipment.Manufacturer,
                ProductionDate = equipment.ProductionDate,
                PurchaseDate = equipment.PurchaseDate,
                EquipmentStatus = equipment.EquipmentStatus
            };
            //将视图模型返回视图
            return View(equipmentView);
        }
```

```
[HttpPost]
public async Task<IActionResult> Edit(EquipmentViewModel equipmentView)
{
    // 检查用户是否登录
    if (HttpContext.Session.GetString("Eid") == null)//如果 Session 为空，则返回登录页
    {
        return Redirect("/Account/Login");//返回登录页
    }
    //模型验证
    if (ModelState.IsValid)
    {
        //将修改的信息放到 Equipment 实体中
        Equipment equipment = new Equipment()
        {
            EquipmentID = equipmentView.EquipmentID,
            EquipmentTypeID = equipmentView.EquipmentTypeID,
            EquipmentName = equipmentView.EquipmentName,
            Manufacturer = equipmentView.Manufacturer,
            ProductionDate = equipmentView.ProductionDate,
            PurchaseDate = equipmentView.PurchaseDate,
            EquipmentStatus = equipmentView.EquipmentStatus
        };

        //在数据库上下文中标记设备实体为修改状态
        _context.Update(equipment);
        //保存更改到数据库中
        await _context.SaveChangesAsync();
        //重定向到 Index 视图
        return RedirectToAction("Index");
    }
    //提供设备类别下拉框数据
    ViewData["EquipmentType"] = new SelectList(_context.EquipmentTypes, "EquipmentTypeID", "Equipment
        TypeName");

    foreach (var error in ModelState.Values.SelectMany(v => v.Errors))
    {
        Console.WriteLine(error.ErrorMessage);
    }
    // 模型验证不通过，返回包含错误信息的视图，以便用户可以修正输入
    return View(equipmentView);
}


public async Task<IActionResult> MaintenanceCreate(string equipmentID)
{
    // 检查用户是否登录
    if (HttpContext.Session.GetString("Eid") == null)//如果 Session 为空，则返回登录页
    {
        return Redirect("/Account/Login");//返回登录页
    }
    //根据 id 查找设备信息
    var equipment = await _context.Equipments.FindAsync(equipmentID);
    //组织信息到视图模型中
    MaintenanceCreateViewModel maintenanceCreate = new MaintenanceCreateViewModel()
    {
        EquipmentID = equipmentID,
        EquipmentStatus = equipment.EquipmentStatus
    };
    //提供设备类别下拉框数据
    ViewData["EmployeeID"] = new SelectList(_context.Employees, "EmployeeID", "EmployeeName");
    //将视图模型返回视图
    return View(maintenanceCreate);
```

```
    }

    [HttpPost]
    public async Task<IActionResult> MaintenanceCreate(MaintenanceCreateViewModel maintenanceCreate)
    {
        // 检查用户是否登录
        if (HttpContext.Session.GetString("Eid") == null)//如果 Session 为空，则返回登录页
        {
            return Redirect("/Account/Login");//返回登录页
        }
        //模型验证
        if (ModelState.IsValid)
        {
            //根据设备编号查询设备信息
            var equipment = await _context.Equipments.FindAsync(maintenanceCreate.EquipmentID);
            //给设备实体的设备状态属性重新赋值
            equipment.EquipmentStatus = maintenanceCreate.EquipmentStatus;
            //组织维护信息到 MaintenanceRecord 实体对象中
            MaintenanceRecord maintenanceRecord = new MaintenanceRecord()
            {
                EquipmentID = equipment.EquipmentID,
                EmployeeID = maintenanceCreate.EmployeeID,
                FinishFlag = 0,
                Cost = 0
            };

            //在数据库上下文中标记设备实体为修改状态
            _context.Update(equipment);
            //在数据库上下文中标记维护设备实体为新增状态
            _context.Add(maintenanceRecord);
            //保存更改到数据库
            await _context.SaveChangesAsync();
            //重定向到 Index 视图
            return RedirectToAction("Index");
        }

        //提供设备类别下拉框数据
        ViewData["EmployeeID"] = new SelectList(_context.Employees, "EmployeeID", "EmployeeName");
        foreach (var error in ModelState.Values.SelectMany(v => v.Errors))
        {
            Console.WriteLine(error.ErrorMessage);
        }

        // 模型验证不通过，返回包含错误信息的视图，以便用户可以修正输入
        return View(maintenanceCreate);
    }


    public async Task<IActionResult> MaintenanceResult(int maintenanceRecordID)
    {
        // 检查用户是否登录
        if (HttpContext.Session.GetString("Eid") == null)//如果 Session 为空，则返回登录页
        {
            return Redirect("/Account/Login");//返回登录页
        }
        //根据传入的维护记录 ID 查找维护记录
        var maintenanceRecord = await _context.MaintenanceRecords.FindAsync(maintenanceRecordID);
        //根据维护信息中的设备编号查找设备信息
        var equipment = await _context.Equipments.FindAsync(maintenanceRecord.EquipmentID);
        //组织数据到视图模型中
        MaintenanceViewModel equipmentView = new MaintenanceViewModel()
```

```
        {
            MaintenanceRecordID = maintenanceRecordID,
            EquipmentID = equipment.EquipmentID,
            EquipmentStatus = equipment.EquipmentStatus,
            EmployeeID = maintenanceRecord.EmployeeID,
        };
    //员工下拉框绑定的数据
    ViewData["EmployeeID"] = new SelectList(_context.Employees, "EmployeeID", "EmployeeName");
    //将视图模型返回给 MaintenanceResult 视图
    return View(equipmentView);
}


[HttpPost]
public async Task<IActionResult> MaintenanceResult(MaintenanceViewModel maintenanceView)
{
    // 检查用户是否登录
    if (HttpContext.Session.GetString("Eid") == null)//如果 Session 为空，则返回登录页
    {
        return Redirect("/Account/Login");//返回登录页
    }
    //模型验证
    if (ModelState.IsValid)
    {
        //根据设备编号获取设备信息
        var equipment = await _context.Equipments.FindAsync(maintenanceView.EquipmentID);
        //给设备实体的设备状态属性重新赋值
        equipment.EquipmentStatus = maintenanceView.EquipmentStatus;

        //根据维护记录编号获取维护信息
        MaintenanceRecord maintenanceRecord = await _context.MaintenanceRecords.FindAsync (maintenance
                    View.MaintenanceRecordID);
        //给维护记录实体的属性重新赋值
        maintenanceRecord.MaintenanceContent = maintenanceView.MaintenanceContent;
        maintenanceRecord.MaintenanceDate = maintenanceView.MaintenanceDate;
        maintenanceRecord.Cost = maintenanceView.Cost;
        maintenanceRecord.Result = maintenanceView.Result;
        maintenanceRecord.FinishFlag = 1;

        //在数据库上下文中标记设备实体为修改状态
        _context.Update(equipment);
        //在数据库上下文中标记维护记录实体为修改状态
        _context.Update(maintenanceRecord);
        //保存更改到数据库
        await _context.SaveChangesAsync();
        //重定向到 Index 视图
        return RedirectToAction("Index");
    }
    //员工下拉框绑定的数据
    ViewData["EmployeeID"] = new SelectList(_context.Employees, "EmployeeID", "EmployeeName");
    foreach (var error in ModelState.Values.SelectMany(v => v.Errors))
    {
        Console.WriteLine(error.ErrorMessage);
    }
    // 模型验证不通过，返回包含错误信息的视图，以便用户可以修正输入
    return View(maintenanceView);
}


public async Task<IActionResult> MaintenanceList(string equipmentID)
{
    // 检查用户是否登录
```

```
            if (HttpContext.Session.GetString("Eid") == null)//如果 Session 为空，则返回登录页
            {
                return Redirect("/Account/Login");//返回登录页
            }
            //创建视图模型的集合，用来存放最终的查询结果
            List<MaintenanceViewModel> maintenanceViews = new List<MaintenanceViewModel>();
            //根据传入的设备编号查询维护记录
            var maintenanceRecords = await _context.MaintenanceRecords.Where(w => w.EquipmentID == equipmentID).
                        ToListAsync();
            //遍历维护记录
            for (int i = 0; i < maintenanceRecords.Count; i++)
            {
                //根据维护记录中的维护员工编号查询员工信息
                Employee employee = await _context.Employees.FindAsync(maintenanceRecords[i]. EmployeeID);
                //将数据组织到视图模型对象中
                MaintenanceViewModel maintenanceView = new MaintenanceViewModel()
                {
                    MaintenanceRecordID = maintenanceRecords[i].MaintenanceRecordID,
                    EquipmentID = maintenanceRecords[i].EquipmentID,
                    EmployeeID = maintenanceRecords[i].EmployeeID,
                    EmployeeName = employee.EmployeeName,
                    MaintenanceContent = maintenanceRecords[i].MaintenanceContent,
                    MaintenanceDate = maintenanceRecords[i].MaintenanceDate,
                    FinishFlag = maintenanceRecords[i].FinishFlag,
                    Cost = maintenanceRecords[i].Cost,
                    Result = maintenanceRecords[i].Result,
                };
                //将视图模型对象添加到集合中
                maintenanceViews.Add(maintenanceView);
            }
            //将视图模型的数据集合返回视图
            return View(maintenanceViews);
        }
    }
```

在以上代码中，添加了 MaintenanceList(string equipmentID)方法，在该方法中，传入的参数 equipmentID 为设备编号，我们需要根据该设备编号查询该设备的历史维护记录。在如图 10-24 所示的维护记录页面中，维护记录除了需要显示维护信息，还需要显示维护员工的姓名，因此需要用视图模型 MaintenanceViewModel 来传递数据。首先，创建 MaintenanceViewModel 视图模型的集合，根据传入的设备编号查询该设备的所有维护记录；其次，遍历每一条维护记录，根据记录中的维护员工编号查询维护的员工姓名；再次，将要显示的数据组织到视图模型 MaintenanceViewModel 对象中，并将该对象添加到数据集合中；最后，返回视图。

完成控制器中的方法编写后，在 Views\Equipments 目录下添加 MaintenanceList 视图，实现如图 10-24 所示的界面，代码如下所示。

```
@model List<MaintenanceViewModel>

@{
    ViewData["Title"] = "维护记录";
}

<h1>维护记录</h1>
<a asp-action="Index" class="btn btn-primary">返回</a>
<table class="table">
    <thead>
        <tr>
```

```
            <th>
                员工编号
            </th>
            <th>
                员工姓名
            </th>
            <th>
                维护内容
            </th>
            <th>
                维护日期
            </th>
            <th>
                维护进度
            </th>
            <th>
                维护费用
            </th>
            <th>
                维护结果
            </th>
        </tr>
    </thead>
    <tbody>
        @foreach (var item in Model)
        {
            <tr>
                <td>
                    @item.EmployeeID
                </td>
                <td>
                    @item.EmployeeName
                </td>
                <td>
                    @item.MaintenanceContent
                </td>
                <td>
                    @item.MaintenanceDate
                </td>
                <td>
                    @(item.FinishFlag == 0 ? "未完成" : "完成")
                </td>
                <td>
                    @item.Cost
                </td>
                <td>
                    @item.Result
                </td>
            </tr>
        }
    </tbody>
</table>
```

至此，设备管理功能已完成。